■ 高等学校大学计算机课程系列教材

# C语言程序设计实用教程

微课视频版

王欣欣 冷玉池 潘庆先 主编

董宁斐 刘霞 刘伟 牛杰 李湉雨 副主编

清华大学出版社

北京

## 内 容 简 介

本书按照C语言的新标准C99对C语言程序设计的基本概念和要点进行透彻、全面、深入地讲解。本书设计“彩色泡泡”项目，通过该项目逐步引出课程的知识逻辑和C语言语法知识体系，形成进阶式的知识层次结构。

全书共12章，分为基础理论篇（第1～11章）和应用进阶篇（第12章）。第1章是C语言概述，第2章介绍C语言的数据类型、运算符和表达式，第3～5章介绍C语言的基本结构，第6～8章介绍C语言批处理数据的数组、模块化设计的函数和C语言的灵魂指针，第9～11章介绍C语言自定义数据类型、位运算和文件，第12章讲解综合应用项目。本书还包括华为、小米和腾讯等公司的面试真题，进一步培养读者的C语言程序设计编程思维。本书配套的知识图谱数字在线课程资源可在超星泛雅平台获取，有助于读者更好地学习相关内容。

本书可作为高等院校理工科C语言程序设计课程教材，也可作为对C语言感兴趣的读者及计算机编程爱好者的自学读物，还可作为相关行业技术人员的参考用书。



**图书在版编目（CIP）数据**

C语言程序设计实用教程：微课视频版 / 王欣欣，冷玉池，潘庆先主编. 北京：清华大学出版社，2025. 2. --（高等学校大学计算机课程系列教材）.
ISBN 978-7-302-68276-9

Ⅰ. TP312.8

中国国家版本馆CIP数据核字第2025D759S8号

**策划编辑：**魏江江
**责任编辑：**葛鹏程　薛　阳
**封面设计：**刘　键
**责任校对：**韩天竹
**责任印制：**沈　露

**出版发行：**清华大学出版社
网　　址：https://www.tup.com.cn，https://www.wqxuetang.com
地　　址：北京清华大学学研大厦A座　　邮　　编：100084
社 总 机：010-83470000　　邮　　购：010-62786544
投稿与读者服务：010-62776969，c-service@tup.tsinghua.edu.cn
质 量 反 馈：010-62772015，zhiliang@tup.tsinghua.edu.cn
课 件 下 载：https://www.tup.com.cn，010-83470236
印 装 者：三河市君旺印务有限公司
经　　销：全国新华书店
开　　本：185mm×260mm　　印　　张：19.75　　字　　数：493千字
版　　次：2025年3月第1版　　印　　次：2025年3月第1次印刷
印　　数：1～1500
定　　价：59.80元

产品编号：103209-01

# 前 言

党的二十大报告指出：教育、科技、人才是全面建设社会主义现代化国家的基础性、战略性支撑。必须坚持科技是第一生产力、人才是第一资源、创新是第一动力，深入实施科教兴国战略、人才强国战略、创新驱动发展战略，这三大战略共同服务于创新型国家的建设。高等教育与经济社会发展紧密相连，对促进就业创业、助力经济社会发展、增进人民福祉具有重要意义。随着人工智能等新技术的不断拓展，我国实体经济正加速向数字化、网络化、智能化方向转变。编程的本质是在用计算机解决复杂问题时模拟计算机思考方式，通过计算机可以理解的语言（编程语言）给出指令，从而完成程序设计。在编程语言中，作为程序设计基础的C语言是一种广泛流行、经久不衰的计算机语言，它可以用于编写系统软件或应用软件。因此，如何让学生熟练掌握C语言、乐于学习编程、与计算机顺畅交流，是时代的要求，也是学科的发展趋势。随着数智技术逐渐进入教育领域，线上课程、混合式课程逐渐成为高校教育的趋势，开发与之配套的微课版教材也是这一领域教材市场的需求。

C语言教材应该进一步加强课程案例之间的联系，将C语言程序设计定位到“工程项目”中，注重对学生由“学会”到“学以致用”的编程思维培养，加强“碎片化编程与工程编程思维的融合”，培养学生形成整体编程思维，提高其用计算机编程解决实际应用问题的能力。本书以“编程项目”为牵引，以“培养编程思想”为目标，以“立德树人”为任务，按照教育部“关于加快建设高水平本科教育全面提高人才培养能力的意见”和国家级一流课程及OBE工程认证的要求，结合编者多年的实践教学经验，秉承“专思融合”“学生中心”“产出导向”“持续改进”的教育理念，针对编程解决实际工程项目难度较高等问题，顺应数智课堂教学改革趋势，对教材内容和教学方法进行了相应更新。

本书系统地介绍了C语言程序设计的基础知识与应用，内容由浅入深、通俗易懂，工程项目全部提供可执行的C语言程序，可读性好且应用性强，有利于读者理解和掌握C语言程序设计的基础概念和语句。本书通过引入EasyX图形库模块，生动形象地实现了彩色泡泡项目，同时加入声音、图片、与键盘交互等功能，增加了编程项目的趣味性，使读者可以充分体会编程带来的乐趣。

本书层次清晰，注重应用，习题丰富，有利于提高读者的思维能力和综合编程应用能力，每个知识点都配有数字视频教学、例题资源和详尽注释，且各章都有不同类型的习题、实验，并配有可执行的程序源码。本书将 C 语言与数据结构知识点相融合，加入了思政教学案例作为数据结构知识点的扩展，并顺应一流课程的建设而加强了线上线下混合式教学的教学内容。

为便于教学，本书提供丰富的配套资源，包括教学课件、程序源码、习题答案、在线作业和微课视频。

**资源下载提示**

**数据文件**：扫描目录上方的二维码下载。

**在线作业**：扫描封底的作业系统二维码，登录网站在线做题及查看答案。

**微课视频**：扫描封底的文泉云盘防盗码，再扫描书中相应章节的视频讲解二维码，可以在线学习。

本书由“2023 年山东省高等教育本科教学改革 M2023216 研究项目”“中国高等教育学会 2023 年度高等教育科学研究规划 23SZH0407 课题”“烟台大学 2024 年度教材建设”“烟台大学 2023 重点教改项目”基金支持。参与本书编写工作的教师都有近二十年教授 C 语言程序设计课程及相关编程语言的教学经历，教学经验丰富。他们多年的教学、科研实践经验使得本书既能反映本领域基础性、普遍性的知识，又能紧随科技的发展及时调整、更新内容。

因编者水平有限，书中不当之处在所难免，恳请读者和同行批评指正。

编　者

2025 年 2 月

# 目 录

资源下载

## 基础理论篇

## 应用进阶篇

# 基础理论篇

第1章

CHAPTER 1

# 一切从零开始
## ——程序设计和C语言概述

学习目标

- 了解什么是程序设计和编程语言。
- 了解C语言简史和C语言的特点。
- 熟悉C语言Visual Studio 2010开发环境和程序运行步骤。
- 熟悉与编程相关的计算机基础知识和数制转换。

计算机行业的梦想是让计算机能像人一样地思考，与人自然交流。20 世纪 90 年代以来，随着信息技术的飞速发展，作为计算机与人交流的程序设计语言迅速在全世界普及推广，计算机程序已经成为日常生活和工作中不可或缺的一部分。C 语言作为一种强大而灵活的结构化编程语言，受到了世界各地计算机领域学者的广泛重视与认可。C 语言既可以编写高效率的系统程序，也可以编写不依赖计算机硬件的应用程序，在操作系统、硬件驱动开发、编译器及办公系统、图形图像应用软件开发等方面有着广泛应用。

## 1.1　程序设计和编程语言

扫一扫

视频讲解

### 1. 程序设计

计算机的本质是“程序的机器”，程序和指令的思想是计算机系统中最基本的概念。

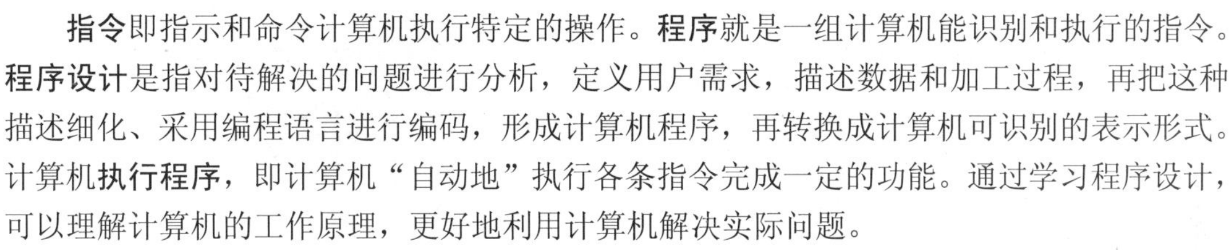

**指令**即指示和命令计算机执行特定的操作。**程序**就是一组计算机能识别和执行的指令。**程序设计**是指对待解决的问题进行分析，定义用户需求，描述数据和加工过程，再把这种描述细化、采用编程语言进行编码，形成计算机程序，再转换成计算机可识别的表示形式。计算机**执行程序**，即计算机“自动地”执行各条指令完成一定的功能。通过学习程序设计，可以理解计算机的工作原理，更好地利用计算机解决实际问题。

### 2. 编程语言

编程语言是编写计算机程序的基础。它提供了一组符号和规则，用于定义计算机程序中的数据结构和操作。

编程语言的发展历史可以分为两个阶段，低级语言（如机器语言、汇编语言）阶段和高级语言（如 C 语言、Python 语言、Java 语言、C++语言等）阶段，如图 1-1 所示。

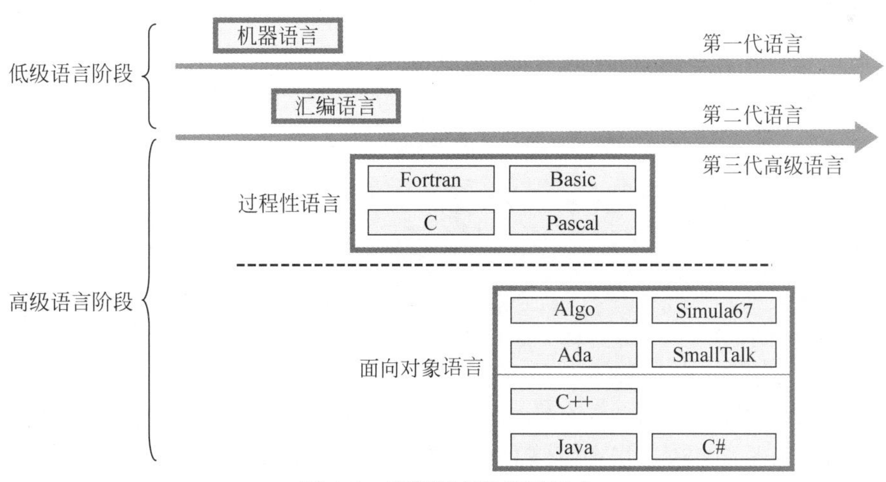


**图 1-1　编程语言的发展历史**

1）低级语言阶段

（1）第一代：机器语言。

**机器指令**即计算机能直接识别和接受的二进制代码。计算机工作基于二进制，只能识别和接受由 0 和 1 组成的指令。因此，机器指令的集合就是计算机的**机器语言**。

计算机工作时采用的是高低电平（高为 1，低为 0），其内部的电影、歌曲和图片最终保存的都是 010101…代码，编程时也只能用 010110…进行编程。

例如，分段函数：

$$y=\begin{cases}x+15 & x<15\\ x-15 & x\geqslant 15\end{cases}$$

采用二进制代码表示，需编写许多条由 0 和 1 组成的指令，用纸带穿孔机以人工的方法在特制的纸带上穿孔，在指定的位置上有孔代表 1，无孔代表 0。一个程序往往需要一卷长长的纸带。在需要运行此程序时就将此纸带装在光电输入机上，当光电输入机从纸带读入信息时，有孔处产生一个电脉冲，指令变成电信号，让计算机执行各种操作，如图 1-2 所示。

```
1010 1001 0001 0110 0000 0001
0011 1100 0001 1000 0000 0001
0111 1100 0000 0101
0010 1101 0001 0101 0000 0000
1110 1010 0000 0011
0000 0101 0001 0101 0000 0000
010 0011 0001 1000 0000 0001
… … … … … … …
0000 0000 0000 0000
0000 0000 0000 0000
```

**图 1-2　二进制代码和纸带穿孔机**

计算机初期只有极少数的计算机专业人员会编写计算机程序，机器语言难学、难记，这怎么办？为了便于使用计算机，人们设计了汇编语言。

（2）第二代：汇编语言。

**汇编语言**是一种符号语言，用一些英文字母和数字表示一个指令，方便程序员使用。使用汇编语言实现（1）中的分段函数，编写的部分代码如下。

```
LEA eax, [x]
PUSH eax
……
ADD eax, OFh
MOV dword
……
SUB eax, OFh
MOV dword
```

与二进制代码相比，汇编语言的符号指令具有一定的含义（如 ADD 指令表示相加），相对更容易识别。每条符号语言指令可以对应转换为一串机器指令 0101010…，转换的过程称为**汇编**。

不同型号的计算机的机器语言和汇编语言是互不通用的，二者完全依赖于具体机器特性，故称为**计算机低级语言**。由于汇编依赖于硬件，语言中助记符数量较多，用起来不方便，为了使程序语言更贴近人类语言，使用更方便，同时又不依赖于计算机硬件，于是产生了高级语言。

2）高级语言阶段

高级语言为第三代。高级语言类似于英文，易于被人类理解使用。高级语言的发展，以19世纪80年代为分界线，分成过程性语言和面向对象语言。

（1）过程性语言在编写程序时需要具体指定每一个过程的细节，在编写规模较小的程序时，较方便。其中，最重要的就是C语言，还有现在很少用的Fortran语言、Pascal语言等。

使用C语言实现（1）中的分段函数，编写的代码如下。

```
if (X<Y)
    Y=X+15;
else
    Y=X-15;
```

上述C语言代码简洁、易懂，但在处理规模较大的程序时,就显得复杂而烦琐，不利于使用。

（2）从19世纪80年代开始针对过程性语言的弊端，人们提出了面向对象的程序设计语言，编写程序时，面对的是对象，而对象由数据以及对数据进行的操作组成。其中，最重要、最复杂的是C++语言，后来，SUN公司设计了Java语言，微软公司开发一种与Java语法相似的C#语言。

扫一扫

视频讲解

## 1.2　C语言之旅

C语言是一种通用的、过程性的计算机程序设计语言，既有高级语言的特点，又具有汇编语言的特点。它非常接近自然语言，能够用人类直接看得懂的语句来操作计算机。既可以编写软件，也可以操作一些硬件，因此，有时会称为中级语言。

### 1. C语言的诞生与发展

1963年，英国剑桥大学推出了CPL（combined programming language）语言。CPL语言在ALGOL（algorithmic language）60的基础上更接近硬件一些。ALGOL 60是60年代产生的，是真正的第一个面向问题的语言，该语言离硬件比较远，编写硬件比较方便，但功能并不强大。

1967年，英国剑桥大学对CPL的功能进一步简化，推出了BCPL（basic combined programming language）。

1970年，美国贝尔实验室的肯•汤普逊（Ken Thompson）以BCPL为基础，设计出很简单且很接近硬件的B语言（取BCPL的第一个字母），写出了世界上第一个UNIX操作系统。

1972年到1973年间，贝尔实验室的被誉为“C语言之父”的丹尼斯•里奇（Dennis Ritchie）在B语言的基础上设计出了C语言（取BCPL的第二个字母）。C语言既保持了BCPL和B语言的优点（精练、接近硬件），又克服了它们的缺点（过于简单，无数据类型等）。图1-3是C语言诞生与发展的过程。

后来，有人用C语言改写了UNIX操作系统，因为该系统是开源的，所以只要发现系统中出现了问题就可以进行修改。因此，C语言伴随着UNIX操作系统流行起来，而B语言慢慢就被淘汰了。

C语言是面向过程的代表，是最重要的一门编程语言。

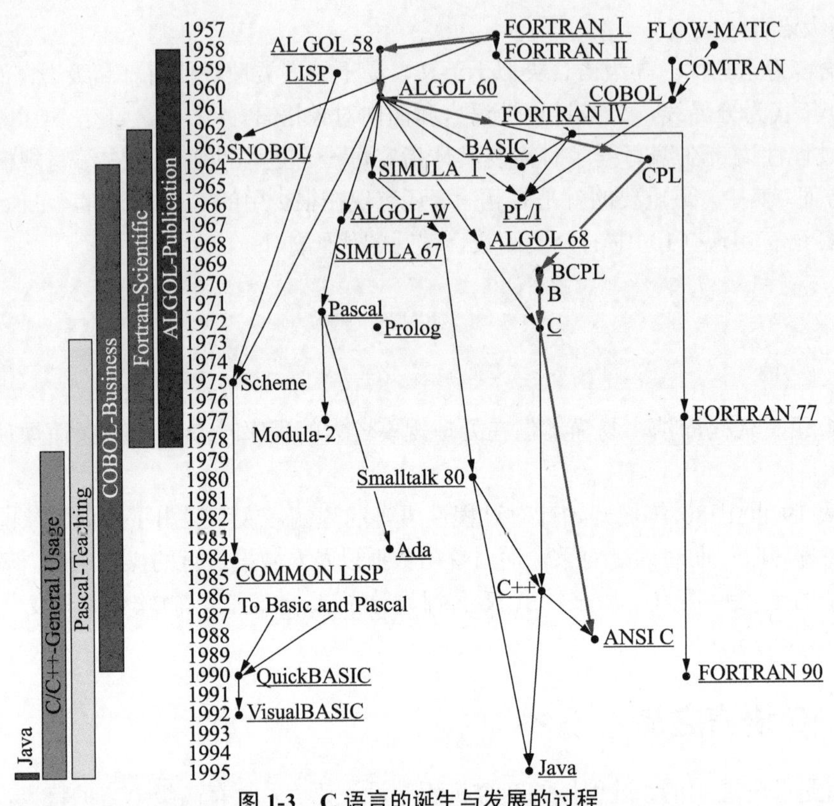


图 1-3　C 语言的诞生与发展的过程

### 2. C 语言的标准化发展

随着 C 语言的广泛应用和发展，标准化成为迫切的需求。

1983 年，美国国家标准协会（American National Standard Institute，ANSI）制定了 C 语言的第一个国际标准——ANSI C。此后，C 语言的标准不断发展和完善。

1987 年的 ANSI C 87 是第二个标准化。

1999 年的 C99 比较成熟，各种语法规则在当时基本就确立起来了，因此它对现在的很多语言影响比较大。

后来不断改进形成了 C11 和 C17 等多个版本。这些标准不仅规范了 C 语言的语法和语义，还引入了新的特性和库函数，使得 C 语言的功能更加强大和灵活。C 语言的影响力不断扩大。它不仅成为 UNIX 和 Linux 等操作系统的核心编程语言，还被广泛应用于操作系统、编译器、硬件驱动、网络通信、图形界面开发等领域。

### 3. C 语言的特点

C 语言有以下主要特点。

（1）C 语言可以直接控制硬件，高效、速度快。

C 语言可允许直接访问物理地址，能进行位（bit）操作，继承了汇编语言的优点，能实现其大部分功能，产生高效的代码。一般情况下，C 语言生成的目标代码只比汇编程序的效率低 10%～20%。

例如，金山公司的 WPS Office 2007 是用 C 语言写的，容量小，速度较快。其原始安装文件大小为 23.3 MB，而微软公司的 Microsoft Office Word 2003 为 579 MB，二者功能差不多。

C 语言多用来编写操作系统，如三大操作系统（Windows、UNIX、Linux），其中 Windows 操作系统内核用 C 语言编写，其外壳是采用 C++语言编写，Linux 和 UNIX 操作系统都是采用纯 C 语言编写。

（2）C 语言可移植性好。

C 语言不直接提供输入和输出语句、有关文件操作的语句和动态内存管理的语句等，由编译系统所提供的库函数来实现，因此编译系统简洁，移植性好。

例如，C 编译系统在新系统上运行时，可以直接编译“标准链接库”中的大部分功能，不需要修改源代码，因为标准链接库是用可移植的 C 语言缩写的。所以，几乎在所有的计算机系统中都可以使用 C 语言。

（3）C 语言功能丰富，表达能力强，语法灵活。

C 语言一共只有 37 个关键字（keywords），9 种控制语句。它书写形式自由，具有丰富的运算符和规范的程序结构，可以用来表达复杂数据类型并自定义结构类型，从而完成程序员所需要的功能。C 语言语法不拘一格，可以在 C 语言原有语法基础上进行创造、复合，给程序员更多的想象和发挥的空间。

C 语言具有如上优点，根据事物的两面性原则，这也带来了一些负面影响。例如，C 语言可直接访问物理地址（address）功能，有时会带来系统重要数据被修改的危险；C 语言的语法检查并不严格，程序员应当仔细检查程序，保证其正确，不要过分依赖 C 语言编译程序查错；进行大项目编写时，C 语言因面向过程的特性而需要开发一些细节性功能模块，实现较为烦琐。

### 4. C 语言的应用领域

C 语言是有史以来最重要的语言，是学习数据结构、C++语言、Java 语言、C#语言的基础，它的应用领域较广泛，以下列举了主要采用 C 语言编写的部分软件。

系统软件：操作系统（如 Windows、Linux、UNIX）、驱动程序（如主板驱动、显卡驱动、摄像头驱动）、数据库软件（如 DB2、Oracle、SQL Server）等。

应用软件：办公软件（如 WPS）、图形图像多媒体软件（如 ACDSee、Photoshop、Media Player）等。

嵌入式软件：智能手机、掌上电脑等。

游戏软件开发：2D 游戏、3D 游戏等，如 CS 整个游戏的引擎是用 C 语言编写的。

## 1.3　C 语言集成开发环境 Visual Studio 2010 和 EasyX 图形库

扫一扫

视频讲解

### 1. 关于 Visual Studio 2010

Visual Studio 2010（VS 2010），是微软公司推出的一款集成开发环境（Integrated Development Environment，IDE），主要面向 Windows 操作系统的应用程序开发。它于 2010 年 4 月上市，集成了 NET Framework 4.0，并支持开发面向 Windows 7 操作系统的应用程序。VS 2010 的集成开发环境经过不断地重新设计和组织，变得更加简单明了。本书采用的编译环境为 VS 2010。

### 2. EasyX 简介及安装

EasyX 是免费绘图库，支持 VS 2010，可以帮助 C 语言初学者快速上手图形编程，简单易用，应用领域广泛。在 EasyX 官网可以下载文件并安装，如图 1-4 所示。

图 1-4 EasyX 官网

EasyX 中含有一些简单的函数集合，使用方法可见参考手册。

扫一扫

视频讲解

## 1.4 编写运行一个 HelloWorld 程序

### 1. 编写一个 HelloWorld 程序

下面是一个在 VS 2010 中建立起来的、非常基础的 C 语言程序，用于在控制台中输出 Hello, World!。

```
#include <stdio.h>
int main()
{
   printf("Hello, World!\n");  // 输出 Hello, World!
   return 0;
}
```

程序的详细解释如下。

（1）#include <stdio.h>为预处理指令，告诉 C 语言编译器包含 stdio.h（标准输入输出头文件），其中，包含了执行输入输出操作的函数 printf( )和 scanf( )。

（2）int main( )表示主函数的开始。在 C 语言中，每个程序有且只有一个 main( )函数，它是程序的入口点。int 表示 main( )函数返回一个整数值。通常，如果程序成功执行，main( )函数返回 0；如果发生错误，则返回非零值。

（3）{…}这一对大括号内包含了 main( )函数的主体，即程序的主要代码。

（4）在 printf("Hello, World!\n")中，printf( )函数是 stdio.h 头文件中的标准库函数，用于打印文本到控制台；"Hello, World!\n"是要打印的字符串；\n 是一个特殊字符，表示新的一行。

（5）return 0；表示程序成功完成，并返回 0 作为退出状态，是 main( )函数的最后一行。

（6）//为单行注释，C 语言允许用的一种注释方式，可单独占一行或出现在一行中其他内容的右侧；另一种注释方式为/*……*/，称为块式注释，两个*之间可包含多行。

### 2. HelloWorld 程序的运行步骤

运行 C 程序的步骤与方法，如图 1-5 所示。

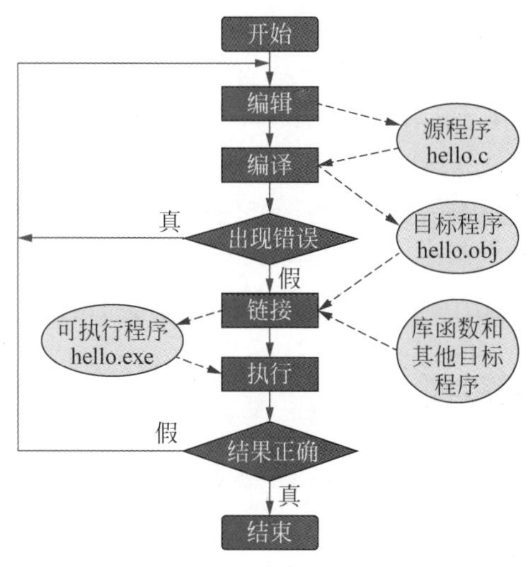


图 1-5　运行 C 程序的步骤与方法

1）编写源代码

第一步，在 VS 2010 中，使用文本编辑器或在编辑窗口，遵循 C 语言的语法和规则编写实现“输出 Hello, World!”功能的 C 源代码。参考源码如下。

```
#include <stdio.h>
int main()
{
   printf("Hello, World!\n");
   return 0;
}
```

第二步，将编辑完成的 C 语言程序保存为.c 源文件。例如，可以将上述代码保存为源文件 hello.c。

2）编译链接

第一步，使用 C 语言编译器将源文件编译成.obj 二进制文件，其名字为：hello.obj。

第二步，链接目标文件。将编译后的目标文件 hello.obj 文件、链接库函数（如 printf( ) 函数）和其他目标程序，转换为.exe 可执行文件，其名字为 hello.exe。

在编译阶段，编译器会将源代码转换为目标文件，这些目标文件中可能包含对其他目标文件中的函数或变量的引用，生成的目标文件是链接处理的基础。在编译过程中，编译器可能会报告一些错误或警告，这是检查错误过程，需要仔细阅读这些消息，并根据提示修改代码, 最终确保代码没有语法错误或逻辑错误。之后，编译系统自动调用链接器，通过项目属性配置链接器，如指定要链接的库文件、设置输出文件的名称和位置等。链接器的任务就是将这些引用与相应的定义关联起来，确保程序在运行时能够正确地找到和使用这些函数或变量。链接处理的结果是生成可执行文件或共享库，这些文件可以在操作系统上运行或加载。

如果程序在运行过程中出现问题或不符合预期的结果，需要进行调试。调试是查找和修复程序中的错误的过程。可通过在编译环境中设置断点、进行单步执行或查看变量值等方式查找问题，并进行修改。

若经过以上几步，代码编译成功并且没有错误，则可进入生成并运行程序阶段。

3）运行可执行文件 hello.exe，并显示运行结果

在 Windows 操作系统中，单击 VS 2010 中的“**运行**”按钮时，请求 Windows 操作系统执行 hello.exe 文件。Windows 操作系统调用中央处理器（central processing unit, CPU）来执行 hello.exe 文件，得出 HelloWorld 项目的运行结果，在显示器上将运行结果 Hello, World! 输出。

以上步骤介绍了在 VS 2010 中，从编写 C 语言代码到运行的整个过程。

扫一扫

视频讲解

## 1.5　数制及进制转换

### 1. 概念

**数制**即记数制，是用一组固定的符号和统一的规则来表示数值的方法。

数码：数制中表示基本数值大小的不同数字符号。基数即数制中所使用数码的个数。位权即数制中每一固定位置对应的单位值。

$n$ 进制即 $n$ 个基数，逢 $n$ 进一。对于 $n$ 进制数，整数部分第 $i$ 位的位权为 $n^{i-1}$，而小数部分第 $j$ 位的位权为 $n^{-j}$。

常用的数制如下。

（1）十进制：逢 10 进 1。

基数：10，数码：0，1，2，3，4，5，6，7，8，9。

例如：写出十进制数字 10.23 的位权。

1 的位权为 $10^1$，0 的位权为 $1^0$，2 的位权为 $10^{-1}$，3 的位权为 $10^{-2}$。

（2）二进制：逢 2 进 1。

基数：2，数码：0，1。

（3）八进制：逢 8 进 1。

基数：8，数码：0，1，2，3，4，5，6，7。书写以数字 0 开头。

例如：0123 表示八进制数 123。

（4）十六进制：逢 16 进 1。

基数：16，数码：0，1，2，3，4，5，6，7，8，9，A，B，C，D，E，F。书写以 0x（小写 x）或 0X（大写 X）开头。

例如：0x123 代表十六进制数 123。

### 2. 数制的表示方法

数字下标法：对于不同进制的数可以将它们加上括号再用数字下标表示进制。

例如：$(110010011111)_2$ 代表二进制数、$(6317)_8$ 代表八进制数。

### 3. 数制转换

数制转换指将一种数制下的数字转换为另一种数制下的数字。

1）十进制的转换

（1）十进制转换为二进制。

规则：除二取余，直到商为零为止，余数倒排。即用 2 辗转相除至结果为 1，将余数和

最后的 1 从下向上倒序写，得到的数就是该数的二进制数。

例如：将十进制数 86 转换为二进制。

结果为$(86)_{10} = (1010110)_2$。

计算过程如下：

```
2 |86 …… 0   ↑
2 |43 …… 1
2 |21 …… 1
2 |10 …… 0
2 |5  …… 1
2 |2  …… 0
2 |1  …… 1
   0
```

（2）十进制小数转换为二进制小数。

规则：乘二取整，直到小数部分为零或给定的精度为止，顺排。

例如：将十进制数 0.875 转换为二进制数。

结果为$(0.875)_{10} = (0.111)_2$。

计算过程如下：

```
0.875
 × 2
 1.75   ……1（取整）
 × 2
 1.5    ……1（取整）
 × 2
 1.0    ……1（取整）
```

（3）十进制转换为八进制。

规则：采用除八取余法。

例如：将十进制数 115 转换为八进制数。

方法 1：直接转换，结果为$(115)_{10} = (163)_8$。

计算过程如下：

```
8|115 …… 3（取余）  ↑
8| 14 …… 6（取余）
8|  1 …… 1（取余）
    0
```

方法 2：先采用十进制转换二进制的方法，再将二进制数转换为八进制数。

计算过程如下：$(115)_{10} = (1110011)_2 = (163)_8$。

（4）二进制转换为十进制。

规则：将二进制数每一位上的数字乘以 2 的相应次幂，并将乘积相加。

例如：二进制数 1101 转换为十进制数的计算过程如下。

$$(1101)_2 = 1\times2^3 + 1\times2^2 + 0\times2^1 + 1\times2^0 = 8 + 4 + 0 + 1 = 13。$$

二进制数 101.01 转换成十进制数的计算过程如下。

$$(101.01)_2 = 1\times2^2 + 0\times2^1 + 1\times2^0 + 0\times2^{-1} + 1\times2^{-2} = (5.25)_{10}$$

（5）十进制转换为十六进制。

规则：采用除16，取余法。

例如：将十进制数115转换为十六进制数。

结果为$(115)_{10}=(73)_{16}$。

计算过程如下：

16|115　…… 3（取余）
16|7　…… 7（取余）
0

2）八进制的转换

（1）八进制转换为二进制。

规则：按照顺序，每1位八进制数改写成等值的3位二进制数，次序不变。

八进制与二进制的转换关系如下。

0：000　　1：001　　2：010　　3：011

4：100　　5：101　　6：110　　7：111

例如：$(17.36)_8=(001\ 111\ .011\ 110)_2=(1111.01111)_2$

（2）八进制转换为十进制。

规则：方法与二进制类似，只是基数为8。

例如：将八进制数12.6转换成十进制数。

$$(12.6)_8=1\times8^1+2\times8^0+6\times8^{-1}=(10.75)_{10}$$

（3）十进制转换为八进制。

规则：方法与二进制类似，只是用8辗转相除。

（4）八进制转换为十六进制。

规则：先将八进制转换为二进制，再将二进制转换为十六进制。

例如：$(712)_8=(111001010)_2=(1CA)_{16}$

（5）二进制小数转换为八进制小数。

规则：整数部分从最低有效位开始，以3位一组，最高有效位不足3位时以0补齐，每一组均可转换成一个八进制的值，转换完毕就是八进制的整数。

小数部分从最高有效位开始，以3位一组，最低有效位不足3位时以0补齐，每一组均可转换成一个八进制的值，转换完毕就是八进制的小数。

例如：$(11001111.01111)_2=(11\ 001\ 111.011\ 110)_2=(317.36)_8$。

3）十六进制的转换

（1）十六进制转换为十进制。

规则：将每一位上的数字乘以16的相应次幂并相加；

例如：将十六进制数2AB.6转换成十进制数。

$$(2AB.6)_{16}=2\times16^2+10\times16^1+11\times16^0+6\times16^{-1}=(683.375)_{10}$$

（2）十六进制转换为二进制。

规则：每1位十六进制数改写成等值的4位二进制数，次序不变。

十六进制与二进制的转换关系如下。

| | | | |
|---|---|---|---|
| 0：0000 | 1：0001 | 2：0010 | 3：0011 |
| 4：0100 | 5：0101 | 6：0110 | 7：0111 |
| 8：1000 | 9：1001 | A：1010 | B：1011 |
| C：1100 | D：1101 | E：1110 | F：1111 |

例如：

$$
\begin{aligned}
(3A8C.D6)_{16} &= (0011\ 1010\ 1000\ 1100.1101\ 0110)_2 \\
&= (11101010001100.1101011)_2
\end{aligned}
$$

（3）十进制转换为十六进制。

方法 1：用 16 辗转相除至结果为 1，将余数和最后的 1 从下向上倒序写，得到的数就是该数的十六进制数。

方法 2：先将十进制转换为二进制，再将二进制转换为十六进制。

例如：$(115)_{10}=(1110011)_2=(73)_{16}$

（4）十六进制转换为八进制。

规则：先将十六进制转换为二进制，再将二进制转换为八进制。

例如：$(1CA)_{16}=(0001\ 1100\ 1010)_2=(712)_8$

（5）二进制小数转换为十六进制小数。

规则：

① 整数部分从最低有效位开始，以 4 位为一组，最高有效位不足 4 位时以 0 补齐，每一组均可转换成一个十六进制的值，转换完毕就是十六进制的整数。

② 小数部分从最高有效位开始，以 4 位为一组，最低有效位不足 4 位时以 0 补齐，每一组均可转换成一个十六进制的值，转换完毕就是十六进制的小数。

例如：$(11001111.01111)_2=(1100\ 1111.0111\ 1000)_2=(CF.78)_{16}$

总之，数制转换是计算机领域非常重要的基础知识之一。掌握不同数制之间的转换方法可以帮助我们更好地理解计算机内部的数据表示和处理方式。

扫一扫

视频讲解

## 1.6　C 语言关键字

C 语言中的关键字是 C 语言预定义的保留字，C99 标准增加了 5 个，共 37 个关键字，用于表示 C 语言的基本语法结构和特性。它们具有特殊的含义和用途，不能用作变量名、函数名或其他标识符。以下是一些常见的 C 语言关键字。

（1）数据类型关键字（12 个）如下。

char：声明字符型变量或函数。

double：声明双精度变量或函数。

enum：声明枚举（emumeration）类型。

float：声明浮点型变量或函数。

int：声明整型变量或函数。

long：声明长整型变量或函数。

short：声明短整型变量或函数。

signed：声明有符号类型变量或函数。

struct：声明结构体（structure）变量或函数。

union：声明共用体（联合）数据类型。

unsigned：声明无符号类型变量或函数。

void：声明函数无返回值或无参数，声明无类型指针（pointer）。

（2）控制语句关键字（12个）如下。

for：一种循环语句。

do：循环语句的循环体。

while：循环语句的循环条件。

break：跳出当前循环。

continue：结束当前循环，开始下一轮循环。

if：条件语句。

else：条件语句否定分支（与if连用）。

goto：无条件跳转语句。

switch：用于开关语句。

case：开关语句分支。

default：开关语句中的“其他”分支。

return：子程序返回语句（可以带参数，也可不带参数）。

（3）存储类型关键字（4个）如下。

auto：声明自动变量（一般不使用）。

extern：声明变量在其他文件中声明（也可以看作是引用变量）。

register：声明寄存器变量。

static：声明静态变量。

（4）其他关键字（4个）如下。

const：声明只读变量（注意是变量）。

sizeof：计算数据类型长度。

typedef：用以给数据类型取别名（当然还有其他作用）。

volatile：说明变量在程序执行中可被隐含地改变。

（5）C99标准新增关键字（5个）如下。

inline关键字用来定义一个类的内联函数。

restrict关键字只用于限定指针。

_Bool关键字是用于表示布尔值。包含标准头文件stdbool.h后，可以用bool代替_Bool，true代替1，false代替0。

_Complex和_Imaginary关键字，C99标准中定义的复数类型如下：float_Complex；float_Imaginary；double_Complex；double_Imaginary；long double_Complex；long double_Imaginary。

不同的C语言标准可能会有一些差异，而且编译器也可能会扩展一些关键字。以上列举的是C99标准中定义的关键字，但在实际编程中可能会遇到更多的关键字。为了编写兼容性和可移植性更好的代码，建议避免使用保留的关键字作为变量名或函数名。

# 实　验

1. 实验目的

熟悉 VS 2010 集成开发环境。

2. 实验任务

运行一个 Hello World 程序。

3. 实验步骤

（1）步骤 1：安装 VS 2010 和 EasyX 图形库。

从微软公司和 EasyX 图形库的官方网站下载安装文件并安装。确保下载与操作系统相对应的版本（如 32 位或 64 位）。

（2）步骤 2：打开 VS 2010。

安装完成后，打开 VS 2010。此时可以看到一个包含多个选项的启动页面，包括“新建项目”“打开项目”等，如图 1-6 所示。

图 1-6　打开 VS 2010

（3）步骤 3：创建一个新的控制台应用程序项目，如图 1-7 所示。

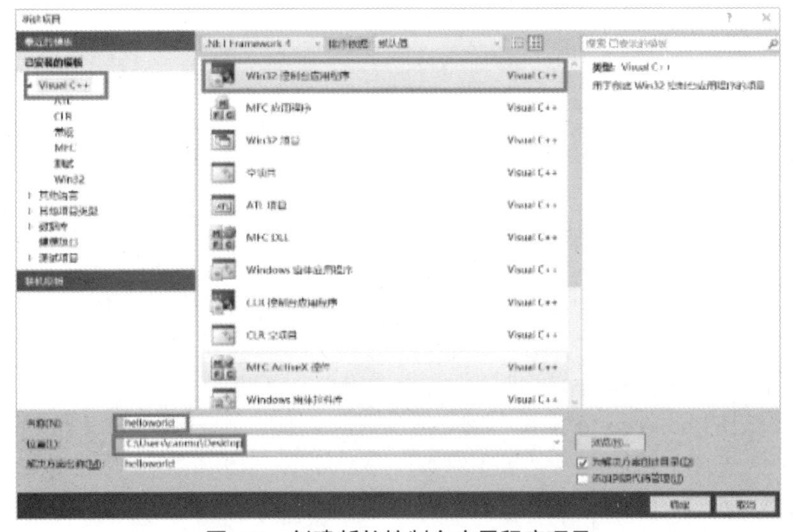

图 1-7　创建新的控制台应用程序项目

① 选择“文件”→“新建”→“项目”选项。

② 在“新建项目”对话框中，选择“Visual C++”选项。

③ 在模板列表中选择“控制台应用程序”选项。

④ 在“名称”字段中输入你的项目名称，如 helloworld。

⑤ 选择一个存储位置，然后单击“确定”按钮。

⑥ 打开一个窗口“Win32 应用程序向导”对话框，如图 1-8 所示，单击“下一步”按钮。

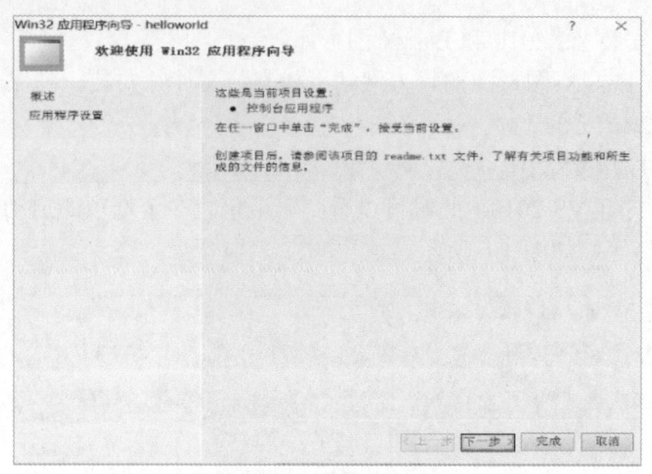


图 1-8　“Win32 应用程序向导”对话框

⑦ 进入“应用程序设置”界面，勾选“空项目”复选框，单击“完成”按钮，如图 1-9 所示。

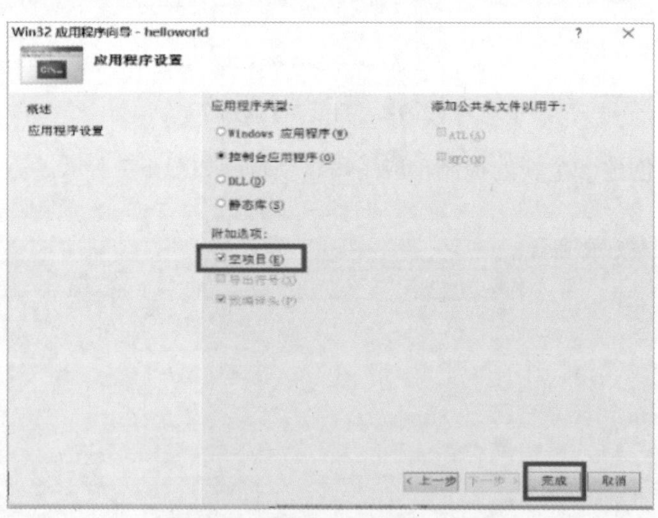


图 1-9　“应用程序设置”对话框

（4）步骤 4：添加 main.cpp 文件。

① 单击左边的 helloworld 工程中的“源文件”图标，再右击“源文件”结点。在弹出的快捷菜单中，选择“添加”→“新建项”选项，如图 1-10 所示。

② 打开“添加新项”对话框，选择“C++文件（.cpp）”选项，填写名称 main，单击“添加”按钮，如图 1-11 所示。

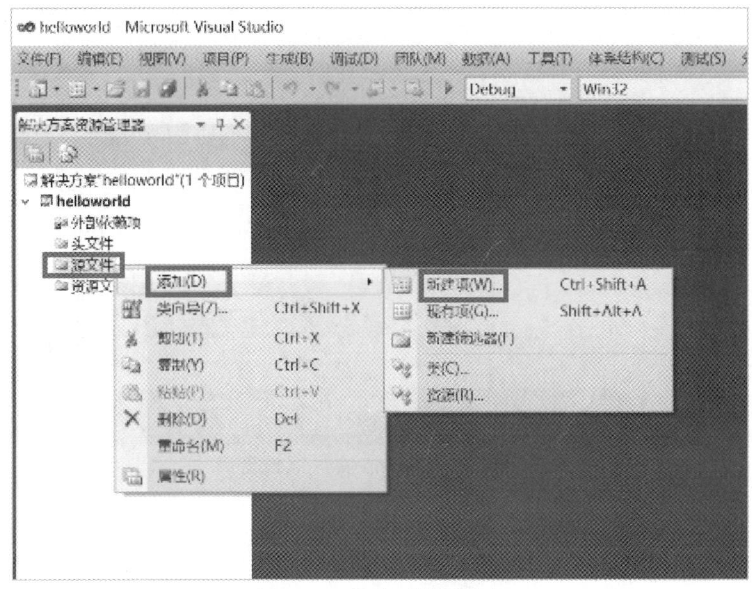


图 1-10　添加“新建项”

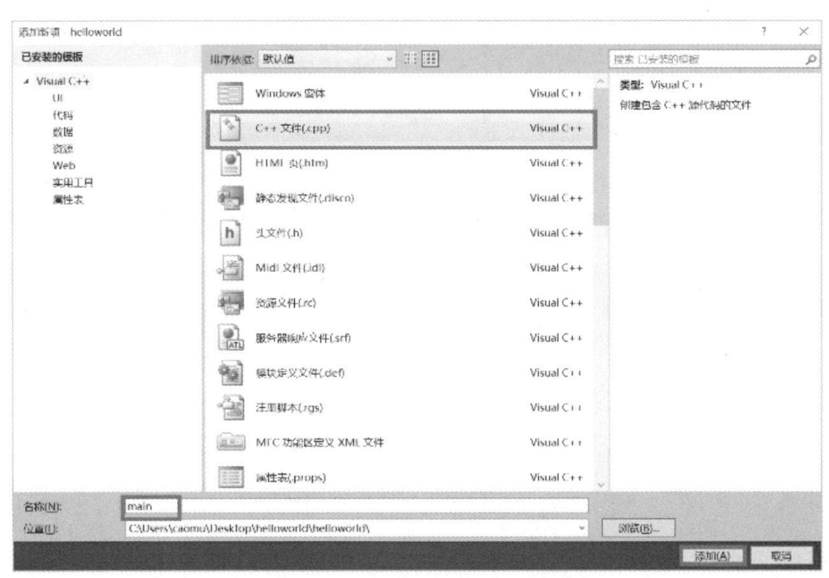


图 1-11　添加 main.cpp 文件

（5）步骤 5：编写 Hello World 程序的 C 语言代码。

双击 main.cpp 文件，打开编辑窗口，如图 1-12 所示，编写如下 C 语言代码：

```
#include<stdio.h>
#include<graphic.h>
int main()
{
    printf("Hello world");
    return 0;
}
```

（6）步骤 6：编译并运行程序。

① 选择“生成”→“生成解决方案”选项编译连接程序，如图 1-13 和图 1-14 所示。

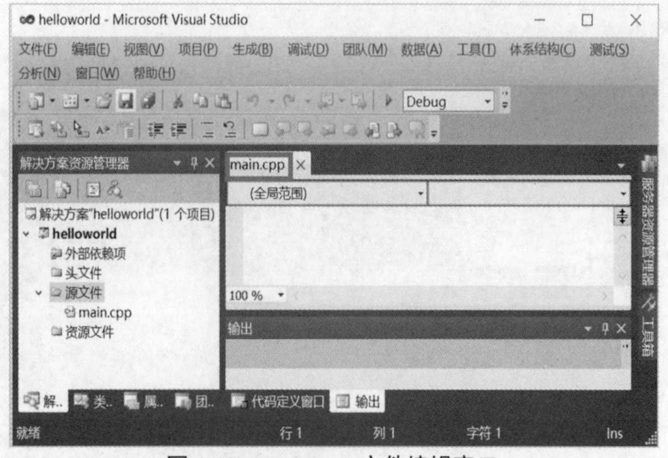


图 1-12　main.cpp 文件编辑窗口

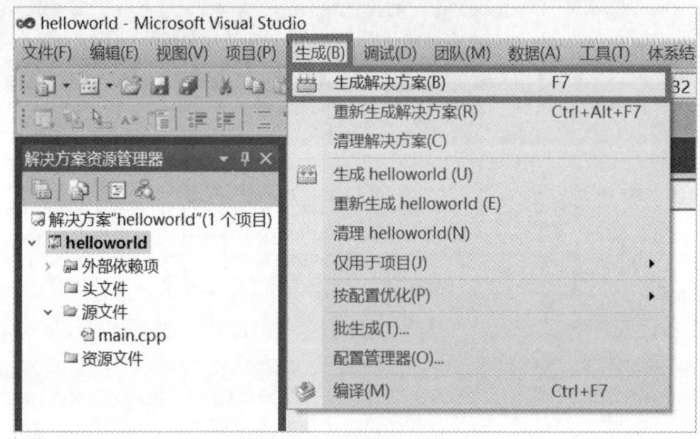


图 1-13　生成解决方案

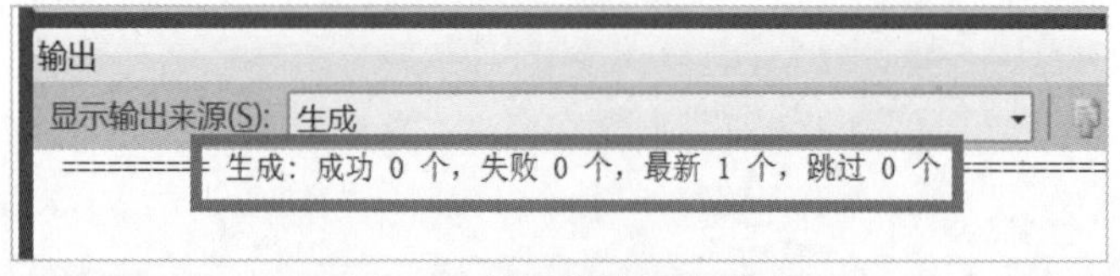


图 1-14　编译连接程序成功

② 选择“调试”→“开始执行（不调试）”选项运行程序，如图 1-15 所示。此时会看到一个控制台窗口，窗口中显示 "Hello, World!" 消息，如图 1-16 所示。

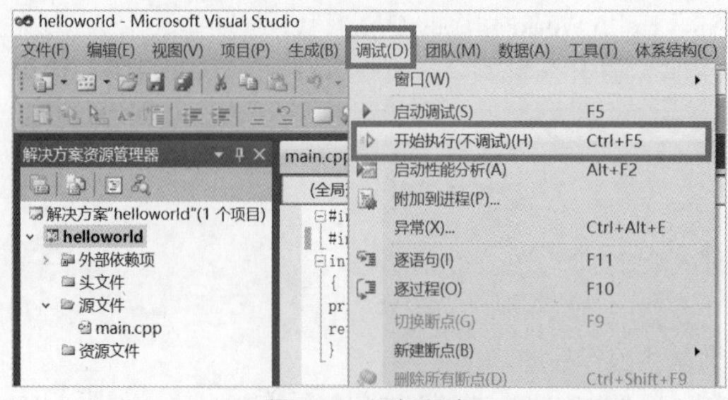


图 1-15　运行程序

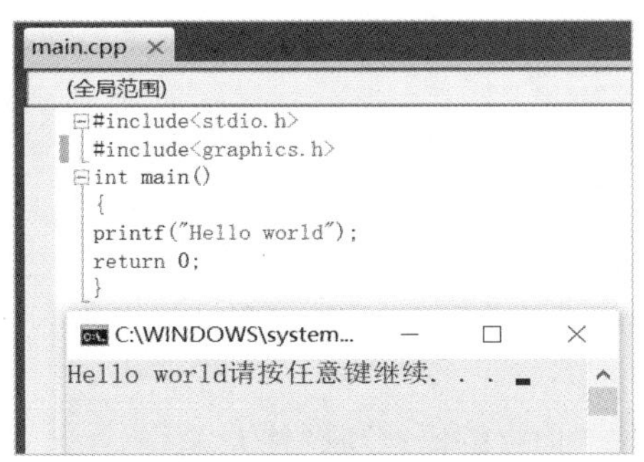


图 1-16　显示 Hello World 窗口

③ 按任意键关闭控制台窗口。

（7）步骤 7：探索 VS 2010 的功能。

在编译和运行程序的过程中，探索 VS 2010 的不同功能和工具。

① 解决方案资源管理器：在这里可以查看和管理项目文件和文件夹。

② 属性窗口：在这里可以查看和修改项目、文件或控件的属性。

③ 工具箱：这里包含了可以添加到项目中的各种控件和组件。

④ 调试工具：使用这些工具，可以逐步执行代码，查看变量值及设置断点等。

通过以上步骤，能够熟悉 VS 2010 的基本操作，并成功运行一个 Hello World 程序。

4. 实验总结

根据实验中遇到的问题及相应的解决方法，写出实验心得和实验总结。

## 小　结

本章思维导图如图 1-17 所示。

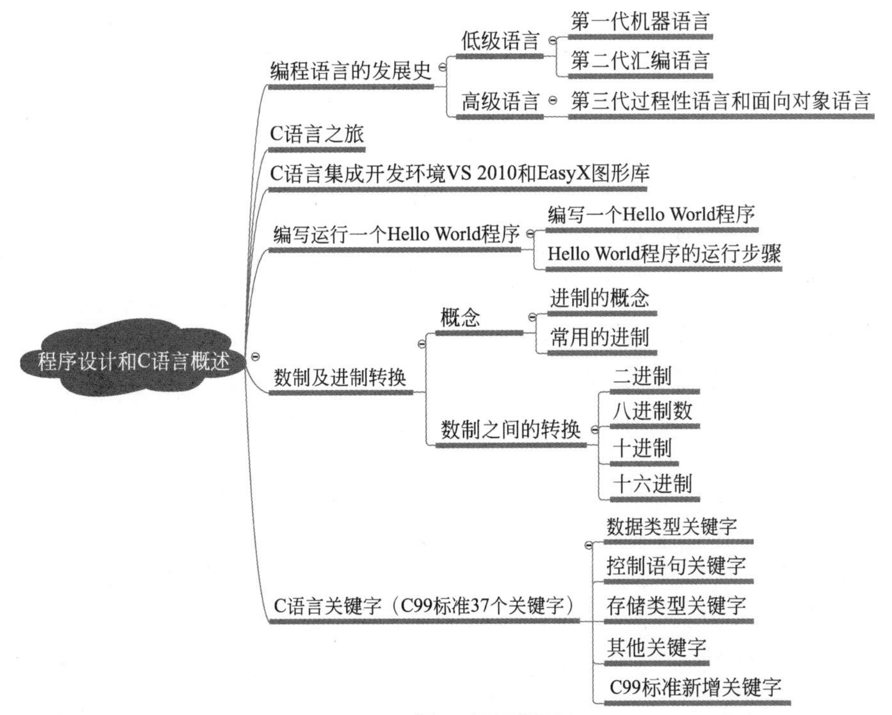


图 1-17　第 1 章思维导图

扫一扫

在线测试

## 习　题

### 一、选择题

1. C 语言是一种（　）。

A. 汇编语言　B.“解释型”语言　C.“编译型”语言　D. 面向对象语言

2. 以下说法中，正确的是（　）。

A. 机器语言与硬件相关，但汇编语言与硬件无关

B. 不同的计算机类型，其能理解的机器语言相同

C. 汇编语言采用助记符提高程序的可读性，但同样属于低级语言

D. 汇编源程序属于低级语言程序，计算机可以直接识别并执行

3. 以下关于高级语言的说法中，正确的是（　）。

A. 高级语言编写的程序可读性好，执行效率也最高

B. 高级语言程序必须翻译成机器语言程序，计算机才能执行

C. 解释方式和编译方式相比，具有占用内存少、执行速度快的特点

D. C 语言是一种解释型高级语言

4. 以下关于 C 语言的说法中，错误的是（　）。

A. C 语言编写的代码较为紧凑，执行速度也较快

B. C 语言不仅适合编写各种应用软件，还适合编写各种系统软件

C. C 语言是一种模块化和结构化的语言

D. C 语言编写的程序通常不具备移植性

### 二、判断题

1. 程序是指挥计算机进行各种信息处理任务的一组指令序列。（　）

2. 机器语言与硬件平台相关，但汇编语言与硬件平台无关。（　）

3. 编译型高级语言明显优于解释型高级语言。（　）

4. C 语言将高级语言的基本结构和低级语言的实用性紧密结合起来，不仅适合编写应用软件，而且适合编写系统软件。（　）

### 三、计算题

1. 十进制数 27 转换为二进制数。

2. 十进制数 796 转换为八进制数。

## 项目拓展

使用 EasyX 图形库，编程实现画两个同心圆。

其中：圆心 $O$（320, 240），半径 $R$ 分别为 40 和 60。

输入如下 C 语言代码：

```
////////////////////////////////////////////////////
// 程序名称：画圆
// 编译环境：VS2010，EasyX
```

```
// 最后修改：2024-4-6

#include <graphics.h>        //EasyX 图形库
#include <conio.h>

int main()
{
    initgraph(640, 480);     //画布初始化

    circle(320, 240, 60);    //画圆：圆心在 O（320，240）半径 R = 60
    circle(320, 240, 40);    //画圆：圆心在 O（320，240）半径 R = 40

    _getch();                //按任意键退出
    closegraph();            //关闭画布
    return 0;
}
```

运行结果如图 1-18 所示。

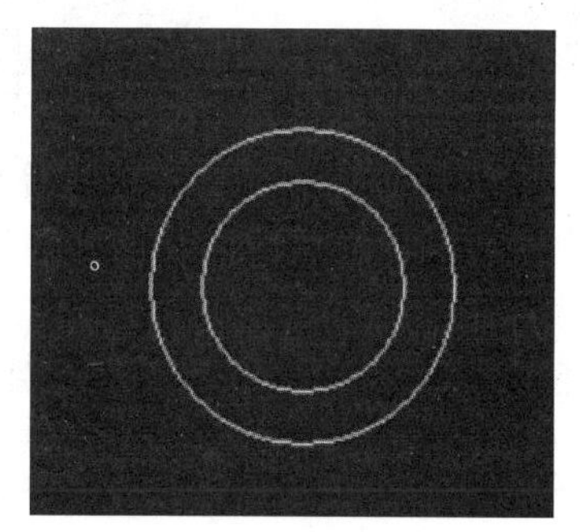

图 1-18　两个同心圆

## 探索与扩展：影片播放时数据的传输

计算机硬盘中存储了一部电影《雷锋精神永远照耀》，如图 1-19 所示。

图 1-19　硬盘中的电影

双击硬盘上存储的数字电影《雷锋精神永远照耀》图标，影片数据被从硬盘调入内存，这是操作系统提供的操作。CPU 不能够直接处理硬盘上的数据，当对硬盘中的电影图标进行单击操作之后，操作系统就会将硬盘上的电影数据调入内存（内存在计算机中大多以内存条的形式出现）。CPU 会将其中的一些图像数据发送给显卡，通过显示器显示。同时，CPU 将声音的数据送给声卡，声卡将这部分数据转换为声音播放出来。人们通过显示器观看影

片，通过音箱或耳机聆听声音。主板作为 CPU、内存条（见图 1-20(a)）、显卡等硬件的传输载体。

内存与可有可无的外存不同，内存并非仅仅是起到数据仓库的作用。除少量操作系统中必不可少的程序常驻内存外，平常使用的程序，如 Windows 操作系统、Linux 操作系统等系统软件，包括打字软件、游戏软件等在内的应用软件。通常将包括程序代码在内的大量数据都放在磁带、磁盘、光盘、移动盘等外存设备上，但外存中任何数据只有调入内存中才能真正使用。计算机上任何一种输入（来自外存、键盘、鼠标、麦克风、扫描仪等）和任何一种输出（显示、打印、音像、写入外存等）都是通过内存进行数据传输的。

在计算机主机中，主板（见图 1-20(b)）是一种提供中间传输服务的设备。主板上有很多插槽，可以将 CPU、内存条、硬盘和显卡全部都插在主板上，并进行数字通信。

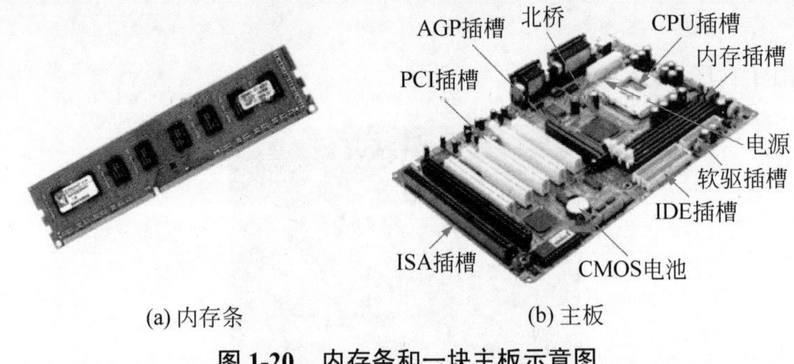


(a) 内存条　　(b) 主板

**图 1-20　内存条和一块主板示意图**

# 第 2 章

CHAPTER 2

# 程序的基础
## ——数据类型、运算符和表达式

学习目标

- 学习常见的整型、浮点型、字符型等数据类型，学会如何在程序中定义和使用不同的数据类型，能够进行数据类型转换。
- 学会运算符的概念，理解它们在表达式中的作用，以及它们的优先级和结合性。
- 理解如何构建合法的表达式，避免类型不匹配和运算符错误等常见问题，编写正确的代码。

本章主要介绍C程序设计中的基础知识，如数据类型、运算符和表达式等，是构建高级语言程序的基础，是理解和编写高效代码的重要概念。通过这一章节的学习可以为后续复杂的编程概念和语法的学习打下坚实的编程基础。

扫一扫

视频讲解

## 2.1 数据类型概述

### 2.1.1 项目引入

图2-1是一个学校图书馆的网站截图，需使用“图书管理系统”，将图书馆中的图书数据存储到计算机中。

图2-1 图书馆的网站截图

如何将图书数据存储到计算机中？先把要存储的图书数据进行分类，如图2-2所示，再将分类后的数据存储到计算机中。

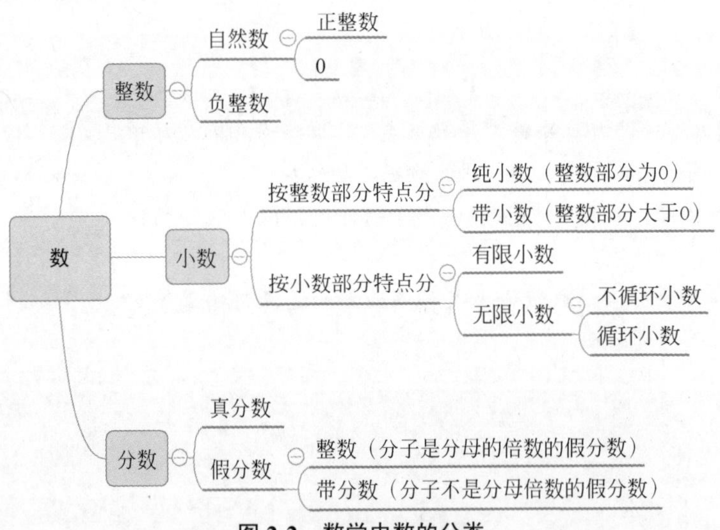


图2-2 数学中数的分类

数学是一门研究抽象问题的学科，数和数的运算都是抽象的。数值可以按其种属性进行分类，但不分类型。数值的运算是绝对准确的，如数值78与97之和为175，1/3的值是0.33333333……（循环小数）。

将数据存储到计算机中时，先将要存储的数据分成不同的数据类型，如整型、浮点型、字符型等，不同的数据类型在内存中存储方式不同，分配的存储空间大小不同，存储空间的大小决定了该数据类型的数据的取值范围。同时，不同的数据类型也支持不同的基本操作。

在计算机中，数据是存放在存储单元中的，是具体存在的。存储单元由有限的字节构成，每个存储单元中存放数据的范围是有限的，不可能存放无穷大的数，也不能存放循环小数。存储数据的单位是硬件能访问的最小单位。内存中存储数据的基本单位是字节(Byte)，最小单位是位。8b（位）组成 1 B（字节），能容纳 1 个英文字符，1 个汉字则需要 2B 的存储空间。1024 B 就是 1 KB（千字节）。内存中存储数据的单位有 b，B，M，G 和 T 等。

例如，用 printf("%f",1.0/3.0)；计算和输出 1/3，得到的结果是 0.333333，只能得到 6 位小数，不是无穷位循环的小数。用计算机进行计算时，不是抽象的数值的计算，而是用工程方法实现的计算，在许多情况下只能得到近似的结果。硬件一般精确到字节，采用软件中的位运算符可精确到位。

内存存储单位之间的常用换算关系如下。

1 byte（B）＝ 8 bit（b）　　1 KB ＝ 1024 B

1 MB ＝ 1024 KB　　1 GB ＝ 1024 MB

1 TB ＝ 1024 GB

## 2.1.2　数据类型

### 1. 数据类型基本概念

计算机中，**数据类型**是对数据分配存储单元的安排，包括存储单元的长度（占多少字节）以及数据的存储形式。不同的类型分配不同的长度和存储形式。

数据类型决定了数据的含义、数据存储的方式以及对数据进行的操作，限制了表达式（如变量或函数）可能的取值。C 语言提供了多种数据类型，以适应不同的数值范围和存储需求。

### 2. 数据类型的分类

C 语言可以处理多种数据类型。常见的数据类型包括**基本数据类型**和**构造数据类型**等，如图 2-3 所示。

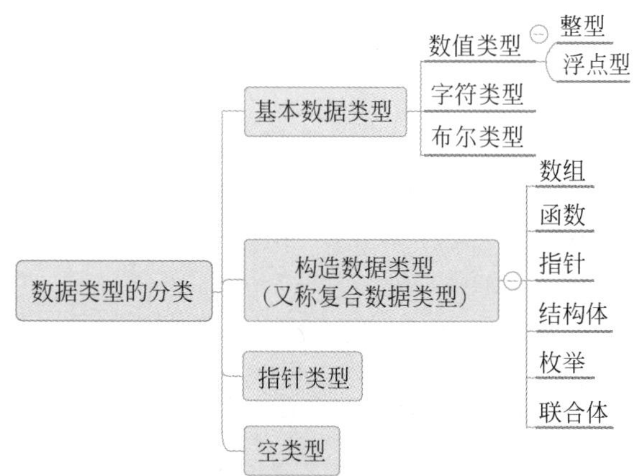


**图 2-3　常见的数据类型**

（1）基本数据类型：数值类型（整型、浮点型）、字符类型、布尔类型等。

（2）构造数据类型（又称复合数据类型)：数组、函数、指针、结构体、枚举、联合体等。

（3）指针类型：指针是一种特殊的，同时又是具有重要作用的数据类型。其值用来表示某个变量在内存储器中的地址。虽然指针变量的取值类似于整型量，但这是两个类型完全不同的量，因此不能混为一谈。

（4）空类型：在 C 语言中，空类型（void）不是一个数据类型，而是一种特殊的类型说明符，用于表示“空类型”。主要用于函数返回类型、函数参数类型和指针类型。

总之，除了上述数据类型外，C 语言还支持更复杂的数据类型，如指针的指针、数组的数组、函数的指针等。此外，通过 typedef 关键字，用户还可以定义自己的数据类型。

扫一扫

视频讲解

## 2.2　常量和变量

在计算机编程中，**常量和变量**是数据的两种表现形式，可以存储数字、文本、布尔值（真/假）或其他类型的数据。

### 2.2.1　常量

#### 1. 常量的定义

在程序运行期间，其值不能被改变的量称为常量。

#### 2. 常量的分类

常量通常分为整型常量、实型常量、字符常量、字符串常量和符号常量等。

（1）整型常量：例如，780，598，0，–307 等。数值常量就是数学中的常数。

（2）实型常量：该类常量的表示形式如下。

① 十进制小数形式：例如，0.34，–56.79，0.0 等。

② 指数形式：例如，1.54e5，12.34E–3（分别代表 $1.54\times10^{5}$ 或 $12.34\times10^{-3}$）等。其中，e 或 E 通用，不区分大小写。需要注意的是，字母前必有数字，字母后必为整数。

（3）字符常量：该类常量包含如下类型。

① 普通字符：用单撇号括起来的一个字符，如 '?' '1' '*' 'a' 'A' 等。

② 转义字符：以\开头，将其后面字符的意义转换成另外的意义。例如，\n 中的 n 不代表字母 n，而是作为换行符使用。转义字符及其作用如图 2-4 所示。

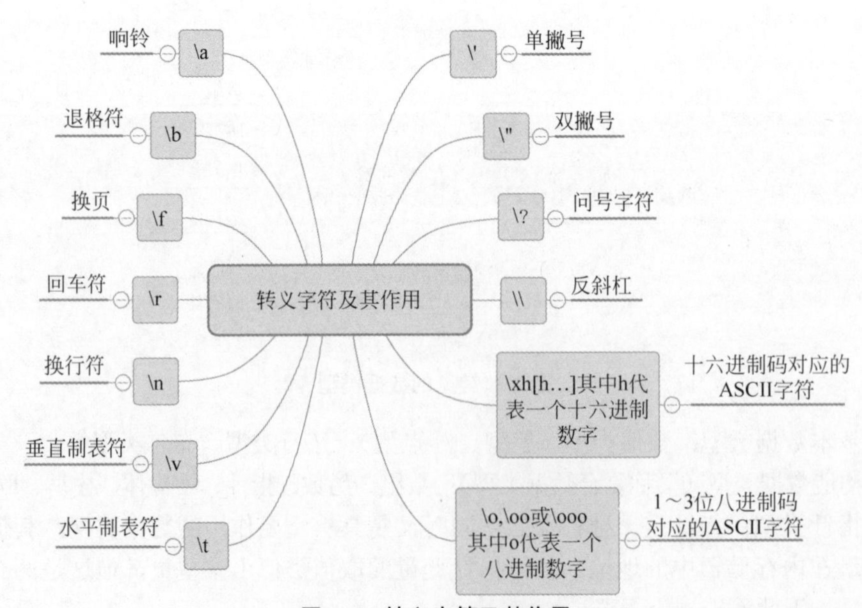


图 2-4　转义字符及其作用

使用转义字符时需要注意以下问题。

① \v 垂直制表和\f 换页符对屏幕没有任何影响，但会影响打印机执行响应操作。

② \? 其实不必要。只使用 ? 即可。

③ \033 或\x1B 代表 ASCII 码为 27 的字符，即 ESC 控制符。

④ \0 或\000 是代表 ASCII 码为 0 的控制字符，即“空操作”字符，常用在字符串中。

（4）字符串常量：使用双撇号把若干字符括起来，如 "boy" "567" 等。

（5）符号常量：使用#define 指令指定一个符号名称代表一个符号常量，与变量名相区别，习惯上符号常量用大写表示，使用下画线来分隔单词，如 P、MAX_NUMBERI 等。

```
#define PI 3.1416           // 用符号常量 PI 代替 3.1416
```

这种用一个符号名代表一个常量的，称为**符号常量**。符号常量 PI 只是一个临时符号，代表一个值，不占内存，预编译后，符号常量 PI 全部变成字面常量 3.1416，符号 PI 就不存在了。因此，不能对符号常量赋新值。

#### 3. 常量的用途

（1）符号常量大多表示程序中不会改变的重要值。

例如，圆周率 π 或重力加速度 g 等，这些值在程序中可能会被多次使用，将它们定义为常量可以提高代码的可读性和可维护性。

（2）常量可用于定义程序的配置参数或限制条件。

例如，在一个泡泡项目中，可能有一些参数定义了泡泡的最大数量、最大生存时间等。将这些参数定义为常量可以确保在程序运行期间它们的值不会被意外修改。

（3）常量还可以用于表示程序的状态或结果。

例如，在一个函数中，可能有一些特定的返回值表示不同的结果或状态。将这些返回值定义为常量可以使代码更加清晰易懂。

总之，常量是编程中一种重要的概念，用于定义程序中始终保持不变的值。常量在编程中扮演着重要的角色，通过合理使用常量，可提高代码的可读性和可维护性，减少程序中的错误，方便后续修改和维护。在编写程序时，应根据实际情况选择适当的常量定义方式，并遵循一定的命名规范来确保代码的质量和稳定性。

### 2.2.2　变量

#### 1. 变量的定义

变量是内存中一段存储空间，是一个有名字的用来存放数据的存储单元，并且在程序的运行期间，该存储单元的数据是可以改变的。变量通常由两部分组成：变量名和变量值，变量名和变量值是两个不同的概念，如图 2-5 所示。

1）变量名

每个变量都必须有一个名字——变量名（如 num，a，b 等），变量名是一个标识符，用于标识和引用变量，变量命名遵循标识符命名规则。变量名是以一个名字代表的一个存储地址。

2）变量值

变量值则是存储在变量中的实际数据。在程序运行过程中，变量值存储在内存中，如将数值 2014 放在变量 num 的存储空间中。在程序中，通过变量名来引用变量的值。

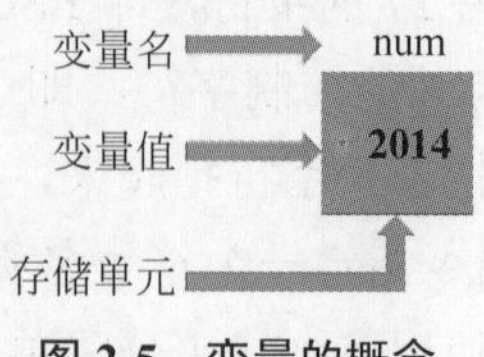


**图 2-5 变量的概念**

在编程中，变量必须**先定义**，**后使用**，定义变量时应指定该变量的名字和类型，以避免未定义行为。定义变量可以告诉编译器变量的类型和名称，让编译器知道如何为其分配内存。初始化变量可以给变量赋予一个初始值。给变量取一个清晰、有意义的名称是非常重要的。良好的命名规范有助于提高代码的可读性和可维护性。通常，变量名应该简洁明了，能够准确表达变量的用途或存储的数据类型。同时，避免使用过于通用的名称，以免在代码中产生混淆。

3）变量命名规则

变量的命名规则采用标识符命名规则。

（1）标识符。

在高级语言程序中，有效字符序列（如变量名、符号常量名、函数名、数组名等）统称为**标识符**，即一个对象的名字。

（2）标识符命名规则。

C语言规定标识符只能由字母、数字和下画线 3 种字符组成且第一个字符必须为字母或下画线。

标识符命名应该尽量简短，清晰明确地表达标识符的用途或它所代表的数据，避免使用过长的名称和不必要的词汇或重复的信息，以便其他开发者能够轻松理解。

避免使用编程语言中预定义的关键字作为变量名。这样可以避免与编程语言的语法冲突。大多数编程语言不允许以数字开头的变量名。编译系统区分标识符中字母的大小写。

合法的标识符：如 sum，average，_total，Class，day，BASIC，li_ling。

不合法的标识符：如 M.D.John，￥123，＃33，3D64，a＞b。

标识符命名规则可以帮助编写更加清晰、易于维护和理解的代码。合理的变量命名不仅对于代码的可读性至关重要，还有助于减少错误、提高开发效率，促进团队之间的协作。

### 2. 变量的使用

包括定义、初始化、赋值、访问、运算、传递、比较和修改等。

（1）定义。

变量定义的一般格式如下：

**数据类型 变量名＝赋予的值;**

其中，＝为赋值运算符。等价于：

**数据类型 变量名；**

**变量名＝要赋予的值；**

例如：

```
int i = 3;              //等价于 int i; i = 3;
int i = 3, j = 5;       //等价于 int i; int j; i = 3; j = 5;
```

（2）初始化。

所谓变量初始化就是对变量赋初值。例如：

```
# include <stdio.h>
int main()
{
    int i=0;
    printf("i = %d\n", i);
    return 0;
}
```

其中，int，char，float，double，long int 的输出格式分别为%d，%c，%f ，%lf，%ld。

（3）取值。

从变量中取值，实际上是通过变量名找到相应的内存地址，从该存储单元中读取数据的过程。

（4）访问。

通过某变量的名字可以访问该变量存储的值。

（5）赋值。

这是变量使用的第一步，通过赋值语句将特定的数值赋给变量。例如：

```
x = 5;    //将整数 5 赋给变量 x
```

（6）运算。

变量可以参与各种运算。例如：

```
y = x + 3;  // 将变量 x 的值 5 加上 3，然后将结果 8 赋给变量 y
```

（7）传递。

变量可以传递给函数作为参数。例如：

```
my_function(x); //将变量 x 作为参数传递给名为 my_function 的函数
```

（8）比较。

变量可以与其他变量或值进行比较，以判断它们之间的关系。例如：

```
if (x > y)    //比较变量 x，y 的值，如果(x>y)的值非 0，则执行后面的代码块
```

（9）修改。

变量的值可以被修改。例如：

```
x = x + 1;  //将变量 x 的值增加 1
```

变量使用过程中，在处理数据时，可能需要将一个变量从一种类型转换为另一种类型，可以通过强制类型转换实现。

#### 3. 常变量

在C语言中，通常使用const关键字声明常变量。常变量的值在其存在期内是不可更改的，可以提高代码的可读性和可维护性，有助于编译器进行优化，也可以避免被程序员不小心修改。例如：

```
const int a = 5;  // a是常变量，值为5，VS2010编译时占4字节空间。
```

总之，变量是编程中不可或缺的一部分，将一个变量声明为整数类型或字符类型是计算机正确地存储、获取和解释该数据的基本前提。

变量在编程中有广泛的应用，需要根据具体需求和编程语言的规范来合理使用变量。例如，在处理用户输入时，可以使用变量存储用户输入的值，并根据该值执行相应的操作；在算法和数据处理中，变量可以用于存储中间结果、计算参数或索引等。此外，在控制流程（如循环和条件语句）中，变量也发挥着重要的作用。变量为程序员提供了存储和引用数据的能力。通过使用变量，可以创建更加灵活、可维护和可扩展的程序。在编写程序时，应该根据实际情况选择适当的变量类型和命名规范，并合理控制变量的作用域和生命周期。同时，要注意避免使用过多或不必要的变量，以免增加程序的复杂性和维护成本。

扫一扫

视频讲解

## 2.3 整型数据

在C语言中，基本数据类型是C语言中的最小数据类型，不能再分割，又称原子类型。

### 2.3.1 整型数据的概念

整型数据是不包含小数部分的数值型数据，它只用来表示整数，并且在内存中以二进制的形式存储。整型数据在编程中非常常见，用于表示如年龄、数量、序号等整数概念。

在编程中，整型变量通常用于存储整数数据。例如，在C语言中，可以使用int关键字定义一个整型变量，如int age = 25，其中age是一个整型变量，用于存储年龄这个整数数据。

### 2.3.2 整型数据的存储

整型数据在计算机中的存储形式是以**二进制补码**的形式表示。

正整数，其补码与原码相同；负整数的补码是将其绝对值的二进制形式按位取反（即0变为1，1变为0），之后加1。使用这种方法表示整数，计算机可以直接进行加减运算，不需要额外的电路判断整数的符号。在计算机中，补码表示法被广泛用于存储和运算整数，简化了硬件设计，提高了性能，消除了正负数表示之间的歧义。

求补码的过程是计算机中的一个基本运算，主要用于表示负数。这种操作在计算机中很容易执行。

下面是一个求补码的例子。

假设有一个8位（1字节）的数值–15，求出它的补码表示。

（1）写出 –15 的绝对值的二进制形式，即1 0000 1111。

（2）对原码的所有二进制位按位取反，得到 –15 的反码：1111 0000。

（3）反码加 1 得到 –15 的补码：1111 0001。

所以，数值–15 的 8 位补码是 1111001。

同样地，可以求出任何整数的补码。对于正数，其补码与原码相同。

例如，+15 的补码就是 00001111。

补码的一个关键特性为可以直接用加法进行减法运算。

例如，计算 10 – 15。

可以转换为 10 +（–15）的形式，求出 10 和–15 的补码，相加并处理可能的溢出情况。

### 2.3.3　整型数据的表示

在 C 语言中，整型数据是最重要的一类数据，因为它们是计算机能直接识别和处理的数据类型之一。

#### 1. 整型数据类型的关键字

整型数据类型的使用关键字 int 来表示。整型数据以二进制补码的形式存放在计算机内存中。这是现代计算机体系结构的标准做法。

在计算机中，整型数据通常以固定大小的字节来存储，如 8 位、16 位、32 位或 64 位。每种大小，都有一个特定的数值范围，这个范围是根据所使用的位数和补码表示法来确定的。

注意：C 标准没具体规定各种类型数据所占用存储单元的长度，这由各编译系统决定。

#### 2. 有符号整型数据和无符号整型数据

整型数据按照二进制最高位是否为符号位，分为有符号整型（signed int）和无符号整型（unsigned int），而且二者存放数值的范围也是不同的。

在无符号整型的存储单元中，全部二进位都用作存放数值，而无符号，只能存储非负整数；在有符号整型的存储单元中，可以存储正数和负数，最高位若是 0，则为正数，若是 1 为负数。

例如，占 2 字节的有符号整型数据类型，取值范围为：–32768～+32767；占 2 字节的无符号整型数据类型，取值范围为：0～65535。

如果没有明确指定，默认（缺省）表示有符号整数类型，即 int 等价于 signed int。

#### 3. 整型数据类型的分类及表示

以下为整型数据类型的分类及表示，本书以 VS 2010 为例，其中[ ]中的字母可以保留，也可以不保留。

1）基本整型，占 4 字节

有符号基本整型　　[signed] int;

无符号基本整型　　unsigned int;

2）短整型，占 2 字节

有符号短整型　　[signed] short [int];

无符号短整型　　unsigned short [int];

3）长整型，占 4 字节

有符号长整型　　　[signed] long [int];

无符号长整型　　　unsigned long [int]

4）双长整型，通常占 8 字节

有符号双长整型　　[signed] long long [int];

无符号双长整型　　unsigned long long [int]

此外，C 语言还支持其他数据类型，如浮点型（float、double、long double）和字符型（char），用于存储不同类型的数据。

扫一扫

视频讲解

## 2.4　浮点型数据

在计算机中，浮点数主要用于存储和处理非整数数据，如科学计算、工程计算、金融计算等。

### 2.4.1　浮点型数据的概念

浮点型数据是一种用于表示实数（即带有小数点的数值）的数据类型。一个实数表示为指数可以有多种形式，$3.14159\times10^3$ 和 $31.4159\times10^2$ 代表同一个值，小数点的位置在数字之间浮动，同时改变指数的值即可保证数值不变。由于小数点位置可以浮动，因此实数的指数形式称为浮点数。

### 2.4.2　浮点型数据的分类、存储及变量的定义

#### 1. 浮点型数据的分类

浮点型数据分为单精度浮点型（float）、双精度浮点型（double）和长双精度浮点型（long double），这里主要讲解前两种。

#### 2. 浮点型数据的存储

浮点型数据是以规范化的指数形式存储在计算机中，如图 2-6 所示。

一个实数只有一个规范化的指数形式，小数部分小数点前的数字为 0，小数点后的第 1 位数字不为 0 的表示形式。在程序以指数形式输出一个实数时，必以规范化的指数形式输出。浮点数在内存中分为 3 个主要部分：符号位（sign）、指数位（exponent）和尾数部分（mantissa），这样的结构使得浮点数可以表示非常大或非常小的数，以及介于两者之间的数。C 标准未规定用多少位表示指数位和尾数部分，而是由各 C 语言编译系统自定。

（1）符号位：用于表示浮点数的正负。符号位占据 1 位，0 表示正数，1 表示负数。

（2）指数位：用于存储科学记数法中的指数部分。通常指数位占据的位数对于单精度是 8 位，对于双精度是 11 位。

（3）尾数部分：也称分数部分，表示浮点数的有效数字。通常尾数部分占据的位数对于单精度是 23 位，对于双精度是 52 位。

float 类型通常占用 32 位（4 字节），8 位有效数字，数值范围为 $-3.4\times10^{38}$～$3.4\times10^{38}$。

double 类型通常占用 64 位（8 字节），15 位有效数字，数值范围为 $-1.7\times10^{308}\sim1.7\times10^{308}$。这些位数的分配确保了浮点数可以表示的精度和范围。

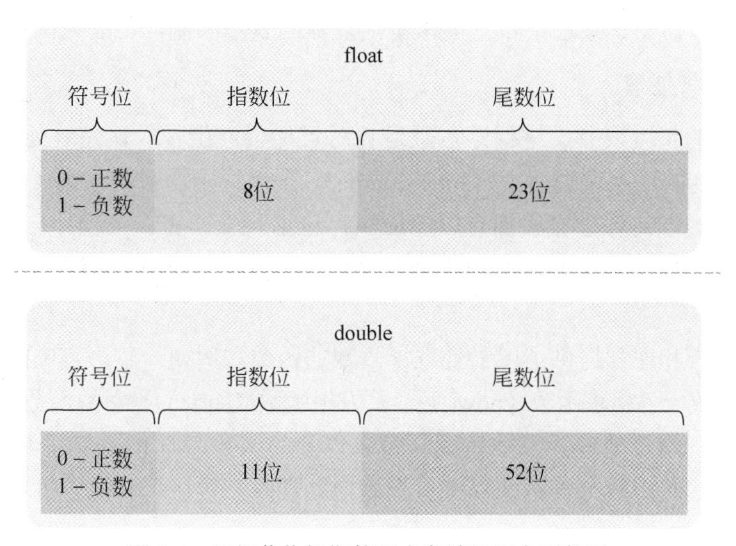


图 2-6　以规范化的指数形式存储的浮点型数据

### 3. 浮点型数据变量的定义

1）传统的写法

例如：

```
float x = 3200.0;            //传统
```

2）科学计数表示法

例如：

```
float x = 3.2e3;          //x 的值是 3200
float x = 123.45e-2;      //x 的值是 1.2345 在 c 中，默认数字 123.45e-2 是 double 类型的
float x = 123.45e-2F;     //数字 123.45e-2 后面加 F，表示作为 float 处理
```

## 2.4.3　浮点型数据的运算及精度

### 1. 浮点型数据的运算规则

浮点型数据的运算规则包括加法、减法、乘法、除法和求幂等。这些运算遵循数学的运算规则，但由于浮点数的表示限制，可能会导致一些特殊情况。

### 2. 浮点型数据的精度

精度是指浮点数的有效数字位数，双精度浮点数的精度高于单精度浮点数。然而，即使是双精度浮点数，由于其二进制表示的限制，某些十进制数可能无法被精确地表示为浮点数，这可能导致在进行浮点数运算时出现舍入误差。因此，在使用浮点数时，需要注意这种精度限制，并采取相应的策略来处理可能出现的舍入误差。

### 3. 溢出与下溢

溢出是指浮点数运算结果超出了其能表示的范围，导致结果不正确。下溢则是指浮点数的绝对值变得非常小，接近于零，但由于浮点数的表示限制，可能无法精确表示零。

### 4. 舍入误差与处理

由于浮点数的精度限制，进行浮点数运算时可能会产生舍入误差。处理这些误差的方法：使用更高精度的浮点数类型（如 long double）、采用特定的舍入规则（如四舍五入）等。

总之，浮点类型在各个领域都有广泛应用，包括科学计算、工程计算、图形学、金融计算等。在这些应用中，需要注意浮点数的精度和舍入误差问题，以确保计算的准确性和稳定性。

许多编程语言和库都提供了用于处理浮点数的函数。例如，C 语言中的 math.h 库提供了一系列数学函数，包括幂函数（pow( )）、平方根函数（sqrt( )）、对数函数（log( )）等。此外，还有一些专门用于处理浮点数精度和舍入误差的函数，如 frexp( )函数、ldexp( )函数、modf( )函数等。这些函数可以帮助程序员更好地处理浮点数运算和比较等问题。

# 2.5　字符型数据

在 C 语言中，字符型数据是用于存储字符的数据类型。字符型数据是按其代码（整数）形式存储的，在内存中占用 1 字节的空间，其取值范围通常为 ASCII 字符集中的字符，包括字母、数字、标点符号和控制字符等。

## 2.5.1　字符型数据的概念

### 1. 字符常量

1）单字符常量

用单撇号引起来的单个字符为单字符常量。例如，'A'，'a'，'0'，'+'，'–' 表示字符 A，a，0，+，–是合法的字符常量。

需要注意的是，字符常量中的字符必须是单个字符，不能包含多个字符，也不能包含字符串（即不能用双撇号引起来的字符序列）。例如，'AB'错误；'姐' 正确。

2）字符串常量

虽然字符型数据只能存储一个字符，但是 C 语言还提供了字符串常量，用于存储一系列字符。用双撇号引起来的多个字符形成字符串常量，如 "Hello, world!"。需要注意的是，字符串常量在内存中占用多个字节的空间，并且以空字符'\0'作为结束标志。例如，"ABCD" "A"。其中，"A"代表了'A'和'\0'两个单字符的组合。

在 C 语言中，字符串常量通常用于初始化字符数组或字符指针。例如：

```
char str[] = "Hello, world!";
char *ptr = "Hello, world!";
```

这两行代码分别声明了一个字符数组 str 和一个字符指针 ptr，并将字符串常量 "Hello, world!" 赋值给它们。需要注意的是，在使用字符数组存储字符串时，需要在数组的大小中额外分配 1 字节用于存储结束标志 '\0'。在使用字符指针存储字符串时，指针指向的是字符串常量在内存中的地址。

#### 2. 字符变量

字符变量是用来存储字符常量的变量。在 C 语言中，声明字符变量时，需要在变量名前面加上类型说明符 char。例如：

```
char ch;        //定义了一个名为 ch 的字符变量。
```

在声明字符变量后，可以通过赋值语句将字符常量赋值给字符变量。例如：

```
ch = 'A';        //字符常量'A'赋值给了字符变量 ch。
```

### 2.5.2　字符型数据的存储和表示

#### 1. 字符型数据的存储

在 C 语言中，字符在内存中是以 ASCII 形式存储的。每个字符都对应一个唯一的 ASCII 值，这个值是一个整数。

注意：字符在计算机中是以 ASCII 值存储的，通常为 8 位。例如，字符 'A' 的 ASCII 值为 65，字符 'a' 的 ASCII 值为 97。

因此，在 C 语言中，字符型数据既可以以字符的形式表示，也可以以整数的形式表示。字符型数据的存储方式与整型数据的存储方式相同。将一个字符常量赋值给一个整数变量时，实际上是将该字符对应的 ASCII 值赋给整数变量。例如：

```
int ascii_value;
ascii_value = 'A';
printf("%d", ascii_value);      // 输出 65
```

同样地，将一个整数赋值给一个字符变量时，实际上是将该整数作为 ASCII 值对应的字符赋给了字符变量。例如：

```
char ch;
ch = 65;
printf("%c", ch);               // 输出 A
```

#### 2. 字符类型数据的运算

在 C 语言中，字符型数据也可以进行各种运算操作，包括算术运算、关系运算和逻辑运算等。但是需要注意的是，由于字符型数据在内存中是以整数形式存储的，因此在进行运算时，实际上是对字符对应的 ASCII 值进行运算。例如：

```
ch = 'A';
ch = ch + 1;
printf("%c", ch);            // 输出 B
```

以上代码首先将字符常量 'A' 赋值给了字符变量 ch，然后将 ch 中的字符对应的 ASCII 值加 1（即 65+1＝66），最后将结果赋给了 ch。由于 ASCII 值为 66 对应的字符是 'B'，因此最终输出结果为 'B'。

# 2.6　布尔类型数据

在 C 语言的发展历程中，C99 标准引入了布尔类型数据，使得程序员在编写代码时能够更加直观地表示真（true）和假（false）两种状态。为程序员处理布尔逻辑提供了一种更加方便的方式。

## 2.6.1　布尔类型

布尔（bool）类型通常只有两个取值，即 true 和 false，通常用于条件判断，使用 0 表示假，使用 1 表示真。这种设计使得布尔值在内存中的存储与整数类型兼容，但又有其独特的语义。

为了提供更加易于使用的布尔类型，C99 标准引入了<stdbool.h>头文件。该头文件中定义了 bool 宏，该宏被指定为_Bool 类型的别名。定义了常量 true 和 false，分别表示布尔值为真和为假两种状态，语义更加明确。通过包含这个头文件，程序员可以直接使用 bool 作为布尔类型的名称，从而提高了代码的可读性和可维护性。

## 2.6.2　布尔类型示例

下面是一个简单的示例代码，展示了如何在支持 C99 的编译器中使用布尔类型数据。

```
#include <stdio.h>
#include <stdbool.h>
int main()
{
    bool is_valid = true;                    // 使用 bool 作为布尔类型
    if (is_valid)
    {
        printf("The data is valid.\n");
    }
    else
    {
        printf("The data is invalid.\n");
    }
    return 0;
}
```

在上面的示例中，首先要求编译器的函数库里包含 <stdbool.h> 头文件，然后定义一个布尔类型的变量 is_valid 并将其初始化为 true。接下来，使用 if 语句来判断 is_valid 的值，并根据判断结果输出相应的信息。

注意：由于 VS2010 不支持 stdbool.h 头文件，因此若使用 VS2010 编译器，则应在其函数库里加入<stdbool.h>头文件，否则会报错。

扫一扫

视频讲解

# 2.7　运算符及表达式

C 语言提供了丰富的运算符，这些运算符可以帮助进行各种计算和数据操作。下面将详细介绍 C 语言中的各种运算符和表达式。

## 2.7.1　运算符和表达式

运算符和表达式是 C 语言中非常重要的概念，它们是实现各种计算和控制流程的基础。

熟练掌握各种运算符的用法和表达式的求值规则，对于编写高效、可靠的 C 语言程序至关重要。

### 1. C 语言运算符按照优先级和结合性来执行

1）运算符的优先级

决定了表达式中各个部分的计算顺序。优先级高的运算符会先于优先级低的运算符进行计算。C 语言中的运算符优先级从高到低如下。

（1）初等运算符：()、[]、→、•。

（2）单目运算符：-、!、~、++、--、(type)、*、&、sizeof。

（3）乘法运算符：*、/、%。

（4）加法运算符：+、-。

（5）移位运算符：<<、>>。

（6）关系运算符：<、<=、>、>=。

（7）相等运算符：==、!=。

（8）位与运算符：&。

（9）位异或运算符：^。

（10）位或运算符：|。

（11）逻辑与运算符：&&。

（12）逻辑或运算符：||。

（13）条件运算符：?:。

（14）赋值运算符：=、+=、-=、*=、/=、%=、<<=、>>=、&=、^=、|=。

（15）逗号运算符：,。

2）运算符的结合律

如果两个运算符的优先级相同，那么它们的结合性决定它们的组合方式。C 语言规定了各种运算符的结合方向，即结合性。“结合性”概念是 C 语言的特点之一，附录 A 列出了所有运算符及其优先级别和结合性。

### 2. 表达式和语句

1）表达式组成

表达式是由运算对象和运算符按照一定规则组成的符合 C 语法规则的序列，它表示一个值或一个计算的结果。例如，由变量 a, b, c 组成的 a + b * c 是一个表达式，其中 a，b 和 c 是操作数，+ 和 * 是运算符。

2）表达式求值

表达式的值不仅与操作数有关，还与运算符和操作顺序有关。运算符的优先级和结合性决定了表达式中操作的执行顺序。

例如，在表达式 a + b * c 中，b 的左边是 +，右边是*。由于乘法运算符的优先级高于加法运算符，所以先计算 b * c 再与 a 相加。

又如，算术运算符的优先级通常高于关系运算符和逻辑运算符。括号可以改变表达式的求值顺序，使得括号内的表达式先于括号外的表达式进行求值。

3）语句

C 语言中的语句即表达式后加分号（;）构成。例如，语句 a = 3；和 b = 4 * 2；等。

总之，运算符的优先级和结合性对于编写正确和高效的代码至关重要。合理地使用这些运算符，可以执行各种数学运算并控制程序的行为。

## 2.7.2　算术运算符及表达式

C 语言提供了丰富的算术运算符，它们允许执行基本的数学运算，如加法、减法、乘法、除法等。这些运算符在编程中非常常用，用于处理数值数据。在 C 语言中，主要的算术运算符有加法：+、减法：–、乘法：*、除法：/、取模（求余）：%、自增：++、自减：– –。

算术表达式是由操作数和算术运算符组成的表达式，用于进行算术运算。例如，a = 3、b = 4*2、10 – 5 / 2 等。

### 1. 算术运算符

1）加法运算符（+）

用法：用于将两个操作数相加。

示例：int sum = 5 + 3;（结果为 8）。

2）减法运算符（–）

用法：用于从第一个操作数中减去第二个操作数。

示例：int difference = 10 – 4;（结果为 6）。

3）乘法运算符（*）

用法：用于将两个操作数相乘。

示例：int product = 4 * 3;（结果为 12）。

4）除法运算符（/）

用法：用于将第一个操作数除以第二个操作数。

注意：当使用两个整数进行除法时，结果也是整数，小数部分会被舍去。

示例：int quotient = 10 / 3;（结果为 3）。

5）取余运算符（%）

用法：用于计算两个整数相除后的余数。

示例：　remainder = 10 % 3;（结果为 1）。

6）自增运算符（++）、自减运算符（– –）

含义：用于将操作数的值增加 1 或减少 1；可以放在操作数之前或之后。

（1）运算符放在操作数之前：先使操作数的值增（或减）1，然后再以变化后的值参与其他运算，即先增减、后运算。例如，++a、– –a。

（2）运算符放在操作数之后：操作数先参与其他运算，然后再使操作数的值增（或减）1，即先运算、后增减。例如，a++、a– –。

示例：int x = 5; x++; 或 int x = 5; ++x;（结果 x 都为 6）。

int x = 5; x– –; 或 int x = 5; – –x;（结果 x 都为 4）。

### 2. 算术运算符的优先级

在 C 语言中，算术运算符的优先级从高到低如下。

（1）自增、自减运算符：++、−−。

（2）乘法、除法、取模运算符：*、/、%。

（3）加法、减法运算符：+、−。

注意：当在同一表达式中使用多个算术运算符时，按照上述优先级顺序执行。例如，在表达式 5 + 3 * 2 中，*运算符的优先级高于+运算符，因此首先执行乘法 3 * 2，然后再与 5 相加。

### 3. 算术运算符的结合性

运算符的优先级和结合律对于编写清晰、正确的 C 语言代码非常重要。大多数算术运算符（如+、−、*、/、%）都是从左到右的结合性。这意味着当连续使用多个相同优先级的运算符时，它们会按照从左到右的顺序执行。

## 2.7.3　赋值运算符

赋值运算符是最基本、最常用的运算符之一。

赋值运算符的符号是“=”，用于将右侧的值赋给左侧的变量。

1）赋值运算符的基本用法

赋值运算符的基本用法是将一个数值或表达式的值赋给一个变量。赋值运算符的基本语法如下。

**变量＝表达式;**

例如：

```
int a;
a=10;    //将整数值 10 赋给变量 a
```

其中，变量是要被赋值的变量，表达式可以是任何有效的 C 语言表达式，包括常量、变量、函数调用等。

2）复合赋值运算符

C 语言还提供了一些复合赋值运算符，这些运算符结合了赋值和算术或位运算。以下是 C 语言中主要的复合赋值运算符，后面章节将展开讲述。

加等：+=　　减等：−=　　乘等：*=　　除等：/=　　模等：%=

左移等：<<=　　右移等：>>=　　位与等：&=　　位或等：|=　　位异或等：^=

因此，赋值运算符是 C 语言中非常基础和重要的运算符，它用于将值赋给变量，通过复合赋值运算符简化代码，以提高编译效率。在使用赋值运算符时，需要注意的是，不要与等于运算符混淆，并且确保赋值运算符的左侧是一个可修改的变量。

## 2.7.4　条件运算符（三目运算符）

### 1. 条件运算符

条件运算符也称三目运算符，是一个用于根据条件表达式的结果选择两个值之一的运算符，提供了一种简洁的方式来编写条件语句。以下是 C 语言中条件运算符简介，后面章节将展开讲述。

#### 2. 条件运算符的基本用法

条件运算符的基本语法如下。

**条件 ？表达式 1：表达式 2**

其中，条件是一个返回布尔值的表达式，表达式 1 是在条件为真（非 0）时执行并返回的表达式，表达式 2 是在条件为假（0）时执行并返回的表达式。条件运算符的返回值是表达式 1 或表达式 2 中的一个，具体取决于条件的结果。

条件运算符是一种用于在表达式中进行简单条件判断的强大工具。它可以简洁地表示基于条件的值选择，但在使用时需要注意保持代码的可读性和逻辑清晰。对于更复杂的条件逻辑，传统的 if-else 语句通常是更好的选择。

### 2.7.5 关系运算符

关系运算符用于比较两个值之间的关系。它们的结果是一个布尔值，即“真”或“假”。这些运算符在条件判断、循环控制以及程序的逻辑流程中发挥着至关重要的作用。以下是 C 语言中主要的关系运算符，后面章节将展开讲述。

小于：<　　大于：>　　小于或等于：<=　　大于或等于：>=

等于：==　　不等于：!=

了解关系运算符及其用法是掌握 C 语言的基础之一。它们允许根据变量之间的关系来构建条件判断和循环控制，从而实现更复杂的逻辑和算法。

### 2.7.6 逻辑运算符

逻辑运算符用于结合布尔值（真或假）或表达式的结果来形成复合的条件。它们用于构造条件表达式、控制程序的流程（如 if 语句、while 循环等），以及在逻辑判断中进行复杂的条件组合。以下是 C 语言中主要的逻辑运算符，后面章节将展开讲述。

逻辑与：&&　　逻辑或：||　　逻辑非：!

了解逻辑运算符是编写有效和可维护的 C 语言程序的关键。通过正确地使用它们，可以构建出复杂而精确的条件判断，控制程序的执行流程，并编写出高效、可靠的代码。

### 2.7.7 位运算符

位运算符在 C 语言中用于直接对整数类型的变量的二进制位进行操作。位运算符通常用于低级编程，如硬件控制、优化算法和数据处理。以下是 C 语言中主要的位运算符，后面章节将展开讲述。

位与：&　　位或：|　　位异或：^

位取反：~　　左移：<<　　右移：>>

了解位运算符以及它们的使用方法，是掌握 C 语言以及低级编程的重要一环。通过合理地使用位运算符，可以编写出高效、紧凑且性能优良的代码。

### 2.7.8 逗号运算符

#### 1. 概念

在 C 语言中，逗号运算符（,）是一种二元运算符，用于将两个或多个表达式组合成一个单一的表达式。

#### 2. 基本用法

逗号运算符允许将多个表达式写在同一行中，并用逗号分隔，逗号运算符返回最后一个表达式的值。过度使用可能会使代码变得难以阅读和维护，在编写代码时需要谨慎使用逗号运算符，应优先考虑代码的可读性和清晰度。

例如：

```
#include <stdio.h>
int main()
{
    int a = 5;
    int b = 10;
    printf("a = %d\n", (a = a + 1), (b = b * 2));
    return 0;
}
```

注意：尽管两个赋值操作都执行了，但 printf( )函数将仅打印出第 2 个赋值操作的结果，即 b = b * 2 的结果。

### 2.7.9　指针运算符

指针运算符是 C 和 C++等编程语言中的一个重要概念。程序员可以通过指针运算符直接操作内存地址，主要有两个：*（取内容）和 &（取地址）。

使用指针时需要格外小心，因为不正确的使用可能会导致内存访问错误，如空指针解引用、野指针等。同时，指针也是实现高级数据结构（如链表、树等）和进行内存管理的关键工具。

### 2.7.10　求字节数运算符

在 C 语言中，除了上述几种运算符外，还有 sizeof 运算符。

sizeof 运算符是与字节数直接相关的运算符，用来直接获取变量、类型或表达式所占用的字节数，确定变量、数据类型或表达式所占用的内存空间。

sizeof 运算符返回其操作数的大小（以字节为单位）。例如，sizeof(int)通常返回 4，因为 int 类型通常占用 4 字节。

在编程实践中，理解并正确使用这些运算符对于有效管理和操作数据是至关重要的。

## 2.8　基本数据类型之间的赋值

在 C 语言中，不同类型的数据之间相互赋值需要特别小心，因为每种数据类型都有其固定的内存大小和表示方式，直接将一种类型的数据赋值给另一种类型可能会导致数据丢失、截断或产生意外的结果。下面将讨论 C 语言中不同类型数据之间赋值的几种情况。

C 语言中的基本数据类型包括整型（如 int，char，short，long 等）、浮点型（如 float、double）和字符类型。

通常，不同的基本数据类型之间不能直接赋值，应使用强制类型转换符（）进行类型转换。

不同类型数据间的混合运算时，数据类型的转换，如图 2-7 所示：

（1）+、–、*、/ 运算的两个数中有一个数为 float 或 double 型，结果是 double 型。系统将 float 型数据都先转换为 double 型，然后进行运算。

（2）如果 int 型与 float 或 double 型数据进行运算，先把 int 型和 float 型数据转换为 double 型，然后进行运算，结果是 double 型。

（3）字符型数据与整型数据进行运算，就是把字符的 ASCII 码与整型数据进行运算。字符型数据与实型数据进行运算，就是把字符的 ASCII 码转换为 double 型数据后，再进行运算。

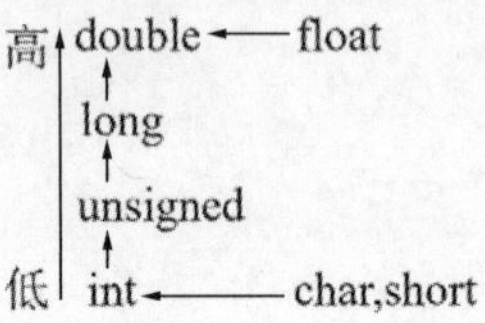

高 double ← float
↑
long
↑
unsigned
↑
低 int ← char,short

**图 2-7　不同类型数据间的混合运算时数据类型的转换**

例如：

```
int a = 10;
float b;
b = a;                  //错误的赋值方法，类型不匹配，出现编译错误
b = (float)a;           //使用强制类型转换符将整数 a 强制转换为浮点型并赋值给 b
```

C 语言中不同类型数据之间赋值，还包括指针类型之间的赋值、结构体和联合体之间的赋值、数组和字符串之间的赋值和函数返回值赋值等，赋值时必须明确地进行类型转换，以确保数据的正确性和安全性。不正确的类型转换可能导致数据丢失、程序崩溃或安全漏洞。因此，在编写涉及不同类型数据赋值的代码时，务必小心谨慎。

## 实　验

### 1. 实验目的

（1）熟练掌握 C 语言中的基本数据类型、运算符和表达式。

（2）利用 EasyX 图形库在 Windows 环境下进行图形化编程。

（3）结合 C 语言和 EasyX，绘制并显示多个圆形对象。

### 2. 实验任务

用 C 语言中的数据类型、运算符、表达式和 EasyX 实现显示多个圆的实验。

### 3. 参考程序

```
#include <graphics.h>              // 引入 EasyX 图形库
#include <conio.h>                 // 引入控制台输入函数库

int main()
{
    int y = 100;
    int step = 100;

    initgraph(600,600);            // 初始化图形界面，设置窗口大小为 640x480
    // 设置颜色
```

```
    setbkcolor(WHITE);              // 设置背景颜色为白色
    setcolor(YELLOW);               // 设置绘图颜色为黄色

    fillcircle(300, y, 20);         // 画圆心为（300，y）半径为 r=20 的圆。
    y  =  y+step;
    fillcircle(300, y, 20);
    y  =  y+step;
    fillcircle(300, y, 20);
    y  =  y+step;
    fillcircle(300, y, 20);
    y  =  y+step;
    fillcircle(300, y, 20);

    // 等待用户按键
    _getch();

    // 关闭图形界面
    closegraph();

    return 0;
}
```

### 4. 实验总结

根据实验中遇到的问题及相应的解决方法，写出实验心得和实验总结。

## 小　结

本章思维导图如图 2-8 所示。

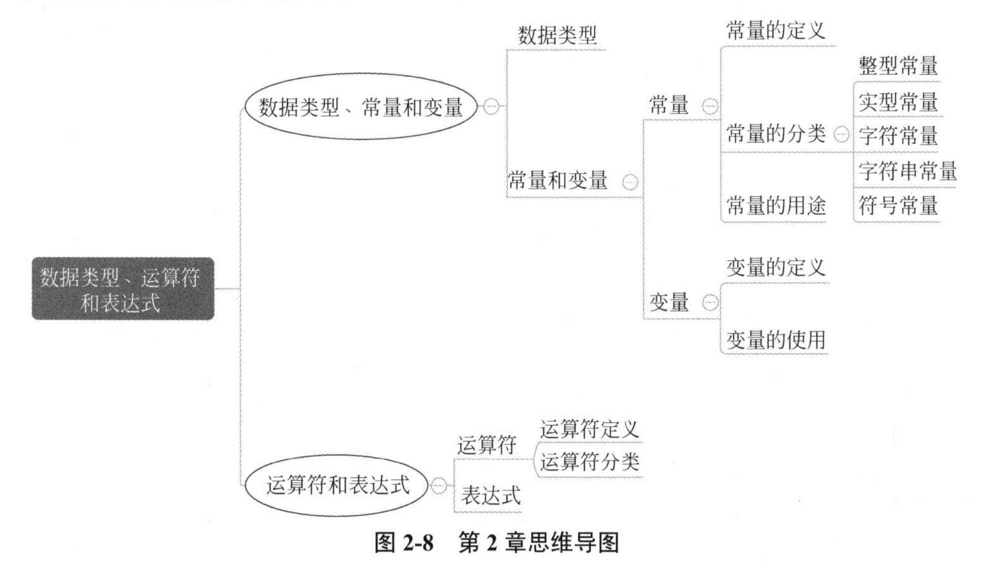


图 2-8　第 2 章思维导图

## 习　题

### 一、计算题

求解下列式子的值。

1/2　　2/2　　1.0/2　　1/2.0　　1%2　　3==5　　a−=5

## 二、程序分析题

1. 读下面的程序并写出运算结果。

```
# include <stdio.h>
int main()
{
    int i;
    char ch;

    scanf("%d", &i);
    printf("i = %d\n", i);
    scanf("%c", &ch);
    printf("ch = %c\n", ch);

    return 0;
}
输入：123m
输出：
```

2. 读下面的程序并写出运算结果。

```
# include <stdio.h>
int main(void)
{
    int i;
    char ch;

    scanf("zhangsan%d\n", &i);      //输入时应该写：zhangsan123\n，输出才正确
    printf("i = %d\n", i);
    scanf("%c", &ch);
    printf("ch = %c\n", ch);

    return 0;
}
输入：zhangsa123m\n
输出：
```

3.读下面的程序并写出运算结果。

```
# include <stdio.h>
int main()
{
    int i, j;
    printf("请输入i的值(中间以空格分隔)：");              //界面友好
    scanf("%d %d", &i, &j);
    printf("i = %d, j = %d\n", i, j);
    return 0;
}
输入：5  5\n
输出：
```

## 探索与扩展：关于新质生产力

习近平在中共中央政治局第十一次集体学习时强调，加快发展新质生产力，扎实推进高质量发展。“新质生产力”这一创新概念意义重大，其主要创造源头同各领域与各行业具

有通用性和普适性的颠覆性技术密切相关。人工智能和大数据是符合“颠覆性、通用性、普适性”这一标准的关键技术。

对于“新质生产力”，读者很容易找到相关知识进行学习。例如，打开“学习强国”网页，搜索“新质生产力”，会显示如下信息及链接，如图 2-9 所示。

图 2-9　搜索“新质生产力”

思考：如何更好地了解“新质生产力”？在这个过程中会运用到哪些数据（类型）？

第3章

CHAPTER 3

# 进行到底

## ——顺序结构

学习目标

- 理解C语句的作用和分类。
- 熟练掌握字符输入、输出函数的使用方法。
- 熟练掌握格式化输入、输出函数的使用方法。
- 理解算法的概念和描述方法。
- 掌握顺序结构程序的编写方法。

C 语言是一种结构化的程序设计语言，主要由顺序结构、选择结构和循环结构三种基本结构组成。C 语言中的语句是按照它们在程序中出现的顺序逐条执行的，从第一条语句到最后一条语句，每条语句都会被执行到，这就是最简单的顺序结构。选择结构和循环结构都有对应的流程控制语句，如 if 语句、while 语句、for 语句等。本章主要对最简单的顺序结构进行介绍，选择结构和循环结构将在第 4 章和第 5 章中进行详细介绍。

## 3.1　项目引入——字符的显示

假定屏幕坐标系的原点在左上角，利用输出函数在屏幕中某处显示一个指定的字符。代码如下。

```
#include <stdio.h>
int main()
{
   char c='A';                        //要显示的字符
   printf("\n");                      //输出字符上面的空行
   printf("\n");
   printf("\n");
   printf("     ");                   //输出字符左边的空格
   putchar(c);                        //输出字符
   printf("\n");
   return 0;
}
```

运行结果如图 3-1 所示。

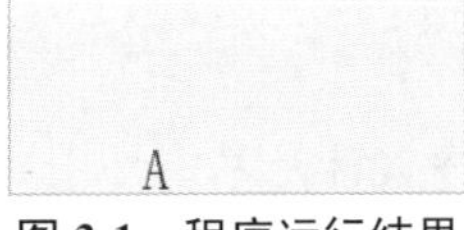


图 3-1　程序运行结果

上述程序代码中，采用格式输出函数 printf( )输出空行与空格，采用字符输出函数 putchar( )输出字符。printf( )函数和 putchar( )函数是 C 语言中常用的输出函数，putchar( )函数仅用于输出字符且一次只能输出一个字符，而 printf( )函数一次能输出一个或多个任意指定类型的数据。putchar(c)等效于 printf("%c",c)，后续会进行详细介绍。

## 3.2　C 语句

### 3.2.1　C 语句的作用和分类

C 语言的执行部分是由语句组成的，语句的作用是向计算机发出操作指令，以实现算法、控制程序流程、执行操作等。C 语句分为以下 5 类。

（1）表达式语句。表达式语句是 C 语言中最简单的语句类型，由一个表达式和一个分号组成。C 语言中的大部分语句都是表达式语句，最典型的是由赋值表达式和分号构成的赋值语句，其主要作用是计算表达式的值，并将其赋给变量。例如：

```
a=3+5          //是表达式，不是语句
a=3+5;         //是语句
```

任何表达式都可以加上分号成为语句，例如，a+b；由表达式和分号构成，也是一个语句，完成 a+b 的操作，是合法的。但是该语句并没有使用 a+b 的值，也并未赋给另一变量，所以并无实际意义。

（2）函数调用语句。函数调用语句由一个函数调用加分号组成，一般形式为

```
函数名 (实际参数列表);
```

执行函数调用语句就是调用已经定义好的函数，并执行被调用函数体中的代码。例如：

```
printf("Hello");                //调用库函数输出字符串
```

其中 printf("Hello")是函数调用，加上一个分号成为函数调用语句。

（3）控制语句。控制语句用于控制程序的流程，以实现程序中的选择结构、循环结构等。C 语言有 9 种控制语句，可分为以下 3 类。

① 条件判断语句。

if( )…else… （条件语句）

switch （多分支选择）

② 循环执行语句。

for( )… （循环）

while( )… （循环）

do…while( ) （循环)

③ 转向语句。

continue （结束本次循环）

break （中止执行 switch 或循环）

return （从函数返回）

goto （转向，不利于结构化程序设计，基本不用）

上述语句形式中的( )表示括号中是判别条件，“…”表示内嵌的语句。例如：

```
if(a>0)  b=1;  else b=0;
```

其中 a>0 为判别条件，b=1; 和 b=0; 是内嵌语句。如果条件 a>0 成立，则执行语句 b=1;，否则执行语句 b=0;。

（4）复合语句。可以将多个语句用括号{}括起来构成复合语句（又称语句块）。例如：

```
{
    x=a+b;
    y=a*b;
    printf("sum=%d, product=%d",x,y);
}
```

复合语句用于需要连续执行一组语句的情况，常用于流程控制语句，如 if 语句、while 语句等。在程序中应把复合语句看成单条语句，而不是多条语句。需要注意的是，复合语句内的各条语句都必须以分号（;）结尾，并且在括号（}）外不能加分号。

（5）空语句。只由分号（;）组成的语句称为空语句。该语句什么也不执行，可以用作空循环体。例如，

```
while(getchar()!='\n');        //循环条件为getchar()!='\n'，循环体为空语句
```

上述语句执行时如果从键盘输入的字符不是回车，则等待重新输入；当从键盘输入回车时，结束循环，继续执行后面的程序。在该语句中，接收键盘输入和判断输入字符的操作都在 while 循环条件中完成，因此循环体中不需要执行其他的操作，采用空语句作为循环体。

### 3.2.2　赋值语句

赋值语句为 C 语言中常用的表达式语句，由一个赋值表达式和一个分号组成。例如

```
x=2      //赋值表达式
x=2;     //赋值语句
```

其中=是一个赋值运算符，作用是将一个数据或一个表达式的值赋给一个变量，再将赋值运算符左侧的值作为表达式的值。

#### 1. 赋值运算符

赋值运算符的使用说明如下。

（1）赋值运算符的左侧应该是一个可修改的“左值”，应当为存储空间并可以被赋值。变量可以作为左值，而算术表达式 x+y 就不能作为左值，常量也不能作为左值。

（2）赋值运算符的优先级较低，只比逗号运算符高。例如，x=3+5，先计算 3+5 的值为 8，再将 8 赋值给变量 x。

（3）赋值运算符的结合性为自右向左。例如，y=(z=4)等效于 y=z=4，其执行过程先执行赋值表达式 z=4，z 的值变为 4，同时该表达式的值也为 4；然后执行 y=z，y 的值变为 4，整个赋值表达式的值也为 4。

（4）赋值表达式也可以出现在其他表达式或其他语句中，例如：

```
x=(y=2)+(z=3)          // x 的值为 5，y 的值为 2，z 的值为 3，表达式的值为 5;
printf("%d", x=y);    //之前已定义 y 的值为 5，则 x 的值也变为 5，同时，输出 5;
```

#### 2. 类型转换

赋值过程中，如果赋值运算符两侧的类型一致，则直接进行赋值；如果赋值运算符两侧的类型不一致，但都是基本类型时，在赋值时系统会自动进行类型转换。转换规则如下。

（1）将浮点型数据赋给整型变量时：先对浮点数取整，舍弃小数部分，然后赋予整型变量。例如：

```
int p;
p=3.14;
```

运行之后整型变量 p 的值为 3。

（2）将整型数据赋给单、双精度变量时：数值不变，但以浮点数形式存储到变量中。例如：

```
float x;
x=3;
```

运行之后单精度变量 x 的值为 3.0。

（3）将双精度浮点型数据赋给单精度变量时：先将双精度数据转换为单精度，即只保留 6～7 位有效数字，存储到 float 型变量的 4 字节中。需要注意的是，双精度数据的大小不能超出 float 型变量的数值范围。

（4）将单精度浮点型数据赋给双精度变量时：先将单精度数据有效数字扩展为15位，然后存储到double型变量的8字节中。

（5）将字符型数据赋给整型变量时：将字符的ASCII值赋给整型变量。例如：

```
int x;
x='A';
```

运行之后x的值为'A'的ASCII值65。

（6）将占字节多的整型数据赋给占字节少的整型变量或字符变量时：只将其低字节原封不动地送到被赋值的变量（即发生"截断"）。例如：

```
char c;
c=256+65;
```

执行过程中先计算256+65得321，然后将321赋值给字符变量c；赋值过程中，由于变量c仅占用1字节的存储空间，即8位二进制，因此只会将321的二进制低8位0100 0001赋值给字符变量c，即十进制数65。

### 3. 变量赋初值

赋值语句用于对变量赋值，也可以在定义变量时对变量赋初值。例如：

```
int x=2;                //定义x为整型变量，初值为2，等效于int x; x=2;
float y=3.14;           //定义y为单精度浮点型变量，初值为3.14
char c='A';             //定义c为字符型变量，初值为'A'，即65
int x,y,z=2;            //定义x,y,z为整型变量，但只对z初始化，c的初值为2
```

另外，也可以同时对多个变量赋初值，但只可以一个一个赋值。例如：

```
int x=2,y=2,z=2;        //需要注意的是，不可以写为int x=y=z=2;
```

等效于

```
int x, y, z;
x=y=z=2;
```

### 4. 复合赋值运算符

在赋值运算符=之前加上其他二目运算符，可以构成复合赋值运算符。有关算术运算的复合赋值运算符有+=、−=、*=、/=、%=。复合赋值运算符的作用是先将复合运算符右边表达式的结果与左边的变量进行运算，然后再将最终结果赋予左边的变量，例如：

```
x+=2+3;      //等价于x=x+(2+3);
x*=2+3;      //等价于x=x*(2+3);
x%=2+3;      //等价于x=x%(2+3);
```

复合赋值运算符使用时要注意以下几点。

（1）复合运算符左边必须是变量。

（2）要先将复合运算符右边的表达式计算完成后才参与复合赋值运算。

（3）复合赋值运算符的优先级与赋值运算符相同，结合性也是自右向左。例如，a+=a−=4等价于a+=(a−=4)。

（4）在构造复合赋值语句之前，变量必须已经初始化或赋值。例如，以下程序代码是错误的：

```
int x;
```

```
x+=5
```

因为 x+=5 相当于 x=x+5，而右边表达式中的 x 只有定义，还没有具体的值。

## 3.3　单个字符的输出输入

所谓的输入输出是以计算机为主体而言的，输出是指计算机向外部输出设备（显示器、打印机等）输出数据，输入是指从输入设备（键盘、鼠标等）向计算机输入数据。C 语言本身不提供输入输出语句，输入和输出操作是由 C 函数库中的函数实现的。因此，要在程序文件的开头用预处理指令#include 将有关头文件放在本程序中，如#include <stdio.h>或#include "stdio.h"。

C 标准函数库提供了专门用于字符输出和输入的函数 putchar( )和 getchar( )，每次只能输出或输入一个字符。

### 3.3.1　字符输出函数 putchar( )

putchar( )函数是一个单字符输出函数，其一般形式为

```
putchar(c);
```

该语句的作用为输出一个字符到标准输出设备（通常指显示器）上。putchar( )函数使用时需要注意以下几点。

（1）函数参数 c 可以是一个字符常量或变量，也可以是一个整型常量或变量（其值在字符的 ASCII 码范围内）。

（2）用 putchar( )函数既可以输出可显示字符，如'a'，也可以输出控制字符和转义字符，如换行符\n 等。

（3）当函数输出成功时，返回值与输入的值相同，当函数输出失败时，返回文件结束符 EOF。

（4）函数一次只能输出一个字符。

下面通过例题理解 putchar( )函数的作用。

**例 3.1**　用 putchar( )函数输出 OK 两个字符。

解题思路：putchar( )函数每次只能输出一个字符，因此需要定义 2 个字符变量，使用 2 次 putchar( )函数。

程序代码：

```
#include <stdio.h>
int main()
{
   char a='O',b='K';
   putchar(a);
   putchar(b);
   putchar('\n');
   return 0;
}
```

运行结果如图 3-2 所示。

```
OK
```

图 3-2　例 3.1 程序运行结果

### 3.3.2　字符输入函数 getchar( )

getchar 是一个单字符输入读取函数，其一般形式如下。

```
c=getchar();
```

该语句的作用为从输入缓冲区中读取一个字符，并将这个字符对应的 ASCII 赋值给变量 c。就目前而言，输入缓冲区中的内容就是我们通过键盘输入的字母、数字或符号。getchar( )函数使用时需要注意以下内容。

（1）函数没有参数。

（2）函数的返回值就是从输入缓冲区获取的一个字符（即 ASCII）；如果遇到特殊情况无法读取一个字符，则 getchar( )函数返回–1。

（3）函数每次只能读取缓冲区中的一个字符。

（4）该函数不仅可以获取一个可显示的字符，如 a，而且可以获得控制字符，如换行符\n。

（5）用 getchar( )函数得到的字符可以赋给一个字符变量或整型变量，也可以作为表达式的一部分，如 putchar(getchar( ));，可以直接将接收到的字符输出。

下面通过例题理解 getchar( )函数的作用。

**例 3.2**　从键盘输入 OK 两个字符，然后把它们输出到屏幕。

程序代码：

```
#include <stdio.h>
int main()
{
    char a,b,c;             //定义字符变量 a,b,c
    a=getchar();            //从键盘输入一个字符，送给字符变量 a
    b=getchar();            //从键盘输入一个字符，送给字符变量 b
    putchar(a);             //将变量 a 的值输出
    putchar(b);             //将变量 b 的值输出
    putchar('\n');          //换行
    return 0;
}
```

运行结果如图 3-3 所示。

**图 3-3　例 3.2 程序运行结果**

程序分析：请思考，若输入 O□K↵（□表示空格，↵表示回车），为什么输出会发生变化？此时，第 1 个 getchar( )函数获取第 1 个字符'O'赋值给字符变量 a，第 2 个 getchar( )函数获取第 2 个字符空格' '赋值给字符变量 b，运行结果如图 3-4 所示。

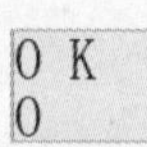


**图 3-4　例 3.2 修改程序运行结果**

通过这个例子可知，空格键、回车键在程序中也是可以识别的字符，在编写程序时需要格外注意。

**例 3.3**　从键盘输入一个小写字母，在显示屏上显示对应的大写字母。

解题思路：用 getchar( ) 函数从键盘读入一个字符（小写字母），把它转换为大写字母，然后用 putchar( )函数输出。大写字母的 ASCII 为小写字母的 ASCII 减 32。

程序代码：

```
#include <stdio.h>
int main()
{
    char c;
    c=getchar();              //从键盘读入一个小写字母，赋给字符变量 c
    c=c-32;                   //求对应大写字母的 ASCII
    putchar(c);               //输出字符变量 c
    putchar('\n');
    return 0;
}
```

运行结果如图 3-5 所示。

```
g
G
```

图 3-5　例 3.3 程序运行结果

## 3.4　格式输出输入

扫一扫

视频讲解

3.3 节中介绍的 putchar( )函数和 getchar( )函数仅能实现单个字符的输出和输入，而 C 语言中最常用的输出和输入函数为格式输出函数 printf( )和格式输入函数 scanf( )，它们同样也是 C 语言标准库函数。

### 3.4.1　格式输出函数 printf( )

printf( )函数的功能是向计算机指定的输出设备输出一个或多个任意类型的数据，其调用格式如下。

```
printf("格式字符串", 输出表列);
```

例如：

```
int x=4;
printf("x=%d", x);
```

运行上述代码后，输出 x=4。

#### 1. 格式字符串

格式字符串是用双撇号引起来的一个字符串，用于指定输出的格式，又称格式控制字符串。它包括格式声明、普通字符和转义字符 3 种。

格式声明由%和格式字符组成，作用是将输出的数据转换为指定的格式（类型、形式、长度、小数点位数等）后输出。C 语言提供的 printf 格式字符说明如表 3-1 所示。

表 3-1　printf 格式字符说明

| 格式字符 | 说　明 |
| --- | --- |
| d,i | 以有符号十进制的形式输出整数（正数不输出符号） |
| u | 以无符号十进制的形式输出整数 |
| o | 以无符号八进制的形式输出整数 |

续表

| 格式字符 | 说　明 |
|---|---|
| X,x | 以无符号十六进制的形式输出整数，用 X 时十六进制数的 A～F 以大写形式输出，用 x 时以小写形式输出 |
| f | 以小数形式输出单、双精度浮点数，默认输出小数点后 6 位 |
| E,e | 以指数形式输出单、双精度浮点数，默认输出小数点后 6 位，用 e 时指数以 e 表示，用 E 时指数以 E 表示 |
| G,g | 选用%f 或%e 格式中输出宽度较短的一种格式，且不输出无意义的 0，用 G 时，若以指数形式输出，则指数以大写表示 |
| c | 以字符形式输出一个字符 |
| s | 输出字符串，遇'\0'结束 |

在格式声明中，%和格式字符之间还可加入附加字符，用于确定输出数据的宽度、小数位数、对齐方式等。其一般形式如下。

```
% 附加字符 格式字符
```

例如，%7.2f 表示以小数形式输出一个浮点数，指定数据宽度为 7，小数点后保留 2 位。常用的附加字符如表 3-2 所示。

**表 3-2 printf 常用的附加字符**

| 附加字符 | 说　明 |
|---|---|
| l | 用于输出长整型数据，可加在格式字符 d 、o 、x 、u 的前面 |
| m（正整数） | 数据输出的最小宽度 |
| n（正整数） | 输出实数时，表示输出 n 位小数；输出字符串时，表示截取的字符个数 |
| — | 令输出的数字或字符在域内向左对齐（默认向右对齐） |

除格式声明之外，格式字符串中还经常包含普通字符和转义字符。普通字符是指需要原样输出的字符，通常起提示的作用。转义字符的作用是控制产生特殊的输出效果，如\n、\t、\b 和\r 等，其具体功能见第 2 章。例如，printf("x=%d\n", x)；语句中的 x=是普通字符，会原样输出；%d 是格式声明，表明以有符号十进制整数形式输出；\n 是转义字符，输出一个换行符。

如果想输出字符%，则应该在格式字符串中用连续 2 个%表示，如 printf("%f%%\n",0.3)；语句的输出结果如图 3-6 所示。

```
0.300000%
```

**图 3-6 程序运行结果**

## 2. 输出列表

输出列表由一个或多个输出项构成，输出项之间用逗号隔开。每个输出项都可以是常量、变量、函数或表达式，其个数、类型、顺序必须与格式字符串中的格式声明一致。例如：

```
int x=3;
float y=4.5;
printf("x=%d,y=%f\n", 2*x,y);
```

上述输出语句的格式字符串中有%d 和%f 两个格式声明，因此，输出表列中有整型表达式 2*x

和单精度浮点型变量 y，输出结果如图 3-7 所示。而格式字符\n 的作用是将光标移到下一行的开头。

```
x=6, y=4.500000
```

图 3-7　程序运行结果

下面通过例题理解 printf( )函数的使用。

**例 3.4**　浮点型数据的输出。

程序代码：

```
#include <stdio.h>
int main()
{
    float x;
    double y;
    x=1.0/3;
    y=1.0/3;
    printf ("%f,%20.15f\n",x,x);
    printf ("%f,%20.15f\n",y,y);
    return 0;
}
```

运行结果如图 3-8 所示。

```
0.333333,     0.333333343267441
0.333333,     0.333333333333333
```

图 3-8　例 3.4 程序运行结果

程序分析：格式声明%f 表示以小数形式输出，默认输出 6 位小数；%20.15f 表示数据总位宽 20，输出小数点后 15 位，默认靠右对齐。由于 float 型只能保证 6 位有效数字，double 型能保证 15 位有效数字，因此输出 float 型变量 x 的值时，虽然指定输出小数点后 15 位，但输出的数字并不是绝对有效的。

**例 3.5**　字符型数据的输出。

程序代码：

```
#include <stdio.h>
int main()
{
    char c='A';
    int x=65;
    printf ("%c,%d\n",c,c);
    printf ("%c,%d\n",x,x);
    return 0;
}
```

运行结果如图 3-9 所示。

```
A,65
A,65
```

图 3-9　例 3.5 程序运行结果

程序分析：由上述例题可知，字符型数据可以用格式声明%c 以字符形式输出，也可以用%d 以十进制整数形式输出该字符的 ASCII 值。整型数据（在 ASCII 范围内）可以用%d 以十进制整数形式输出，也可以用%c 以字符形式输出。输出字符时，printf ("%c",c)的作用完全等效于 putchar(c)。

### 3.4.2 格式输入函数 scanf( )

scanf( )函数的功能是从计算机默认的输入设备（如键盘）将数据按指定的格式输入计算机主机，并存放到指定的变量存储单元中。scanf( )函数能实现任意类型数据的输入，其调用格式如下。

```
scanf("格式字符串", 地址列表);
```

例如：

```
scanf("%d", &x);
```

运行上述代码，可从键盘输入一个整数存到变量 x 的存储单元中。

#### 1. 格式字符串

格式字符串是用双撇号引起来的一个字符串，用于指定输入的格式。它包含格式声明、空白字符（空格、Tab 键和回车键）和非空白字符（普通字符）。

格式声明由%和格式字符组成，中间可插入附加字符。C 语言提供的 scanf 格式字符说明和附加字符说明分别如表 3-3 和表 3-4 所示。

**表 3-3 scanf 格式字符说明**

| 格式字符 | 说 明 |
|---|---|
| d,i | 输入有符号的十进制整数 |
| u | 输入无符号十进制整数 |
| o | 输入无符号八进制整数 |
| X,x | 输入无符号十六进制整数，大小写作用相同 |
| f,E,e,G,g | 输入单精度浮点数，可以用小数形式或指数形式输入 |
| c | 输入单个字符 |
| s | 输入字符串，以非空白字符开始，以第一个空白字符结束 |

**表 3-4 scanf 附加字符说明**

| 附加字符 | 说 明 |
|---|---|
| l | 输入长整型数据（可用%ld，%lo，%lx，%lu）以及 double 型数据（用%lf 或%le） |
| h | 输入短整型数据（可用%hd，%ho，%hx） |
| m（正整数） | 指定输入数据所占最小宽度（列数） |
| * | 本输入项在读入后不赋给相应的变量 |

#### 2. 地址列表

地址列表由一个或多个输入项地址构成，地址之间用逗号隔开。输入项地址可以是变量的地址，也可以是字符数组名或指针变量（分别在第 6 章和第 8 章介绍）。变量地址的表示方法为&变量名，其中&是地址运算符。

scanf( )函数使用时需要注意以下内容。

（1）输入项地址的个数、类型、顺序应该与格式字符串中的格式声明一致。例如：

```
float x;
scanf("%f ", &x);
```

（2）调用 scanf( )函数时，如果相邻两个格式声明之间不指定分隔符，则需要注意以下几点。

① 在输入数值数据时，在两个数据之间可以用至少一个空格、回车或 Tab 键隔开。例如，scanf("%d%d%f",&x,&y,&z);正确的一种输入操作是输入 58□64□4.26↵（□表示空格，↵表示回车）。

② 在用%c 输入字符时，空格、回车等字符都会作为有效字符输入。例如，scanf("%c%c%c", &c1,&c2,&c3);的输入又可分为如下 2 种情况。

当输入 ABC↵时，字符'A'、'B'和'C'分别放到变量 c1、c2 和 c3 的存储单元中，执行输出语句 printf("%c%c%c \n", c1,c2,c3);后，运行结果如图 3-10 所示。

```
ABC
ABC
```

图 3-10　程序运行结果

当输入 A□B□C↵（□表示空格，↵表示回车）时，字符'A'、' '和'B'分别放到变量 c1、c2 和 c3 的存储单元中。执行同样的输出语句后，运行结果如图 3-11 所示。

```
A B C
A B
```

图 3-11　程序运行结果

③ 数值型数据和字符型数据混合输入时，数据与字符之间无须添加空格，因为遇到非法字符（不属于数值的字符）时，系统认为当前数值数据结束。例如，scanf("%d%c%f",&x,&c,&y);正确的输入操作是输入 36A5.1↵。如果输入 36□A5.1↵，则空格会赋给字符变量 c，而不是字符 'A'。

（3）调用 scanf( )函数时，如果格式字符串中除了格式声明之外还有其他字符，则在输入时必须在对应的位置原样输入。例如，scanf("x=%d,y=%d,z=%f", &x,&y,&z);正确的输入操作是输入 x=134,y=5,z=67.54↵。

下面通过例题理解 scanf( )函数的使用。

**例 3.6**　阅读以下程序，按照指定的输入格式输入数据，分析程序的运行结果。

```
#include <stdio.h>
int main()
{
    char c1,c2;
    int a,b;
    float x,y;
    double dx;
    printf("请输入 c1、a、x、dx 的值：");
    scanf("c1=%c,a=%d,x=%f,dx=%lf",&c1,&a,&x,&dx);
    c2=c1+4;
    b=a++;
    y=++x;
```

```
    dx+=a+b;
    printf("c1=%d,c2=%c\n",c1,c2);
    printf("a=%d,b=%d\n",a,b);
    printf("x=%f,y=%f\n",x,y);
    printf("dx=%f\n",dx);
    return 0;
}
```

程序分析：该程序代码中，第一个 printf( )函数中没有输出列表，仅输出字符串，用于提示用户输入数据。

假设同学 A 输入 c1=T,a=4,x=9.5,dx=3.7↵，则字符'T'的 ASCII 值（84）赋值给字符变量 c1，执行 c2=c1+4 后，c2 的值为 88，即'X'的 ASCII；int 型变量 a 被输入函数赋值为 4，执行 b=a++操作后，先赋值给 b 再自加，b 的值为 4，a 的值变为 5；float 型变量 x 被输入函数赋值为 9.5，执行 y=++x 操作后，先自加再赋值给 y，x 的值变为 10.5，y 的值也是 10.5；double 型变量 dx 被输入函数赋值为 3.7，执行 dx+=a+b 操作，即 dx=dx+(a+b)，计算 3.7+5+4 得 12.7，dx 的值变为 12.7。因此程序运行结果如图 3-12 所示。

```
请输入c1、a、x、dx的值：c1=T,a=4,x=9.5,dx=3.7
c1=84,c2=X
a=5,b=4
x=10.500000,y=10.500000
dx=12.700000
```

**图 3-12　例 3.6 程序运行结果**

思考：若同学 B 输入 c1=8,a=2,x=12.3,dx=54.3↵，程序运行结果会是什么？注意此时 c1 的值为字符'8'的 ASCII 值。

**例 3.7**　输入任意 3 个数，求它们的和及平均数。

解题思路：定义 3 个 float 型变量 x，y，z，采用格式输入函数 scanf( )输入它们的值。定义两个 float 型变量 sum 和 aver 用来存放 3 个数之和与平均数。执行运算得到 sum 与 aver 的值后，采用格式化输出函数 printf( )输出。

程序代码：

```
#include<stdio.h>
int main()
{   float x,y,z,sum,aver;
    printf("请输入三个数：");
    scanf("%f%f%f",&x,&y,&z);
    sum=x+y+z;
    aver=sum/3;
    printf("sum=%f,aver=%f\n",sum,aver);
    return 0;
}
```

程序分析：scanf( )函数中三个格式声明%f 之间无其他字符，因此输入数据时相邻两个数据之间可用空格或回车隔开。

运行结果如图 3-13 所示。

```
请输入三个数：3 5.2 8.13
sum=16.330000,aver=5.443333
```

**图 3-13　例 3.7 程序运行结果**

**例 3.8**　输入三角形的 3 条边长，求三角形面积。

解题思路：定义 3 个 double 型变量 x，y，z 表示三角形的 3 条边长度，采用格式输入函数 scanf( )输入 3 个变量的值。定义 2 个 double 型变量 p 和 area，令 $p=(x+y+z)/2$，则三角形面积公式为 $area=\sqrt{p(p-x)(p-y)(p-z)}$。采用格式化输出函数 printf( )输出三角形的面积。

程序代码：

```
#include <stdio.h>
#include <math.h>
int main()
{   double x,y,z,p,area;
    printf("请输入三角形的三条边长：");
    scanf("%lf%lf%lf",&x,&y,&z);
    p=(x+y+z)/2;
    area=sqrt(p*(p-x)*(p-y)*(p-z));
    printf("area=%f\n",area);
    return 0;
}
```

程序分析：程序中需要调用求平方根函数 sqrt( )，因此需要添加预处理指令#include <math.h>。scanf( )函数中三个格式声明%lf 之间无其他字符，因此输入数据时相邻两个数据之间可用空格或回车隔开。

运行结果如图 3-14 所示。

```
5 5 5
area=10.825318
```

**图 3-14　例 3.8 程序运行结果**

## 3.5　什么是算法

著名计算机科学家沃思（Nikiklaus Wirth）提出：

**数据结构+算法=程序**

数据结构是对数据的描述，是指在程序中要指定数据的类型和数据的组织形式；算法是对操作的描述，是解决某个特定问题所采取的方法或操作步骤。

C 语言中的算法是指一系列解决问题的清晰指令，用系统的方法描述解决问题的策略。一个算法应该具有以下五个重要的特征。

（1）有穷性。一个算法必须保证在执行有限个步骤之后结束。

（2）确定性。算法的每一步骤都必须有明确的含义，不能模棱两可，不能有二义性。

（3）可行性。算法的每一步骤都应当有效地执行，并能得到确定的结果。

（4）有零个或多个输入。输入是指在执行算法时，通过键盘、鼠标等从外界获取的信息。

（5）有一个或多个输出。执行算法的目的就是为了求解问题，而程序的输出就是一种“解”。一个没有输出的算法是没有意义的。

### 3.5.1　算法举例

扫一扫

视频讲解

算法可以理解为是由各种运算操作及规定的运算顺序所构成的完整的解题步骤，能够解决某一类问题。

**例 3.9**　求 1+2+3+4+5。

解题思路：这是一个累加的问题，最原始的求解方法如下。

步骤 1：先求 1+2，得到结果 3。

步骤 2：将步骤 1 得到的和 3 加上 3，得到结果 6。

步骤 3：将 6 再加 4，得 10。

步骤 4：将 10 再加 5，得 15。

以上算法虽然正确，但太烦琐，若题目改为求 1+2+⋯100，则需要 99 步。步骤 1～步骤 4 都是在执行加法操作，不过每次的加数和被加数不同。因此，可令变量 t 表示累加值，变量 i 表示加数，算法可改进为如下步骤。

步骤 1：令 t=1，i=2。

步骤 2：将 t 加上 i，和仍然放在变量 t 中，可表示为 t+i→t，或 t=t+i。

步骤 3：将 i 的值加 1，即 i+1→i，或 i++。

步骤 4：如果 i≤5，则返回重新执行步骤 2 以及其后的步骤 3 和步骤 4；否则，算法结束。

分析可知，采用上述改进算法能求解一类累加问题，若需要求 1+2+⋯100 的值，则只需将步骤 4 中的 i≤5 改为 i≤100 即可。若需要将题目改为 11+13+15+17+19，算法也只需做很少的改动，修改几个数值即可。

步骤 1：令 t=11，i=13。

步骤 2：t+i→t。

步骤 3：i+2→i。

步骤 4：如果 i≤19，则返回步骤 2；否则，算法结束。

由该题可知，对于需要多次重复执行的操作，可以采用循环算法求解，简洁清晰，且便于计算机高效执行。

**例 3.10**　求 1–3+5–7+9–11。

解题思路：该题目与例 3.9 相似，也是累加的问题，区别在于每次累加项的符号都会发生变化。因此，增加一个变量 sign，表示累加项的符号；增加变量 i，表示累加项的绝对值。算法如下。

步骤 1：令变量 sum=1，i=3，sign=−1。

步骤 2：sum=sum+sign*i。

步骤 3：i=i+2。

步骤 4：sign=(–1)*sign。

步骤 5：若 i≤11，则返回步骤 2；否则，算法结束。

**例 3.11**　有 40 个学生参加考试，若学生分数在 60 分及以上，则输出他们的学号和成绩；若成绩在 60 分以下，则输出学号和“不及格”。

解题思路：令变量 i 表示第 i 个学生，令变量 $n_i$ 表示第 i 个学生学号，变量 $g_i$ 表示第 i 个学生成绩，则算法如下。

步骤 1：令 i=1。

步骤 2：如果 $g_i$≥60，则打印 $n_i$ 和 $g_i$；否则打印 $n_i$ 不及格。

步骤 3：i+1→i。

步骤 4：如果 i≤40，返回步骤 2；否则，算法结束。

**例 3.12**　判断一个整数能否同时被 3 和 5 整除。

解题思路如下。

步骤 1：输入变量 n 的值。

步骤 2：n 被 3 除，得余数，使用变量 $r_1$ 表示。

步骤 3：如果 $r_1$ 等于 0，则表示 n 能被 3 整除，继续步骤 4；否则，输出“不能同时被 3 和 5 整除”，算法结束。

步骤 4：n 被 5 除，得余数，使用变量 $r_2$ 表示。

步骤 5：如果 $r_2$ 等于 0，则输出“能同时被 3 和 5 整除”；否则，输出“不能同时被 3 和 5 整除”，算法结束。

扫一扫

视频讲解

## 3.5.2　算法的描述

算法可以使用自然语言、流程图、伪代码、程序语言（如 C 语言、C++语言）等多种不同的方法来描述，一般常用的是流程图和 N-S 流程图两种表示方法。

### 1. 用自然语言表示算法

自然语言就是人们日常使用的语言，可以是汉语或英语或其他语言。用自然语言表示通俗易懂（如例 3.9）但文字冗长，容易出现歧义，描述分支和循环算法时也不很方便。因此，除了很简单的问题，一般不用自然语言描述算法。

### 2. 用流程图表示算法

流程图是指用一些图框和箭头来表示算法。一些常用的流程图符号如表 3-5 所示。

表 3-5　流程图符号

| 图形符号 | 名称 | 相 应 操 作 |
| --- | --- | --- |
|  | 起止框 | 流程的开始与结束 |
|  | 输入输出框 | 数据的输入与输出 |
|  | 判断框 | 判断，根据条件是否满足选择不同的流程路径 |
|  | 处理框 | 各种形式的数据运算处理 |
|  | 流程线 | 连接各图框，表示执行顺序 |
|  | 连接点 | 流程线连接不便时，表示与流程图其他部分相连接 |
|  | 注释框 | 程序注释 |

**例 3.13**　将求 1+2+3+4+5+…+n 的算法用流程图表示，如图 3-15 所示。

**例 3.14**　将例 3.11 的算法用流程图表示，如图 3-16 所示。

**例 3.15**　将例 3.12 的算法用流程图表示，如图 3-17 所示。

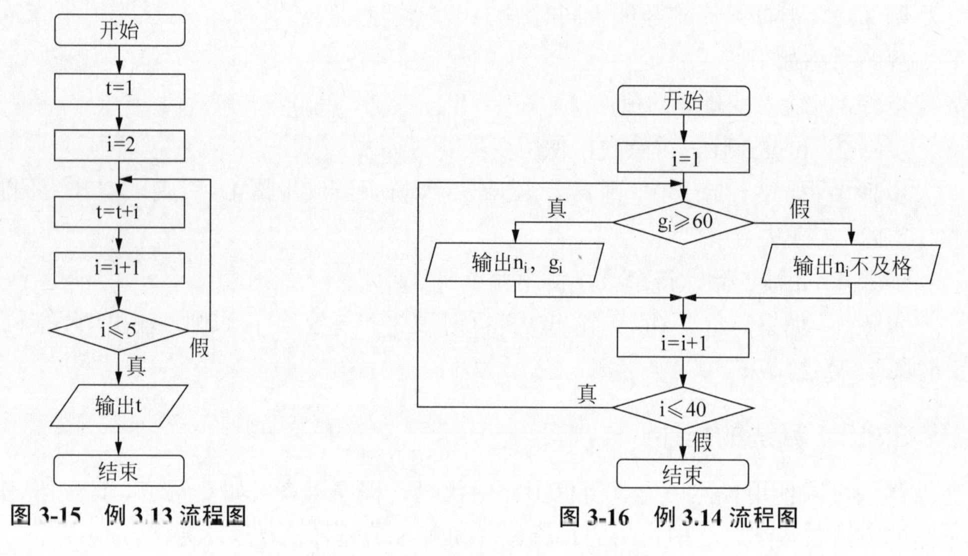


图 3-15　例 3.13 流程图　　　　图 3-16　例 3.14 流程图

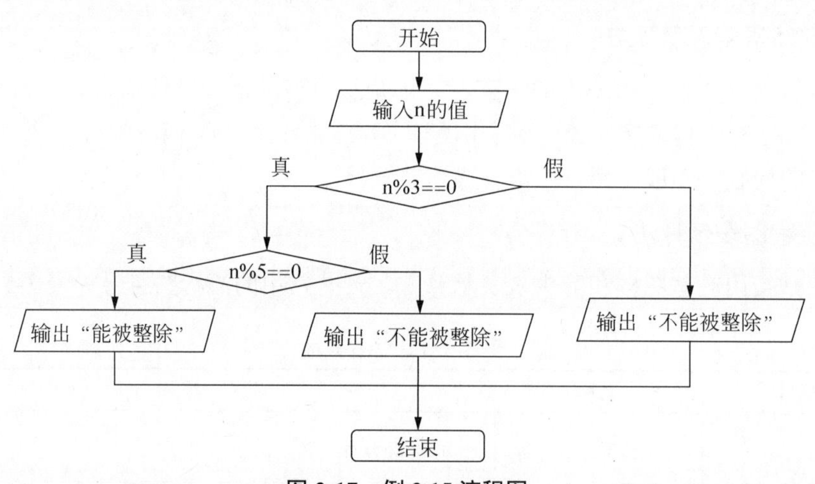


图 3-17　例 3.15 流程图

### 3. 用 N-S 流程图表示算法

传统流程图用流程线指出流程的执行顺序，程序设计者可以使流程随意转向，使得流程图变得毫无规律，不利于理解。Bohra 和 Jacopini 提出了顺序结构、选择结构、循环结构三种基本结构，用来作为算法的基本单元。常见基本结构流程图如图 3-18 所示。

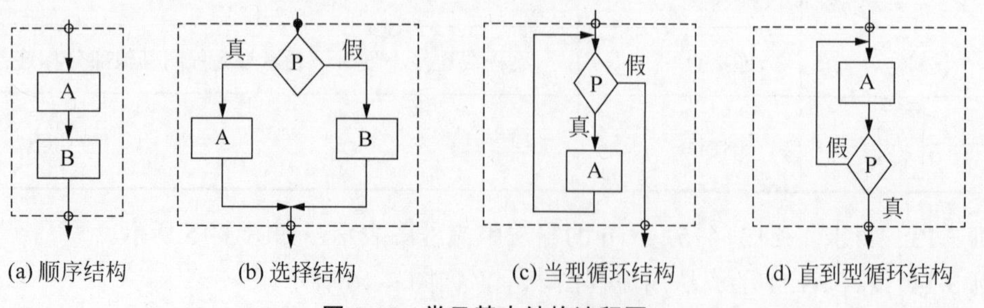


图 3-18　常见基本结构流程图

由三种基本结构所构成的算法属于“结构化”的算法，它不存在无规律的转向，只在本结构内才允许存在分支和向前或向后的跳转。三种基本结构具有以下共同的特点：

（1）只有一个入口；

（2）只有一个出口；

（3）结构内的每一部分都有机会被执行到；

（4）结构内不存在“死循环”。

基于基本结构的上述特点，可以去掉带箭头的流程线，将算法写在一个矩形框内，即 N-S 结构化流程图。常见基本结构的 N-S 流程图符号如图 3-19 所示。

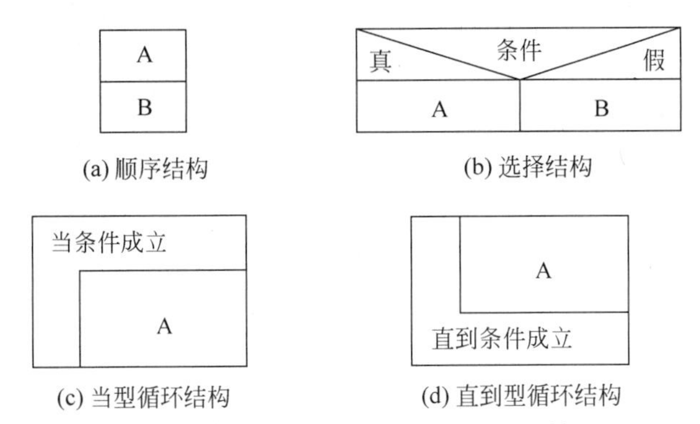


**图 3-19　常见基本结构的 N-S 流程图符号**

采用以上基本结构框，可以组成求解复杂问题的 N-S 流程图。图 3-19 中的 A 框和 B 框，可以是一个简单的操作，也可以是基本结构之一。

**例 3.16**　将例 3.9 的算法用流程图表示，如图 3-20 所示。

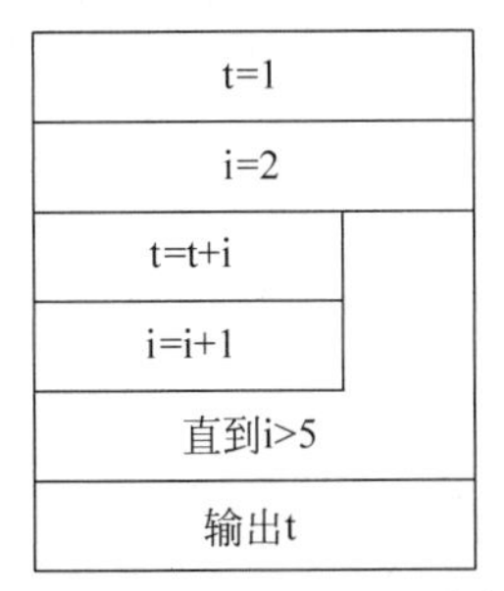


**图 3-20　例 3.15 的 N-S 流程图**

**例 3.17**　将例 3.11 的算法用流程图表示，如图 3-21 所示。

**例 3.18**　将例 3.12 的算法用流程图表示，如图 3-22 所示。

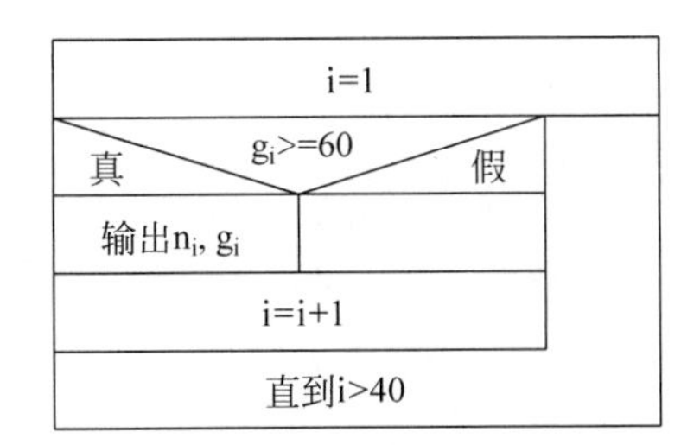


**图 3-21　例 3.16 的 N-S 流程图**

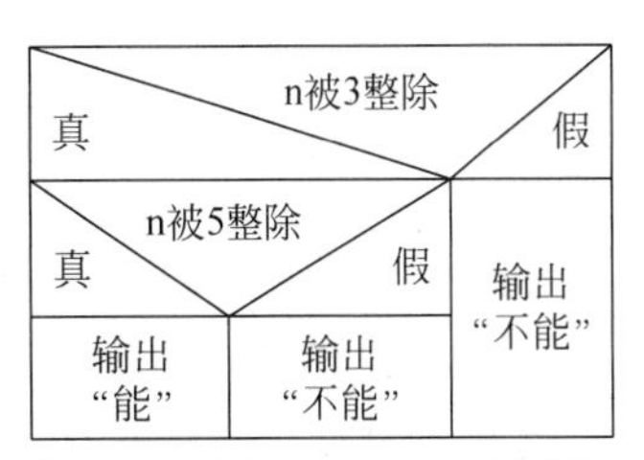


**图 3-22　例 3.15 的 N-S 流程图**

#### 4. 用伪代码表示算法

伪代码是用介于自然语言和计算机语言之间的文字和符号来描述算法。它没有严格的语法规则，书写方便，也便于理解计算机语言（如C语言、C++语言），适用于设计过程中需要反复修改时的流程描述。

**例3.19** 将例3.9的算法用伪代码描述。

算法描述：

```
begin(算法开始)
    1=>t
    2=>i
    while i≤5
    {   t+i=>t
        i+1=>I
    }
    print t
end (算法结束)
```

#### 5. 用计算机语言表示算法

程序设计的目的用计算机求解问题，而计算机是无法识别流程图和伪代码的，只有用计算机语言编写的程序才能被计算机执行。因此，要求解一个问题，包括设计算法和实现算法两部分，在用流程图或伪代码描述出一个算法后，还要将它转换成计算机语言的程序代码。计算机语言必须严格遵循语法规则。

**例3.20** 将例3.9的算法用C语言实现。

程序代码：

```
#include <stdio.h>
int main()
{
    int i,t;
    t=1;
    i=2;
    while(i<=5)
        {
            t=t+i;
            i=i+1;
        }
    printf("%d\n",t);
    return 0;
}
```

## 实　验

#### 1. 实验目的

（1）掌握C语言各种类型变量的定义、初始化和引用。

（2）掌握C语言不同类型数据赋值时的转换规则和复合赋值运算符的作用。

（3）掌握字符输出输入函数和格式输出输入函数的使用。

#### 2. 实验任务

（1）编写并运行以下程序，分析运行结果。

```
#include<stdio.h>
int main ( )
{
    char c1='1', c2='2', c3='3';
    printf("c1=%c, c2=%c, c3=%c\n", c1, c2, c3);
    printf("c1=%d, c1=%d, c3=%d\n", c1, c2, c3);
    return 0;
}
```

（2）编写并运行以下程序，要使变量 a=11，变量 b=8，变量 x=1.3，变量 y=7.6，变量 c1='a'，变量 c2='z'。

```
#include <stdio.h>
int main( )
{
    int a,b;
    float x,y;
    char c1,c2;
    scanf("%d,%d",&a,&b);
    scanf("x=%f,y=%f",&x,&y);
    scanf("%c%c",&c1,&c2);
    printf("a=%d,b=%d\n",a,b);
    printf("x=%f,y=%f\n",x,y);
    printf("c1=%d,c2=%c\n",c1,c2);
    return 0;
}
```

① 若输入“11 8 x=1.3,y=7.6 az”，程序运行结果如何？对运行结果进行分析。

② 给出正确的输入格式。

（3）编写程序，从键盘上输入两个整数，放入变量 x 和 y 中，再将两个变量中的数据交换后输出。

### 3. 参考程序

```
#include <stdio.h>
int main()
{
    int x,y,t;
    printf("请输入 x 和 y 的值：");
    scanf("%d%d", &x,&y);
    t=x;x=y;y=t;
    printf("x=%d,y=%d\n",x,y);
    return 0;
}
```

## 小　结

程序是一系列遵循一定的语法规则并能正确完成指定工作的代码序列。程序设计是指根据计算机要解决的问题或待完成的任务，设计能解决问题并完成任务的算法，并采用合适的计算机语言编写相应的程序代码。

算法可以使用自然语言、流程图、伪代码、程序语言（如 C 语言、C++语言）等多种不同的方法来描述。面对需要求解的问题，通常先采用传统流程图或 N-S 流程图设计算法，再将它转换成计算机语言的程序代码。

C 语言是一种结构化语言，主要包含顺序结构、选择结构和循环结构三种基本结构。C

语言中的语句是按照它们在程序中出现的顺序逐条执行的，即顺序结构。

C 语言的操作语句分为 5 类：表达式语句、函数调用语句、控制语句、复合语句和空语句。赋值语句是 C 语言中常用的表达式语句，其左值必须代表内存中的存储单元，通常是变量。赋值语句的作用为将右侧表达式的值赋给左边的变量。

C 语言中没有提供输出输入语句。输出输入操作都是通过调用标准库函数来实现的，因此在程序的开头需加入预处理命令#include <stdio.h>或#include "stdio.h"。字符输出函数 putchar( )和字符输入函数 getchar( )每次只能输出或输入一个字符。格式输出函数 printf( )和格式输入函数 scanf( )能输出或输入一个或多个任意指定类型的数据。

扫一扫

在线测试

## 习　题

### 一、选择题

1. 下列选项中，不能输出结果 4*4=16 的是(　　)。

A．printf("4*4=16\n");　　B．printf("4*4=%d",16);

C．printf("4*4=%d",4*4);　　D．printf("4*4=%d,16");

2. 设单精度型变量 f、g 均为 5.0，使 f 为 10.0 的表达式是(　　)。

A．f+=g;　　B．f/=g*10;　　C．f*=g–15;　　D．f−=g+5;

3. 下列赋初值语句中，错误的是(　　)。

A．int a=3,b=3,c=3;　　B．int a=b=c=3;

C．int a,b,c; a=b=c=3;　　D．int a=3; int b=3; int c=3;

4. 下列选项中，不是 C 语句的是(　　)。

A．printf("OK");　　B．putchar(c)　　C．{ x=7;y=3;}　　D．;

5. 定义 int i=66,c=67;(字母'A'的 ASCII 码为 65)，则执行语句 printf("i=%d,c=%c\n", i, c );之后，输出结果为(　　)。

A．i=66,c=67　　B．i=B,c=C　　C．i=66,c=C　　D．i=B,c=67

### 二、程序分析题

1. 写出下面表达式运算后 a 的值，设 a=10，n=7，且 a 和 n 已定义为整型变量。

（1）a+=2*a

（2）a–=3

（3）a*=4+5

（4）a/=a–6

（5）a%=(n/=2)

（6）a+=a–=8

2. 写出以下程序运行的结果。

```
#include<stdio.h>
int main ( )
{
    char c1='1', c2='2', c3='3';
    printf("c1=%c, c2=%c, c3=%c\n", c1, c2, c3);
    printf("c1=%d, c1=%d, c3=%d\n", c1, c2, c3);
    return 0;
}
```

3. 运行以下程序，要使变量 a=11，变量 b=8，变量 x=1.3，变量 y=7.6，变量 c1='a'，变量 c2='z'。请问在键盘上要如何输入？

```
#include <stdio.h>
int main()
{
    int a,b;
    float x,y;
    char c1,c2;
    scanf("%d,%d",&a,&b);
    scanf("x=%f,y=%f",&x,&y);
    scanf("%c%c",&c1,&c2);
    printf("a=%d,b=%d\n",a,b);
    printf("x=%f,y=%f\n",x,y);
    printf("c1=%d,c2=%c\n",c1,c2);
    return 0;
}
```

**三、编程题**

1. 有人用温度计测量出用华氏法表示的温度（如 64℉），今要求编写程序把它转换为以摄氏法表示的温度（如 17.8℃）。

2. 编写程序，输入一个 8 位二进制数，将其转换为一个十进制数。

3. 编写程序，从键盘上输入 2 个整数，放入变量 x 和 y 中，再将 2 个变量中的数据交换后输出。

4. 编写程序，求 $ax^2+bx+c=0$ 方程的根。$a,b,c$ 由键盘输入（需满足 $b^2-4ac>0$）。

5. 编写程序，从键盘输入一个 3 位整数，并逆序输出。

6. 编写程序计算存款利息。有 1000 元，想存一年。有 3 种方法可选：①活期，年利率为 $r_1$；②一年期定期，年利率为 $r_2$；③存两次半年定期，年利率为 $r_3$。请分别计算出一年后按 3 种方法所得到的本息和。

## 项目拓展：彩色泡泡的显示

使用 EasyX 图形库，编程实现画彩色泡泡。

其中：圆心 $O$（300, 300），半径为 $r=20$。

输入如下 C 语言代码：

```
////////////////////////////////////////////////////
// 程序功能：画彩色泡泡
// 编译环境：VS 2010，EasyX_20210730

#include <graphics.h>                          //EasyX 图形库
#include <conio.h>

int main()
{
    initgraph(600, 600);                       //画布初始化
    int x=300,y=300,r=20;
        setfillcolor(RGB(50, 200, 150));       //设置泡泡颜色
        fillcircle(x, y, r);                   //画泡泡:圆心在 O (x, y) 半径 r
    _getch();                                  //按任意键退出
```

```
    closegraph();                                   //关闭画布
    return 0;
}
```

运行结果如图 3-23 所示。

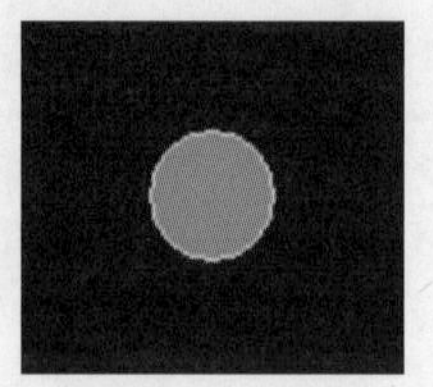

图 3-23　彩色泡泡显示程序的运行结果

## 探索与扩展：关于数据和人工智能

习近平在中共中央政治局第十一次集体学习时强调，加快发展新质生产力，扎实推进高质量发展。“新质生产力”这一创新概念意义重大，其主要创造源头同各领域与各行业具有通用性和普适性的颠覆性技术密切相关。人工智能和大数据是符合“颠覆性、通用性、普适性”这一标准的关键技术。

大数据逐渐成为人类未来的核心资源，而以大数据为基础的人工智能也将是未来社会经济发展的重要发动机。数据、算法、算力是人工智能的“三驾马车”。数据包含语音、图像、文本等传统数据和定义、规则、逻辑关系等，是知识的数据化呈现。如何有效地组织存储数据，研究高效的算法是算法与数据结构课程研究的内容。

在日常生活中不乏数据结构的案例。例如，打开“学习强国”App，搜索“新质生产力”，会显示如图 3-24 所示的信息及链接。

图 3-24　数据结构案例——“学习强国”App 中的信息及链接

思考：这些数据是如何在计算机中有效组织存储显示的？信息数据查询的速度除与硬件有关外，是否与使用的查询、显示算法有关？

# 第 4 章

CHAPTER 4

# 程序的判断力
## ——选择结构

学习目标

- 掌握C语言关系运算符的用法，以及关系表达式的语法格式和作用。
- 掌握C语言逻辑运算符的用法，以及逻辑表达式的语法格式和作用。
- 熟练掌握 if、switch 语句的语法格式、结构特点。
- 掌握用 if、switch 语句进行选择结构程序设计的方法。

在顺序结构中，各语句是按自上而下顺序执行的，不必作任何判断。然而，很多情况下需要对给定的条件进行判断，根据判断结果从两组或多组操作中选择其中的一组操作来执行，这就是选择结构的功能。

扫一扫

视频讲解

## 4.1 项目引入——字符的选择

选择结构是一种条件控制结构，可以根据条件判断的结果来控制程序的流程，选择不同的路径执行相应的代码。选择结构中用来判断的条件通常为关系表达式或逻辑表达式，由表达式的值决定执行哪部分代码。C 语言中能实现选择结构的语句包括 if 语句和 switch 语句。

下面以字符的选择为例，理解选择结构的执行过程。代码如下。

```
#include <stdio.h>
#include<stdlib.h>
#include<time.h>
int main()
{
    int n;
    char c;                     //要显示的字符
    srand(time(0));
    n=rand()%100;
    if(n>50) c='A';
    else c='Z';
    printf("\n");               //输出字符上面的空行
    printf("\n");
    printf("\n");
    printf("      ");           //输出字符左边的空格
    putchar(c);                 //输出字符
    printf("\n");
    return 0;
}
```

该程序代码与 3.1 节中字符的显示相比，增加了随机数的生成和选择结构。首先用 rand( ) 函数生成一个随机数，并对 100 取余；若取余后的结果大于 50，输出字符 'A'，否则输出字符 'Z'。

## 4.2 关系运算和逻辑运算

### 4.2.1 关系运算符

“关系运算”也称“比较运算”，是指对两个数值进行比较，判断其是否符合给定的条件。例如，>是一个关系运算符，a>b 是一个关系表达式，如果变量 a 的值是 3，变量 b 的值是 1，则满足条件，该关系表达式的值为真（数值 1）；如果变量 a 和变量 b 的值不能满足 a>b 条件，则该关系表达式的值为假（数值 0）。

C 语言提供了 6 种关系运算符，如表 4-1 所示。

关系运算符均为双目运算符，表中前 4 种关系运算符（>、<、>=、<=）的优先级别相同，后 2 种（==、!=）也相同。前 4 种优先级高于后 2 种。例如，表达式 a>3==b<8 等效于 (a>3)==(b<8)。

表 4-1　关系运算符及其含义

| 运算符 | 含义 | 优先级 |
| --- | --- | --- |
| > | 大于 | 高 |
| < | 小于 | |
| >= | 大于或等于 | |
| <= | 小于或等于 | |
| == | 相等 | 低 |
| != | 不等 | |

### 4.2.2　关系表达式

用关系运算符将两个数值或表达式连接起来的式子，称为关系表达式。在关系表达式的两端，可以出现算术表达式、赋值表达式、关系表达式等。例如，x>8+5、(a>b)<=c、3*y==5*z等，均是合法的关系表达式。

在关系运算中需要注意以下几点。

（1）关系表达式的值是一个逻辑值，真或假。在 C 语言中，用数值 1 表示真，用数值 0 表示假。

例如，当变量 x=15 时，表达式 x>8 成立，其值为 1（真）；当变量 y=3，z=4 时，表达式 y==z 不成立，其值为 0（假）。

（2）关系运算符的优先级低于算术运算符，高于赋值运算符。举例如下。

① 表达式 a>3*b+2*c 等效于 a>(3*b+2*c)。当变量 a=3，b=2，c=1 时，表达式的值为 0（假）；当 a=8，b=1，c=1 时，表达式的值为 1（真）。

② 表达式 t=x>2*y 等效于 t=(x>2*y)。当变量 x=3，y=2 时，t 的值为 0（假）；当 x=8，y=3 时，t 的值为 1（真）。

（3）关系运算符的结合方向是自左向右。例如，表达式 x>y>z 等效于(x>y)>z。

若有变量 x=5，y=4，z=3，且赋值表达式 s= x>y>z，则 s 的值为 0。因为按照自左至右的顺序，先执行运算 x>y 得值为 1，再执行运算 1>z 得值为 0，最后执行赋值操作，则 s 的值为 0。

### 4.2.3　逻辑运算符

有些情况下，需要判断的不是一个简单的条件，而是多个简单条件组成的复合条件。例如，在判断 x 的值是否在 10 到 50 之间时，采用关系表达式 10<x<50 显然是不行的，会先将 10 与 x 进行比较，再将比较结果（0 或 1）与 50 进行比较。此时，应将问题拆分为两个简单条件，x>10 和 x<50，若两个条件同时满足，则“x 的值在 10 到 50 之间”的条件成立；否则，不成立。要将 x>10 和 x<50 合并为复合条件，就需要使用逻辑运算符。

C 语言提供了 3 种逻辑运算符：逻辑与（&&）、逻辑或（||）、逻辑非（!），其具体含义如表 4-2 所示。

（1）逻辑与（&&）是双目运算符，其运算规则为若参加运算的两个操作数都为真（非 0 值），则结果为真（数值 1），否则为假（数值 0）。举例如下。

① 若 x=−1，y=2，则逻辑表达式 x&&y 的值为 1（真）。

**表 4-2　逻辑运算符及其含义**

<table>
<tr><th>运算符</th><th>含义</th><th>举例</th></tr>
<tr><td>&&</td><td>逻辑与</td><td>x&&y</td></tr>
<tr><td>||</td><td>逻辑或</td><td>x||y</td></tr>
<tr><td>!</td><td>逻辑非</td><td>!x</td></tr>
</table>

② 若 x=0，y=2，则逻辑表达式 x&&y 的值为 0（假）。

③ 对于逻辑表达式(x>10)&&(x<50)，若 x=18，则 x>10 和 x<50 均为真（数值 1），逻辑表达式的值为 1（真）；若 x=60，则 x>10 为真，x<50 为假，逻辑表达式的值为 0（假）。

（2）逻辑或（||）是双目运算符，其运算规则为参加运算的两个操作数中，只要有一个操作数为真（非 0 值），则结果为真（数值 1），否则为假（数值 0）。举例如下。

① 若变量 x=0，y=2，则逻辑表达式 x||y 的值为 1（真）。

② 若变量 x=0，y=0，则逻辑表达式 x||y 的值为 0（假）。

③ 对于逻辑表达式(x>5)||(y<10)，若变量 x=3，y=16，则 x>5 和 y<10 均为假（数值 0），逻辑表达式的值为 0（假）；若变量 x=9，y=9，则先运算关系表达式 x>5 的值为 1（真），则整个逻辑表达式的值必然为 1（真），无须对 y<10 进行运算。

（3）逻辑非（!）是单目运算符，其运算规则为若参加运算的操作数为真（非 0 值），则结果为假（数值 0）；若操作数为假（数值 0），则结果为真（数值 1）。举例如下。

① 若变量 x=7，则逻辑表达式!x 的值为 0（假）。

② 对于逻辑表达式!(x>5)，若变量 x=10，则 x>5 的值为 1（真），!(x>5)的值为 0（假）；若 x=0，则 x>5 的值为 0（假），!(x>5)的值为 1（真）。

表 4-3 给出了逻辑运算符的真值表。

**表 4-3　逻辑运算符的真值表**

<table>
<tr><th>x</th><th>y</th><th>!x</th><th>!y</th><th>x&&y</th><th>x||y</th></tr>
<tr><td>真（非 0）</td><td>真（非 0）</td><td>假（0）</td><td>假（0）</td><td>真（非 0）</td><td>真（非 0）</td></tr>
<tr><td>真（非 0）</td><td>假（0）</td><td>假（0）</td><td>真（非 0）</td><td>假（0）</td><td>真（非 0）</td></tr>
<tr><td>假（0）</td><td>真（非 0）</td><td>真（非 0）</td><td>假（0）</td><td>假（0）</td><td>真（非 0）</td></tr>
<tr><td>假（0）</td><td>假（0）</td><td>真（非 0）</td><td>真（非 0）</td><td>假（0）</td><td>假（0）</td></tr>
</table>

逻辑运算符的优先级次序为逻辑非（!）级别最高，逻辑与（&&）次之，逻辑或（||）最低。

在一个表达式中，经常包含逻辑运算符、关系运算符、算术运算符等多种运算符，它们之间的运算优先次序如图 4-1 所示。

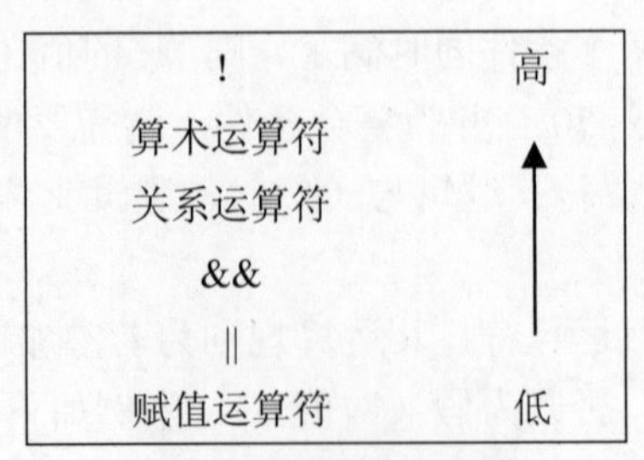


**图 4-1　运算符优先级**

优先级从高到低分别为逻辑非（!）、算术运算符、关系运算符、逻辑与（&&）、逻辑或（||）、赋值运算符。举例如下。

（1）表达式(x>10)&&(x<50)可写为表达式 x>10 && x<50。

（2）表达式(x–y)==(!z)可写为表达式 x–y == !z。

（3）表达式(x–3>0)||(y+z<=8)可写为表达式 x–3>0 || y+z<=8。

### 4.2.4　逻辑表达式

用逻辑运算符将若干表达式连接起来的式子，称为逻辑表达式。例如，!x，x&&y，x>3&&y<4||z>8，x–y>0||x+z<10 等，均是合法的逻辑表达式。在逻辑运算中需要注意以下几点。

（1）逻辑运算的结果是逻辑量“真”或“假”，在 C 语言中，用数值 1 表示“真”，用数值 0 表示“假”。而参与逻辑运算的操作数，可以是 0（假），也可以是任何非 0 的数值（真）。举例如下。

① 若变量 x=6，则!x 的值为 0。

② 若变量 x=0，变量 y=5，则 x&&y 的值为 0，x||y 的值为 1。

③ 若 x=0，y=–2，!x&&y 的值为 1。

④ 3&&0||8 的值为 1。

在包含逻辑运算、算术运算和关系运算的表达式中，对于不同位置的数值，需要注意区分是作为逻辑运算的对象、关系运算的对象还是算术运算的对象。

例如，对于表达式 3+5>0&&!8+2&&5>8，根据运算符的优先次序，该表达式可写为(3+5>0)&&(!8+2)&&(5>8)。逻辑表达式是左结合性，按从左至右方向求解。先进行算术运算 3+5 得值为 8，再进行关系运算 8>0 得值为 1（真），即 3+5>0 的值为 1；然后进行逻辑运算!8，对数值 8（真）进行逻辑非运算，得值为 0（假），再进行算术运算 0+2 得值为 2，即!8+2 的值为 2；接着进行逻辑运算 1&&2，两个操作数均为非 0 值（真），逻辑运算结果为 1（真），即表达式 3+5>0&&!8+2 的值为 1；继续进行关系运算 5>8 得值为 0（假），最后进行逻辑运算 1&&0，得值为 0（假）。

逻辑运算符两侧的运算对象不仅可以是整数数值，也可以是字符型、浮点型、指针型等类型数据，系统都是以 0 和非 0 来判定假或真。例如，'A'&&3.6 的值为 1，因为字符'A'的 ASCII 码不为 0。

（2）在求解逻辑表达式的过程中，系统并不一定执行所有的运算，若执行到某一步时，整体逻辑表达式的值（真或假）已经确定，则不再执行后面的运算。举例如下。

① 对于表达式 x&&y&&z，若变量 x 为真（非 0），则继续判别变量 y 的值；若变量 x 为假，则整个逻辑表达式的值为 0（假），无须判别变量 y 和变量 z 的值。只有变量 x 和变量 y 都为真时，需要判别变量 z 的值，因为变量 z 的值决定了整个表达式的值；而变量 x 为真，变量 y 为假时，整个逻辑表达式的值为 0（假），无须判别变量 z 的值。流程图如图 4-2(a)表示。

② 对于表达式 x||y||z，若变量 x 为真（非 0），则整个逻辑表达式的值为 1（真），无须判别变量 y 和变量 z 的值；若 x 为假，则继续判别 y 的值。若 x 为假，y 为真时，整个逻辑

表达式的值为 1（真），无须判别 z 的值；只有 x 和 y 都为假时，需要判别 z 的值，此时 z 的值决定了整个表达式的值。流程图如图 4-2(b)表示。

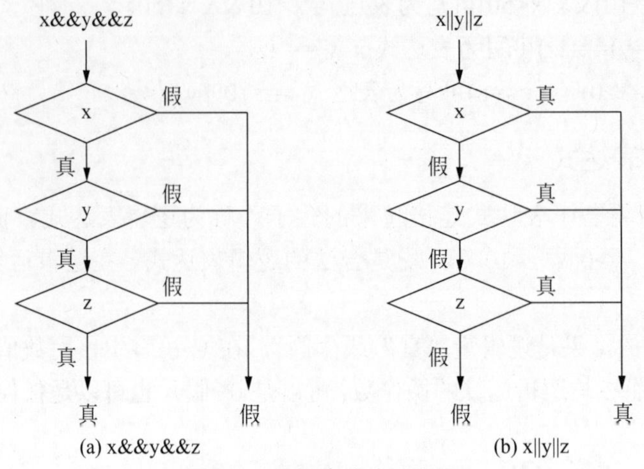


(a) x&&y&&z　　(b) x||y||z

**图 4-2　逻辑表达式流程图**

③ 对于表达式(m=x–y)&&(n=y–z)，若变量 x=3，y=3，z=3，m=1，n=1，则先执行变量 m=x–y，将 0 赋值为变量 m，该赋值表达式的值也为 0，即假，此时可得到整个逻辑表达式的结果必然为 0（假），因此无须再进行 n=y–z 的运算，变量 n 的值仍是原值 1，不会发生变化。

④ 对于表达式 x>y&&x++||y– –，若变量 x=5，y=2，则先进行关系运算 x>y，得值为 1（真），需继续进行判别；x 的值为 5，即真，则表达式 x>y&&x++的值为 1（真），x 进行自加，其值变为 6。由于最右侧是或运算，此时可确定整个逻辑表达式的值为 1（真），因此无须进行 y– –运算，y 的值依然为 2。

合理利用逻辑运算符可以方便简洁地进行复杂条件的表示。例如，要判断变量 x 的值是否在 10 到 50 之间，可构造逻辑表达式 x>10&&x<50。

扫一扫

视频讲解

## 4.3　if 语句实现判断

### 4.3.1　if 语句举例

C 语言中的大部分选择结构都是用 if 语句实现的，下面介绍一个简单的例子。

**例 4.1**　数学问题：计算以下分段函数，根据输入 $x$ 的值计算并输出 $y$ 的值。

$$y=\begin{cases}3x+5 & x\geqslant 0\\ 8x-1 & x<0\end{cases}$$

解题思路如下。

（1）通过键盘输入一个数值给变量 x。

（2）采用关系表达式判断变量 x 是否大于或等于 0。若 x≥0，则执行语句 y=3x+5；否则，执行语句 y=8x–1。典型的选择结构可以用 if 语句实现。

（3）输出变量 y 的值。

算法流程图如图 4-3 所示。

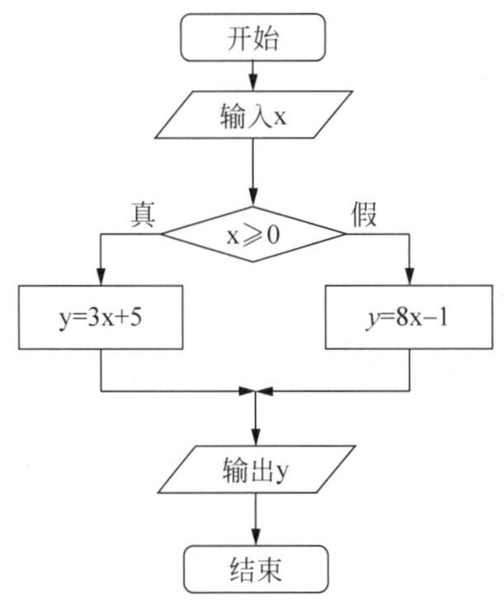


图 4-3　例 4.1 流程图

程序代码：

```
#include <stdio.h>
int main()
{
    float x,y;
    printf("please input x: ");
    scanf("%f",&x);                    //输入 x 的值
    if(x>=0)                           //选择结构
        y=3*x+5;
    else
        y=8*x-1;
    printf("y= %f\n",y);               //输出 y 的值
        return 0;
}
```

运行结果如图 4-4 所示。

```
please input x: 2.5
y= 12.500000
```

```
please input x: -2.5
y= -21.000000
```

图 4-4　例 4.1 程序运行结果

程序分析：

由流程图可知，程序执行时，进入判断框之后有两个流向，由判断框的关系表达式的值决定程序流向。若判断框内条件成立，表达式的值为 1，即为“真”，计算 y=3x+5 的值；否则，表达式的值为 0，即为“假”，计算 y=8x−1 的值。

### 4.3.2　if 语句一般形式

通过上面的例题可知，if 语句的一般形式如下：

```
if(表达式)  语句 1
else 语句 2
```

if语句中的“表达式”可以是关系表达式、逻辑表达式，也可以是数值表达式。其执行过程为，先计算表达式的值，如果其值为真（非0），则执行语句1；否则，执行语句2。根据实际情况，else子句是可选的，既可以有，也可以没有。例如：

```
if(x!=1) 语句1                //“表达式”为关系表达式，如果x不等于1，执行语句1
if(x) 语句2                   //“表达式”为变量，如果x为非0值，执行语句2
if(x>5&&x<10) 语句3           //“表达式”为逻辑表达式，表达式为真时执行语句3
```

if语句一般形式中的语句1和语句2可以是简单语句，也可以是复合语句，还可以是另一个if语句。常用的if语句有3种形式，接下来分别进行介绍。

### 1. 单分支if语句

该语句的基本形式如下：

```
if(表达式)  语句
```

若表达式为真，则执行该语句，否则不执行。该语句的流程图如图4-5所示。

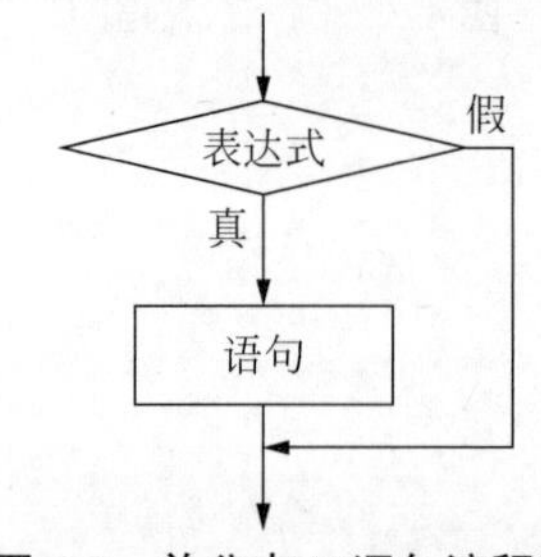


图4-5　单分支if语句流程图

**例4.2**　输入变量x的值，若x<0则将其置0，否则其值不变。

解题思路：将x<0作为if语句中的判断表达式，若为真，则令x=0，否则什么都不做。

程序代码：

```
#include <stdio.h>
int main()
{
    float x;
    printf("please input x: ");
    scanf("%f",&x);
    if(x<0)
        x=0;
    printf("The updated x is %f\n",x);
    return 0;
}
```

运行结果如图4-6所示。

```
please input x: -4
The updated x is 0.000000
```

```
please input x: 4
The updated x is 4.000000
```

图4-6　例4.2程序运行结果

### 2. 双分支if语句

该语句的基本形式如下：

```
if(表达式)  语句 1
else  语句 2
```

其执行过程为：若表达式为真，执行语句 1；否则，执行语句 2。其流程图如图 4-7 所示。

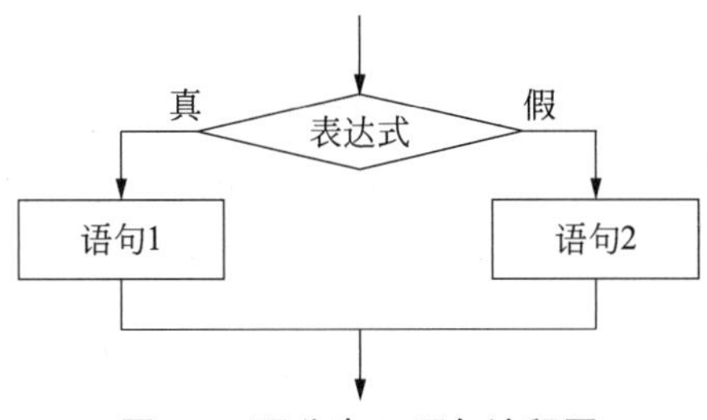


图 4-7　双分支 if 语句流程图

**例 4.3**　输入任意两个数，输出其中较大的数。

解题思路：输入两个数分别赋值为变量 x 和变量 y，将 x>y 作为 if 语句中的判断表达式，若为真，则输出 x，否则输出 y。

程序代码：

```
#include <stdio.h>
int main()
{
   float x,y;
   printf("please input x and y: ");
   scanf("%f%f",&x,&y);
   if(x>y)
      printf("the larger is %f\n",x);
   else
      printf("the larger is %f\n",y);
   return 0;
}
```

运行结果如图 4-8 所示。

```
please input x and y: 3.4 5.6
the larger is 5.600000
```

图 4-8　例 4.3 程序运行结果

**例 4.4**　输入任意一个整数，判断其能否同时被 3 和 5 整除。

解题思路：判断整数变量 x 能否被 3 和 5 整除是一个复合条件，可以采用逻辑表达式表示，即 x%3==0&&x%5==0，将该逻辑表达式作为 if 语句中的判断表达式，若为真，则输出“能整除”，否则输出“不能整除”。

程序代码：

```
#include <stdio.h>
int main()
{
   int x;
   printf("请输入 x: ");
   scanf("%d",&x);
   if(x%3==0&&x%5==0)
      printf("能同时被 3 和 5 整除\n");
   else
```

```
        printf("不能同时被 3 和 5 整除\n");
    return 0;
}
```

运行结果如图 4-9 所示。

```
请输入x: 60
能同时被3和5整除
```

```
请输入x: 18
不能同时被3和5整除
```

**图 4-9　例 4.4 程序运行结果**

### 3. 多分支 if 语句

上述两种 if 语句形式中只有一个判断表达式，当需要进行多次判断时，可采用多分支 if 语句，其基本形式如下：

```
if(表达式 1)   语句 1
else if(表达式 2)   语句 2
else if(表达式 3)   语句 3
…
else if(表达式 n)   语句 n
else 语句 n+1
```

执行过程：若表达式 1 为真，执行语句 1，if 语句结束，否则判断表达式 2；若表达式 2 为真，执行语句 2，if 语句结束，否则判断表达式 3；以此类推，若表达式 n 为真，则执行语句 n，否则执行语句 n+1。该语句的流程图如图 4-10 所示。

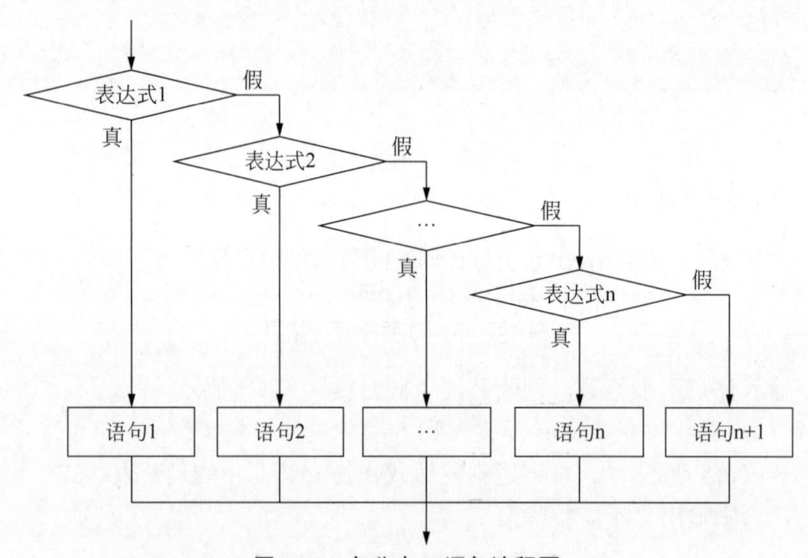


**图 4-10　多分支 if 语句流程图**

**例 4.5**　计算以下分段函数，根据输入 $x$ 的值计算并输出 $y$ 的值。

$$y=\begin{cases}1 & x>0\\0 & x=0\\-1 & x<0\end{cases}$$

解题思路：首先判断 $x$>0 是否成立，若成立，令 $y$=1；否则判断 $x$==0 是否成立，若成立，令 $y$=0；否则，令 $y$=−1。

程序代码：

```
#include <stdio.h>
int main()
{
    float x;
    int y;
    printf("x=");
    scanf("%f",&x);
    if(x>0)  y=1;
    else if(x==0)  y=0;
    else y=-1;
    printf("y=%d\n",y);
    return 0;
}
```

运行结果如图 4-11 所示。

```
x=4.8
y=1
```

**图 4-11　例 4.5 程序运行结果**

程序分析：需要注意的是，当判断变量 x 是否等于 0 时，需采用关系运算符==。请思考，若误写为赋值表达式 x=0，程序会出现什么错误？

**例 4.6**　输入一个百分制成绩，输出其对应的等级。若成绩大于或等于 90 分，等级为 A；若大于或等于 80 分且小于 90 分，等级为 B；若大于或等于 70 分且小于 80 分，等级为 C；若大于或等于 60 分且小于 70 分，等级为 D；若小于 60 分，等级为 E。

解题思路：变量 *x* 为输入的成绩，先判断 x≥90 是否成立，若成立，等级为 A；否则（即 x≥90 不成立），判断 x≥80 是否成立，若成立，等级为 B；否则（即 x≥80 不成立），判断 x≥70 是否成立，若成立，等级为 C；否则（即 x≥70 不成立），判断 x≥60 是否成立，若成立，等级为 D；否则（即 x≥60 不成立），等级为 E。

程序代码：

```
#include <stdio.h>
int main()
{
    float x;
    printf("请输入一个百分制成绩：");
    scanf("%f",&x);
    printf("成绩等级为：");
    if(x>=90)    printf("A\n");
    else if(x>=80)  printf("B\n");
    else if(x>=70)  printf("C\n");
    else if(x>=60)  printf("D\n");
    else  printf("E\n");
    return 0;
}
```

运行结果如图 4-12 所示。

```
请输入一个百分制成绩：96.4
成绩等级为：A
```

**图 4-12　例 4.6 程序运行结果**

### 4.3.3 条件运算符

条件运算符是C语言中唯一的三目运算符，由？和：共同组成，其一般形式如下：

**表达式1 ？表达式2 ：表达式3**

其执行过程为先求解表达式1，若其值为非0值（真），则计算表达式2，取表达式2的值为该条件表达式的值；若其值为0（假），则计算表达式3，取表达式3的值为该条件表达式的值。

例如，对于条件表达式x>y?x:y，若变量x=3，y=1，则x>y为真，该表达式的值为变量x的值3；若变量x=2，y=4，则x>y为假，该表达式的值为变量y的值4。

由上述例子可知，条件表达式可以用来实现简单的选择结构。例如，对于如下if语句：

```
if (x>=0)  y=3*x+5;
else  y=8*x-1;
```

可以用条件运算符表示为y=(x>=0) ? (3*x+5) : (8*x–1)，能够实现相同的功能。

关于条件运算符，应注意如下几点。

（1）条件运算符的优先级低于算术运算符和关系运算符，高于赋值运算符。例如，

`y=(x>=0) ? (3*x+5) : (8*x-1)` 可简化为 `y=x>=0 ? 3*x+5 : 8*x-1`。

（2）在条件表达式中，表达式2和表达式3不仅可以是数值表达式，也可以是其他表达式，如赋值表达式、字符表达式等，也可以是条件表达式。例如：

```
x>=0 ? (y=3*x+5) : (y=8*x-1);
x>y ? putchar('Y') : putchar('N');
y=x>0 ? 1 : (x==0 ? 0 : -1);
```

（3）条件表达式的结合方向是自右向左，例如：

`y=x>0 ? 1 : (x==0 ? 0 : -1)` 等效于 `y=x>0 ? 1 : x==0 ? 0 : -1`。

**例4.7** 输入一个字符，判别它是否为大写字母。如果是，将它转换成小写字母；如果不是，不转换。然后输出最后得到的字符。

解题思路：将输入的字符用字符变量c表示，若c为大写字母，即取值在'A'与'Z'之间，则将其转换为小写字母，即c=c+32；否则，c的值不变。

将上述转换过程用条件运算符实现。

程序代码：

```
#include <stdio.h>
int main()
{
    char c;
    printf("请输入一个字符：");
    c=getchar();
    c=(c>='A'&&c<='Z')?c+32:c;
    putchar(c);
    putchar('\n');
    return 0;
}
```

运行结果如图4-13所示。

```
请输入一个字符：A
a
```

```
请输入一个字符：e
e
```

**图4-13 例4.7程序运行结果**

### 4.3.4　if 语句的嵌套

在 if 语句中可以包含一个或多个 if 语句，即 if 语句的嵌套，其一般形式如下：

```
if(表达式 1)
    if(表达式 2)  语句 1
    else 语句 2
else
    if(表达式 3)  语句 3
    else 语句 4
```

在 if 语句的嵌套中需要注意，内嵌的 if 语句可能包含 else 子句，也可能不包含。而 if 与 else 的配对原则为 else 总是与它上面最近的未配对的 if 配对。因此，进行程序设计时，为避免配对混淆，最好使内嵌的 if 语句均包含 else 字句，或者加上大括号来确定配对关系。一般形式如下：

```
if(表达式 1)
    if(表达式 2)  语句 1
else 语句 2
```

虽然 else 与第一个 if（外层 if）格式对齐，但是系统会默认 else 与第二个 if（内嵌 if）配对，因为它们相距最近。若要令 else 与外层 if 配对，程序需修改如下：

```
if(表达式 1)
    {if(表达式 2)  语句 1}
else 语句 2
```

**例 4.8**　将例题 4.4 采用 if 语句的嵌套实现。输入任意一个整数，判断其能否同时被 3 和 5 整除。

解题思路：要判断输入的整数变量 x 能否被 3 和 5 整除可进行两次判断，先判断 x%3==0 是否成立，若成立，继续判断 x%5==0 是否成立；若 x%5==0 成立，输出“能被整除”，否则输出“不能被整除”；若 x%3==0 不成立，输出“不能被整除”。

算法流程图如图 4-14 所示。

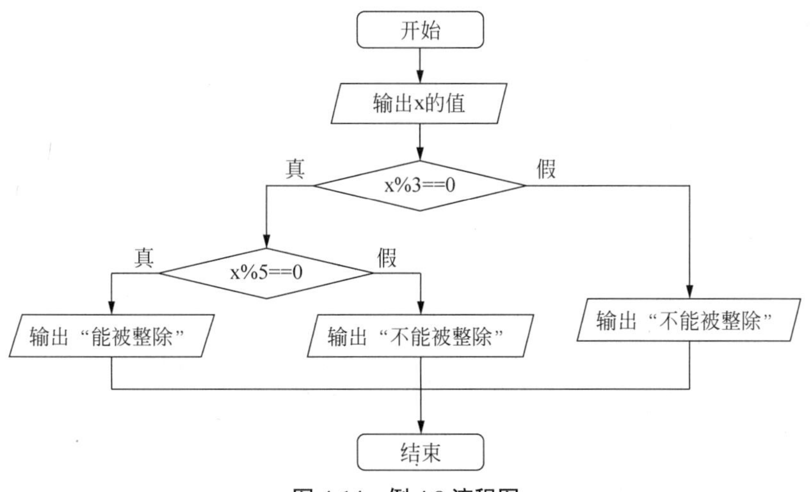


**图 4-14　例 4.8 流程图**

程序代码：

```
#include <stdio.h>
int main()
{
    int x;
    printf("请输入 x: ");
    scanf("%d",&x);
    if(x%3==0)
        if(x%5==0)
            printf("能同时被 3 和 5 整除\n");
        else
            printf("不能同时被 3 和 5 整除\n");
    else  printf("不能同时被 3 和 5 整除\n");
    return 0;
}
```

运行结果如图 4-15 所示。

```
请输入x: 25
不能同时被3和5整除
```

```
请输入x: 45
能同时被3和5整除
```

**图 4-15　例 4.8 程序运行结果**

## 4.4　多路开关 switch 语句

采用多分支 if 语句或 if 语句的嵌套解决多分支选择问题时，若分支过多，则嵌套的 if 语句层次也多，程序冗长且可读性低。C 语言提供了 switch 语句，可直接处理多分支选择问题，又被称为多路开关语句。

switch 语句的一般形式如下：

```
switch(表达式)
{
    case 常量 1 : 语句 1 [break;]
    case 常量 2 : 语句 2 [break;]
              …
    case 常量 n : 语句 n [break;]
    default :      语句 n+1 [break;]
}
```

其执行过程是：首先计算 switch 后面表达式的值，当该表达式的值与某个 case 后面常量的值相等时，程序流程就跳转到该常量后的语句处开始执行；若表达式的值与所有的 case 后的常量值都不相等，则执行 default 后面的语句。其流程图如图 4-16 所示。

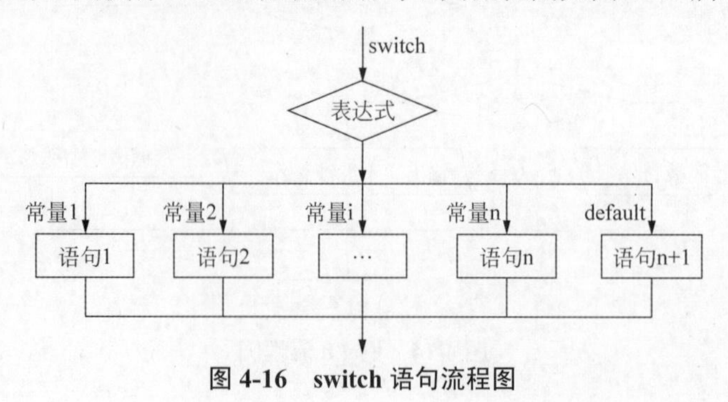


**图 4-16　switch 语句流程图**

switch 语句的使用说明如下。

（1）switch 后面的表达式可以是算术表达式、关系表达式、逻辑表达式等，但是其值的类型应为整数类型，如 int 型、char 型、枚举型。

（2）switch 下面的花括号内是一个复合语句，其中可以包含多个 case 开头的语句行和最多一个 default 开头的语句行。

（3）可以没有 default 开头的语句行。此时如果没有与 switch 后表达式相等的 case 常量，则退出 switch 语句，流程跳转到下一个语句。

（4）各 case 语句与 default 语句的先后次序不影响程序执行结果，但 default 语句常作为最后一条分支。

（5）每个 case 后面的常量必须各不相同，否则自相矛盾。

（6）switch 后面表达式的类型需要与 case 后常量的类型一致。

（7）break 语句在 switch 语句中是可选的，它的作用是使流程跳出 switch 结构。若没有 break 语句，则当找到匹配的 case 常量后，会从当前位置顺序向下执行，不再进行判断。

（8）在 case 子句中可以包含一个以上执行语句，不必用花括号（{ }）引起来。

（9）多个 case 标号可以共用一组执行语句，例如：

```
char grade;
scanf("%c",&grade);
printf("Your score:");
switch(grade)
{
   case 'A' :
    case 'B' :
    case 'C' : printf(">60\n");break;
    case 'D' : printf("<60\n");break;
    default:  printf("enter data error!\n");
}
```

执行该程序时，输入 A，B，C 三个等级均会输出>60，输入 D 会输出<60，输入其他字符均会输出 enter data error!。

**例 4.9**　将例 4.6 用 switch 语句实现。输入一个百分制成绩，输出其对应的等级。若成绩大于或等于 90 分，等级为 A；若大于或等于 80 分且小于 90 分，等级为 B；若大于或等于 70 分且小于 80 分，等级为 C；若大于或等于 60 分且小于 70 分，等级为 D；若小于 60 分，等级为 E。

解题思路：本题显然是一个多分支选择结构，然而题目中进行分支选择时的条件为成绩 score 在某个取值范围之内，而 switch 语句要求根据某个表达式的值等于哪个常量进行分支。由于

| score≥90 | score/10=9,10 | 等级为 A |
|---|---|---|
| 80≤score<90 | score/10=8 | 等级为 B |
| 70≤score<80 | score/10=7 | 等级为 C |
| 60≤score<70 | score/10=6 | 等级为 D |
| score<60 | score/10=5,4,3,2,1,0 | 等级为 E |

因此，可令 switch 语句表达式为 score/10，case 常量为 10，9，8，…，1，0。

程序代码：

```
#include <stdio.h>
int main()
{
    int  score, grade;
    printf("Input a score(0～100): ");
    scanf("%d", &score);
    grade = score/10;        /*将成绩整除 10，转换为 switch 语句中的 case 标号*/
    switch (grade)
    {
        case 10:
        case 9:  printf("grade=A\n"); break;
        case 8:  printf("grade=B\n"); break;
        case 7:  printf("grade=C\n"); break;
        case 6:  printf("grade=D\n"); break;
        case 5:
        case 4:
        case 3:
        case 2:
        case 1:
        case 0:  printf("grade=E\n"); break;
        default:  printf("The score is out of range!\n");
    }
    return 0;
}
```

运行结果如图 4-17 所示。

```
Input a score (0～100): 93
grade=A
```

```
Input a score (0～100): 45
grade=E
```

**图 4-17　例 4.9 程序运行结果**

程序分析：该程序可实现百分制分数与等级分数的转换，若输入分数不在 0～100，则输出 The score is out of range!。请思考，若将 default 子句放到 case 子句之前，程序代码都需要进行哪些改变？若程序中的 break 都删除，程序的运行结果会发生什么变化？

分析 if 语句和 switch 语句的使用方法可知，能用 switch 语句实现的选择结构必然能用 if 语句实现，但是能用 if 语句实现的结构不一定能用 switch 语句实现，因为 if 语句的表达式可以是任意类型，而 switch 语句的表达式只能是整型。

## 4.5　选择结构综合举例

学习完 if 语句和 switch 语句的使用方法，下面通过几个例题进一步掌握选择结构的编写与应用，求解相对复杂的问题。

**例 4.10**　求解方程 $ax^2+bx+c=0$ 的根。由键盘输入 $a,b,c$。假设 $a,b,c$ 的值任意，并不保证 $b^2-4ac\geqslant 0$。需要在程序中进行判别，如果 $b^2-4ac\geqslant 0$，就计算并输出方程的两个实根，如果 $b^2-4ac<0$，就输出“此方程无实根”的信息。

解题思路：本题为双分支选择问题，可采用 if 语句实现，流程图如图 4-18 所示。

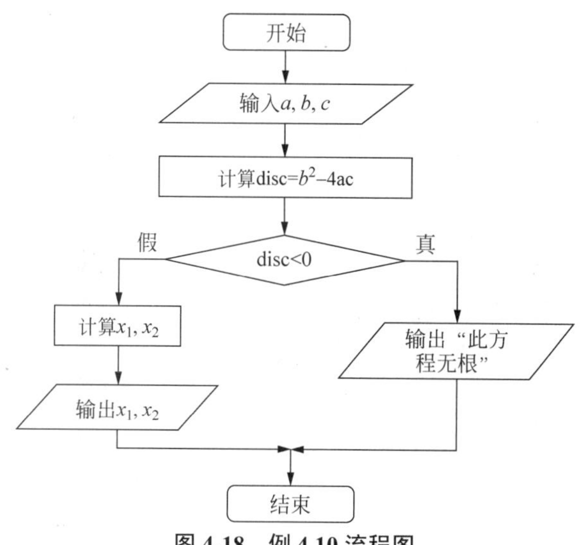


图 4-18　例 4.10 流程图

程序代码：

```
#include<stdio.h>
#include<math.h>                               //程序中要调用求平方根函数 sqrt
int main()
{   double a,b,c,disc,x1,x2,p,q;               //disc 是判别式 sqrt(b*b-4ac)
    scanf("%lf%lf%lf",&a,&b,&2c);              //输入双精度浮点型变量的值要用"%lf"
    disc=b*b-4*a*c;
    if(disc<0)                                 //若 b*b-4ac<0
        printf("This equation hasn't real roots\n");    //输出“此方程无实根”
    else                                       //b*b-4ac≥0
    {   p=-b/(2.0*a);
        q=sqrt(disc)/(2.0*a);
        x1=p+q;x2=p-q;          //求出方程的两个根
        printf("real roots:\nx1=%7.2f\nx2=%7.2f\n",x1,x2); //输出方程的两个根
    }
    return 0;
}
```

运行结果如图 4-19 所示。

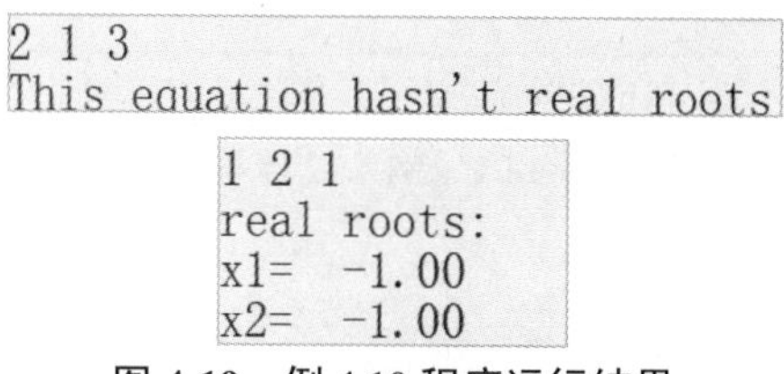
```
2 1 3
This equation hasn't real roots
```
```
1 2 1
real roots:
x1=  -1.00
x2=  -1.00
```

图 4-19　例 4.10 程序运行结果

**例 4.11**　输入三个整数 $x,y,z$，请把这三个数由小到大排序并输出。

解题思路如下。

（1）首先需要将最小的数放到变量 x 上。先将变量 x 与变量 y 进行比较，如果 x>y 则

将 x 与 y 的值进行交换；然后将变量 x 与变量 z 进行比较，如果 x>z 则将 x 与 z 的值进行交换。此时，x 为最小的数。

（2）接下来将变量 y 与变量 z 进行比较，如果 y>z 则将 y 与 z 的值进行交换。此时，已完成三个整数的排序，x 为最小，z 为最大。

程序代码：

```
#include<stdio.h>
int main()
{   int x,y,z,t;
    printf("请输入三个整数：");
    scanf("%d%d%d",&x,&y,&z);
    if (x>y)
        {t=x;x=y;y=t;}/*交换 x,y 的值*/
    if(x>z)
        {t=z;z=x;x=t;}/*交换 x,z 的值*/
    if(y>z)
        {t=y;y=z;z=t;}/*交换 z,y 的值*/
    printf("从小到大为: %d %d %d\n",x,y,z);
    return 0;
}
```

运行结果如图 4-20 所示。

```
请输入三个整数：45 7 23
从小到大为：7 23 45
```

**图 4-20　例 4.11 程序运行结果**

**例 4.12**　判断某一年是否为闰年。

解题思路：闰年的条件为 ①能被 4 整除，但不能被 100 整除的年份；②能被 400 整除的年份。算法流程图如图 4-21 所示。

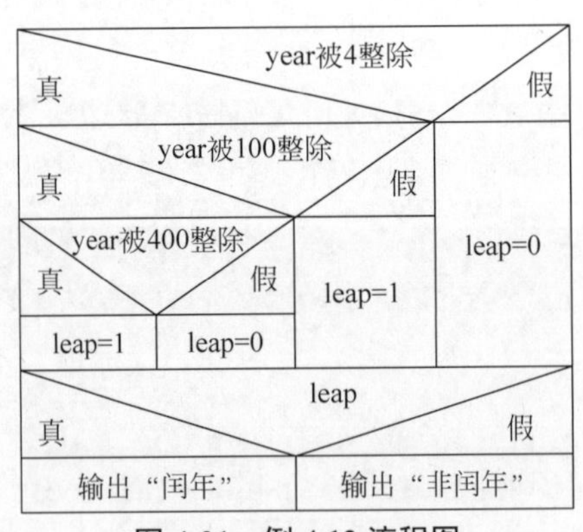


**图 4-21　例 4.12 流程图**

程序代码：

```
#include<stdio.h>
int main()
{   int year,leap;
    printf("enter year:");
    scanf("%d",&year);
    if(year%4==0)
    {   if(year%100==0)
```

```
        {   if(year%400==0)   leap=1;
            else  leap=0;
        }
        else  leap=1;
    }
    else  leap=0;
    if(leap)  printf("%d is ",year);
    else   printf("%d is not ",year);
    printf("a leap year.\n");
    return 0;
}
```

运行结果如图 4-22 所示。

```
enter year:2004
2004 is a leap year.
```

图 4-22　例 4.12 程序运行结果

程序分析：上述程序采用 if 语句的嵌套实现，需注意 if 与 else 的配对情况，程序较为复杂，可考虑利用逻辑运算符进行简化。判断某一年份 year 是否为闰年，可表示为 (year%4==0 && year%100!=0) || (year%400==0)，若该逻辑表达式为真，则是闰年，否则不是闰年。因此，程序代码可简化如下：

```
#include<stdio.h>
int main()
{   int year,leap=0;
    printf("enter year:");
        scanf("%d",&year);
    if((year%4==0 && year%100!=0) || (year%400==0))
        leap=1;
    if(leap)  printf("%d is ",year);
    else   printf("%d is not ",year);
    printf("a leap year.\n");
    return 0;
}
```

由此题可知，关系表达式和逻辑表达式是 if 语句中最常用到的判断表达式。巧妙地使用逻辑表达式可以有效地简化程序代码，提高执行效率。

**例 4.13**　对输入的两个实数进行 +、-、×、÷ 四则运算，输出运算结果。

解题思路：该题为多分支问题，可用 if 语句实现，也可采用 switch 语句。

程序代码 1：

```
#include<stdio.h>
int main()
{    double x,y,z;
        char op;
    printf("请输入运算式:");
        scanf("%lf%c%lf",&x,&op,&y);
    if(op=='+') z=x+y;           /*运算结果均为 y/x*/
        if(op=='-') z=x-y;
        if(op=='*') z=x*y;
        if(op=='/') z=x/y;
    printf("%f%c%f=%f\n",x,op,y,z);
    return 0;
}
```

程序代码 2：

```
#include<stdio.h>
int main()
{   double x,y,z;
    char op;
    printf("请输入运算式:");
    scanf("%lf%c%lf",&x,&op,&y);
    switch(op)
    {   case '+': z=x+y;break;
        case '-': z=x-y;break;
        case '*': z=x*y;break;
        case '/': z=x/y;break;
        default: printf("输入运算符错误！");
    }
    printf("%f%c%f=%f\n",x,op,y,z);
    return 0;
}
```

运行结果如图 4-23 所示。

```
请输入运算式:2.1*5
2.100000*5.000000=10.500000
```

**图 4-23 例 4.13 程序运行结果**

## 实 验

### 1. 实验目的

（1）掌握关系运算符和逻辑运算符的运算规则。

（2）掌握 if 语句和 switch 语句的语法、结构和执行过程。

（3）掌握选择结构程序的编写、调试及运行方法。

### 2. 实验任务

（1）给定不同的输入，分析以下程序的输出结果。

```
#include<stdio.h>
void main()
{
    int a,b;
    scanf("%d ",a);
    if(a=0)   b=a+1;
    else   b=a;
printf("%d\n",b);
}
```

（2）设有分段函数：$\text{cost}=\begin{cases}0.15 & n>500\\0.10 & 300<n\leqslant 500\\0.075 & 100<n\leqslant 300\\0.05 & 50<n\leqslant 100\\0 & n\leqslant 50\end{cases}$

编写程序，输入 $n$ 的值，输出 cost 的值，（分别用 if 语句和 switch 语句实现）。

（3）编写程序，输入一个 5 位数，判断它是不是回文数。例如，12321 是回文数，个位与万位相同，十位与千位相同。

### 3. 参考程序

（1）程序代码 1。

```
#include<stdio.h>
int main()
{   double number,cost;
    scanf("%lf",&number);
    if (number > 500)  cost = 0.15;
    else if (number > 300)  cost = 0.10;
    else if (number > 100)  cost = 0.075;
    else if (number > 50)   cost = 0.05;
    else    cost=0;
    printf("cost=%f\n",cost);
    return 0;
}
```

（2）程序代码 2。

```
#include<stdio.h>
int main()
{
    long ge,shi,qian,wan,x;
    scanf("%ld",&x);
    wan=x/10000;
    qian=x%10000/1000;
    shi=x%100/10;
    ge=x%10;
    if (ge==wan&&shi==qian)/*个位等于万位并且十位等于千位*/
       printf("this number is a huiwen\n");
    else
    printf("this number is not a huiwen\n");
    return 0;
}
```

## 小　结

选择结构是一种条件控制结构，可以根据条件判断的结果来控制程序的流程，选择不同的路径执行相应的代码。选择结构的基本形式包括 if 语句、if-else（双分支）语句、if-else if（多分支）语句和 switch 语句。

首先，if 语句是最简单的选择结构，根据条件的真假决定是否执行某段代码。若条件为真，执行 if 语句内代码，否则跳过该代码，执行后续语句。

if 语句还可以与 else 配合连用，当条件为真时，执行 if 子句代码；否则执行 else 子句代码。同时，if 语句还可以与 else if 配合连用，构成多分支选择结构。当多个条件中的任何一个为真时，执行对应的程序代码。

对于多分支选择结构，还可以使用 switch 语句实现。将 switch 语句中的表达式与各分支的 case 值比较，一旦匹配，会从当前 case 位置开始顺序执行，遇到 break 语句则跳出 switch 语句。

选择结构的核心是条件判断，最常用的条件是关系表达式和逻辑表达式。关系运算符是用于比较两个值之间的关系，如>、>=、==等；逻辑运算符用于将多个简单条件组合为复合条件，包括&&、||、!。

选择结构在程序设计中具有广泛的应用，它可以根据不同的条件执行不同的程序代码，提高程序的灵活性。在使用选择结构时，需要注意合理设置判断条件、设计简洁的代码块，并且避免过多的嵌套。

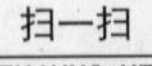

在线测试

## 习　题

### 一、选择题

1. 若希望当变量 num 的值为奇数时表达式的值为真，num 的值为偶数时表达式的值为假，则不能满足要求的表达式是(　　)。

A．!(num%2==0)　　B．!(num%2)　　C．num%2　　D．num%2==1

2. 判断 char 型变量 c1 是否为大写字母的正确表达式是(　　)。

A．(c1>='A')&&(c1<='Z')　　B．(c1>='A')&(c1<='Z')

C．('A'<=c1)AND('Z'>=c1)　　D．'A'<=c1<='Z'

3. 以下程序的运行结果是(　　)。

```
#include <stdio.h>
int main( )
{
    int c=0, x=1, y=1;
    c=x++||y++;
    printf("\n%d%d%d\n",x,y,c);
}
```

A．110　　B．211　　C．011　　D．001

4. 已知 int x=1, y=1，则表达式( !x || y−−) 的值是(　　)。

A．1　　B．0　　C．−1　　D．2

5. 设整型变量 a 为 5，使整型变量 b 不为 2 的表达式是(　　)。

A．b=6−(− −a);　　B．b=a%2　　C．b=a>3?2:1;　　D．b=a/2;

### 二、程序分析题

1. 阅读以下程序，分析程序的输出结果。

```
#include<stdio.h>
void main()
{
    int a=-1,b=4,k;
    k=(a++<0)&&(!(b--<=0));
    printf("%d,%d,%d\n",k,a,b);
}
```

2. 阅读以下程序，分析程序的输出结果。

```
#include<stdio.h>
void main()
{
```

```
    int a,b,c=290;
    a=(c/100)%9;
    b=(-1)&&(-1);
    printf("%d,%d\n",a,b);
}
```

3. 阅读以下程序，分析程序的输出结果。

```
#include<stdio.h>
void main()
{
    int a=3,b=2,c=1,f;
    if(a>b>c)    f=1;
    else  f=0;
    printf("%d\n",f);
}
```

4. 阅读以下程序，分析程序的输出结果。

```
#include<stdio.h>
void main()
{
    int a,b;
    scanf("%d ",&a);
    if(a=0)   b=a+1;
    else  b=a;
    printf("%d\n",b);
}
```

**三、编程题**

1. 编写程序，输入一个 5 位数，判断它是不是回文数。如 12321 是回文数，个位与万位相同，十位与千位相同。

2. 编写程序，输入一个字符，判断它是大写字母、小写字母、数字还是其他。

3. 编写程序，输入某年某月某日，判断这一天是这一年的第几天？

4. 编写程序，给一个不多于 5 位的正整数，要求：①求它是几位数；②逆序打印出各位数字。

5. 编写程序，输入 $n$ 的值，输出对应 cost 的值。给定的分段函数如下：

$$\text{cost}=\begin{cases}0.15 & n>500\\ 0.10 & 300<n\leqslant 500\\ 0.075 & 100<n\leqslant 300\\ 0.05 & 50<n\leqslant 100\\ 0 & n\leqslant 50\end{cases}$$

6. 在平面直角坐标系上，有一个半径为 10 的圆，圆心坐标为（5,10），从键盘输入任意点的坐标（$a,b$），判断该点在圆内、在圆外还是恰巧在圆周上。

## 项目拓展：泡泡的颜色自选

使用 EasyX 图形库，编程实现泡泡的颜色自选。

输入如下C语言代码：

```
///////////////////////////////////////////////////
// 程序功能：泡泡的颜色自选
// 编译环境：VS 2010，EasyX_20210730

#include <graphics.h>          //EasyX图形库
#include <conio.h>
#include <stdio.h>
int main()
{
    int x=300,y=300,r=20;
    int R,G,B;   //RGB颜色值
    char c;
    printf("请选择泡泡颜色：1.白色 2.红色 3.绿色 4.蓝色 5.随机颜色 6.自行设置颜色\n");
    c=getchar();
    switch(c)
    {
        case '1': R=255;G=255;B=255;break;
        case '2': R=255;G=0;B=0;break;
        case '3': R=0;G=255;B=0;break;
        case '4': R=0;G=0;B=255;break;
        default:
        case '5': R=rand()%255; G=rand()%255; B=rand()%255;break;
        case '6': printf("请输入红绿蓝3色值：");scanf("%d%d%d",&R,&G,&B);
    }
    initgraph(600, 600);           //画布初始化
    setfillcolor(RGB(R, G, B)); //设置泡泡颜色
    fillcircle(x, y, r);           //画泡泡:圆心在O（x，y）半径r
    _getch();                      //按任意键退出
    closegraph();                  //关闭画布
    return 0;
}
```

运行结果如图4-24和图4-25所示。

```
C:\WINDOWS\system32\cmd.exe
请选择泡泡颜色：1.白色 2.红色 3.绿色 4.蓝色 5.随机颜色 6.自行设置颜色6
请输入红绿蓝3色值：150 50 100
```

**图4-24　颜色选择界面**

**图4-25　程序运行结果**

## 探索与扩展：栈与队列——关于浏览器中的“前进”和“后退”按钮

在日常生活中，我们经常会遇到排队的现象，如购物结账、等候公交地铁等情况。人们遵循规则：先到先购物（上车），尊重社会公德，构建和谐社会。在数据结构中，也存在一种符合“先进先出”规则的结构，称为“队列”。另外，还有一种遵循“后进先出”规则的结构，称为栈（stack）。

浏览器中的“前进”和“后退”按钮一般采用数据结构中的栈来实现。在电脑或手机浏览器中，可以从一个链接进入另一个链接，连续浏览，也可以点击后退键，按访问顺序的逆序加载浏览过的网页。例如，在浏览器中输入“学习强国”进行搜索，之后单击链接，进入“学习强国”网页，单击“学习科学”栏目中的“当代科学家”链接，可以逐一阅读各位科学家的故事。如果点击后退键，可以随时回退到之前浏览过的某个页面，如图4-26所示。

图4-26 “前进”和“后退”按钮功能示例

除浏览器外，Word和Text等文档或其他应用软件，也具有类似功能，其具体实现代码有较大差异，但原理基本相同。

# 第5章

CHAPTER 5

# 不必亲手愚公移山
## ——循环结构

学习目标

- 理解循环结构程序设计的基本思想。
- 熟练掌握 while、do…while 和 for 语句的语法格式和执行过程。
- 掌握用 while、do…while 和 for 语句进行循环结构程序设计的方法。
- 理解嵌套循环的定义和执行过程，掌握实现双层循环结构的方法。
- 掌握 break 语句和 continue 语句的使用方法和区别。

第 4 章已经介绍了顺序结构和选择结构，但只有这 2 种基本结构是不够的。在 C 程序设计过程中常常遇到需要重复解决的问题，或是需要重复执行相同的操作时，就需要用到循环结构。

扫一扫

视频讲解

## 5.1　项目引入——字符的运动和反弹

循环结构是程序设计中的一种常见的控制流程结构，通过判断循环条件是否成立来决定继续重复执行某段程序代码还是结束循环。循环结构由循环条件和循环体组成。C 语言中能实现循环结构的语句包括 while 语句、do…while 语句和 for 语句。

下面以字符的运动和反弹为例，理解循环结构的执行过程。字符运动的程序代码如下：

```
#include <stdio.h>
#include <stdlib.h>
int main()
{
   int i,j,x=3,y=5;
   int height=10;                      //字符位置下界，字符下落至该位置反弹
   int velocity=1;                     //字符的运动步长
   char c='A';                         //要显示的字符
   while(1)
   {
    x=x+velocity;
system("cls");                         //清屏函数
   for(i=0;i<x;i++)                    //输出字符上面的空行
      printf("\n");
   for(j=0;j<y;j++)                    //输出字符左边的空格
      printf(" ");
   putchar(c);                         //输出字符
   printf("\n");
   if(x==height)
      velocity=-velocity;              //字符到达最低处，开始反弹
   if(x==0)
      velocity=-velocity;              //字符到达最高处，开始下落
   }
   return 0;
}
```

该程序代码中用 while 循环实现自己的位置变化，每次循环都改变字符的坐标变量 x，在每次显示新位置之前使用了清屏函数 system("cls")。同时，增加了字符位置下界 height 和字符运动步长 velocity。初次循环中，步长 velocity 为 1，字符位置坐标增加，即让字符下落；然而字符不能无限制下落，因此增加 if 语句，当 x==height 成立，即字符下降到最低位置时，步长变为–1，字符向上反弹；当反弹至最高位置，即字符坐标 x 变为 0 时，步长变为 1，字符开始下落。

扫一扫

视频讲解

## 5.2　while 语句实现循环

用 while 语句实现循环结构的一般形式如下：

```
while(表达式)  语句
```

其中“语句”表示循环体，即需要被重复执行的语句；“表达式”也被称为循环条件表达式，

用于控制执行循环体的次数。当循环条件表达式为真（非 0 值）时，执行循环体语句，然后再次进行循环条件的判断；当循环条件表达式为假（数值为 0）时，不再执行循环体语句，循环结束。

while 语句的特点是：先判断是否满足循环条件，再执行循环体。其流程图如图 5-1 所示。

在循环结构中需要注意以下几点。

（1）循环体只能是一个语句，若有多个语句需要在循环中被重复执行，则需将其用花括号括起来构成复合语句。

（2）循环体中应该有使循环趋向于结束的语句，否则会陷入死循环。

下面通过一个例题来学习怎么利用 while 语句进行循环结构设计。

**例 5.1** 求 1+3+5+…+99。

解题思路：先进行问题分析，再确定解题方案。

（1）显而易见，这是一个累加的问题，需要重复执行多次加法操作，应该采用循环结构实现。

（2）分析每次加法操作所加的数有无规律，可以看到，后一个数是前一个数加 2。

（3）根据上述分析确定循环条件和循环体。根据题目可知，循环条件为加数变量 i 小于等于 99；循环体中应包含累加操作 sum=sum+i 以及加数的更新 i=i+2。

根据解题思路，算法流程图如图 5-2 所示。

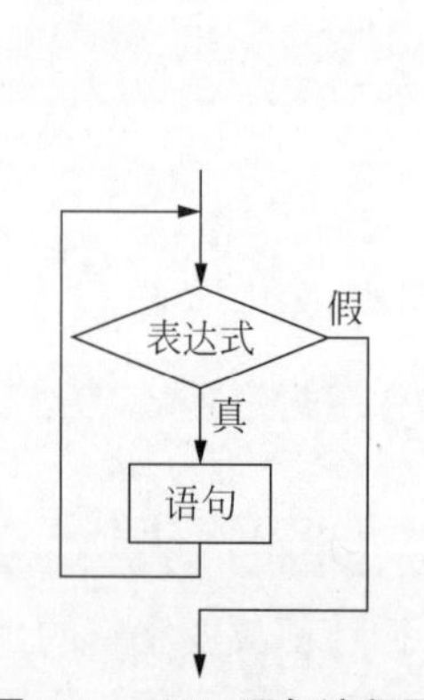


**图 5-1 while 语句流程图**

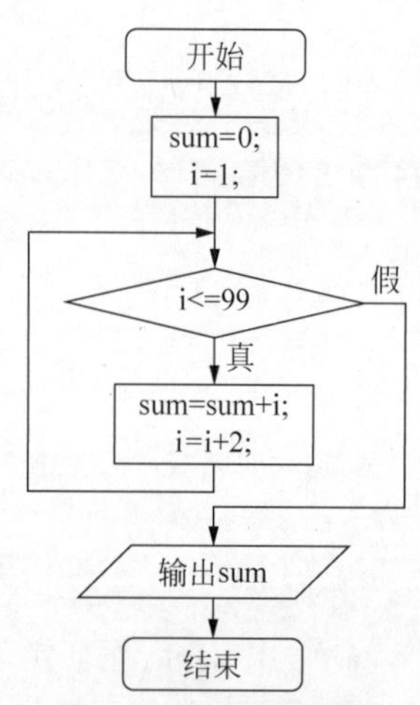


**图 5-2 例 5.1 流程图**

编写程序：根据流程图可编写程序代码如下。

```
#include<stdio.h>
int main()
{
    int i=1,sum=0;              //定义加数 i 的初值为 1，累加和 sum 的初值为 0
    while(i<=99)                //循环条件为 i<=99，不满足条件时循环结束
    {                           //循环体开始
        sum=sum+i;              //在每次循环中都进行一次加法操作
        i=i+2;                  //将 i 的值加 2，为下次累加做准备
    }                           //循环体结束
    printf("sum=%d\n",sum);     //输出累加和
```

```
    return 0;
}
```

运行结果如下。

```
sum=2500
```

程序分析如下。

（1）在进行循环累加之前，不要忽略给变量 i 和变量 sum 赋初值的操作。令累加和 sum 初值为 0，则加数 i 初值为 1；若令累加和 sum 初值为 1，则加数 i 的初值应为 3，此时程序也可得到正确结果。

（2）该程序中的循环体为两个语句，因此需要用花括号括起来构成复合语句。如果没有花括号，则仅有 while 之后的第一个语句 sum=sum+i; 为循环体，循环过程中变量 i 不会发生变化，程序进入死循环。

## 5.3　do…while 语句实现循环

扫一扫

视频讲解

用 do…while 语句实现循环结构的一般形式如下：

```
do
    语句
while(表达式);
```

其中“语句”表示循环体；“表达式”为循环条件表达式。该语句的执行过程是：先执行循环体语句，然后进行循环条件的判断；如果循环条件表达式成立，则继续执行循环体语句；当循环条件表达式不成立时，循环结束。

do…while 语句的特点是：先无条件地执行一次循环体，然后再判断循环条件是否成立。其流程图如图 5-3 所示。

同一个问题，可以用 while 语句处理，也可以用 do…while 语句处理，两者可以互相转换。

**例 5.2**　用 do…while 语句编写程序，求 1+3+5+…+99。

解题思路：该题与例 5.1 相同，区别在于题目要求用 do…while 语句来实现循环。与 while 语句相同，do…while 语句的循环体中也应包含累加操作 sum=sum+i 及加数的更新 i=i+2。循环条件也依然是加数 i≤99，即当不满足该条件时结束循环。算法流程图如图 5-4 所示。

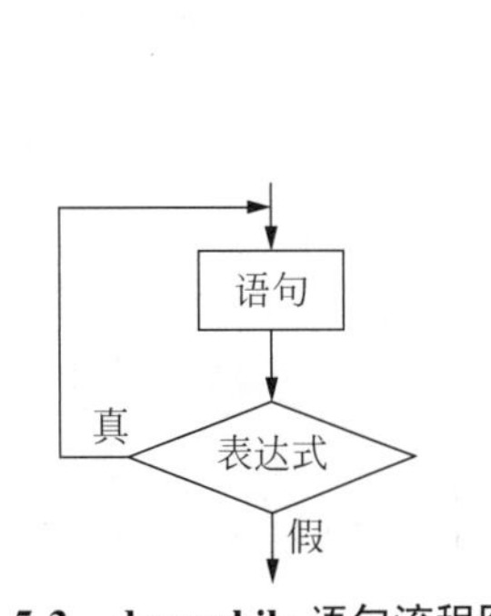


**图 5-3　do…while 语句流程图**

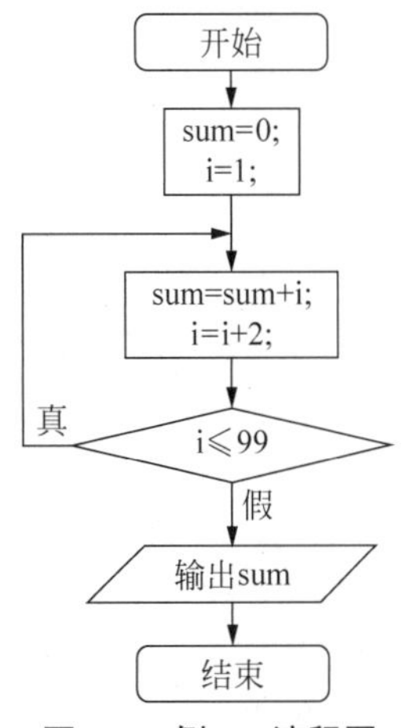


**图 5-4　例 5.2 流程图**

编写程序：根据流程图可编写程序代码如下。

```
#include<stdio.h>
int main()
{
    int i=1,sum=0;              //定义加数 i 的初值为 1,累加和 sum 的初值为 0
    do                          //先无条件执行一次循环体
    {                           //循环体开始
        sum=sum+i;              //在每次循环中都进行一次加法操作
        i=i+2;                  //将 i 的值加 2，为下次累加做准备
    }                           //循环体结束
        while(i<=99);           //循环条件为 i<=99，不满足条件时循环结束
    printf("sum=%d\n",sum);     //输出累加和
    return 0;
}
```

运行结果如下。

```
sum=2500
```

程序分析如下。

（1）对比例 5.1 和例 5.2 的程序代码可以看出，给定相同的循环条件和循环体，while 语句和 do…while 语句可以得到相同的结果。那么这个结论是否能够一直成立？

（2）若将例 5.1 和例 5.2 程序中的循环条件都改为 i<=0，两个程序结果还是否一致？分析可知，while 语句先进行循环条件 i<=0 的判断，为假，不执行循环体，最终输出结果为 sum=0；而 do…while 语句先执行 1 次循环体，sum 变为 1，i 变为 3，然后进行循环条件 i<=0 的判断，为假，不再执行循环体，跳出循环，最终输出结果为 sum=1。因此，当循环条件都改为 i<=0 时，相同的循环条件和循环体，while 语句和 do…while 语句却得到不同的结果。

通过例 5.1 和例 5.2 的对比可知，如果 while 后面的表达式一开始为真（非 0 值）时，while 和 do…while 两种循环语句的结果是相同的；若 while 后面的表达式一开始为假（0 值）时，两种循环结果是不同的。

扫一扫

视频讲解

## 5.4 for 语句实现循环

除了可以用 while 语句和 do…while 语句实现循环之外，C 语言还提供了 for 语句实现循环。for 语句使用灵活，完全可以代替 while 语句和 do…while 语句。

用 for 语句实现循环结构的一般形式如下：

```
for(表达式 1; 表达式 2; 表达式 3)
    语句
```

for 语句的流程图如图 5-5 所示，其执行过程如下。

（1）求解表达式 1，然后转向表达式 2。表达式 1 只执行 1 次，通常用来设置初始条件，可以给 1 个或多个循环变量赋初值。

（2）求解表达式 2。表达式 2 为循环条件表达式，用来判定是否继续循环。若表达式 2 值为真，则执行 for 语句中的循环体语句，然后执行步骤（3）；若表达式 2 值为假，则结束循环，转到步骤（4）。

（3）求解表达式 3，然后转向步骤（2），继续判断循环条件。表达式 3 是在循环体语句之后执行的，通常用来进行循环的调整，如改变循环变量的值。

（4）循环结束，执行 for 语句中的下一条语句。

for 语句的一般形式可以改写为 while 循环的形式如下：

```
表达式 1;
while(表达式 2)
    {
          语句
        表达式 3;
    }
```

两者完全等价。

**例 5.3**　输入一个正整数，存放在变量 n 中，计算 1+1/2+1/3+…+1/n。

解题思路：该问题依然是累加问题，采用循环结构实现，循环体中应包括累加和的更新和加数变量的更新。初始化变量 sum=0，i=1，则需执行 n 次循环，每次循环中将 1/i 累加到 sum，并进行 i 的增值。算法流程图如图 5-6 所示。

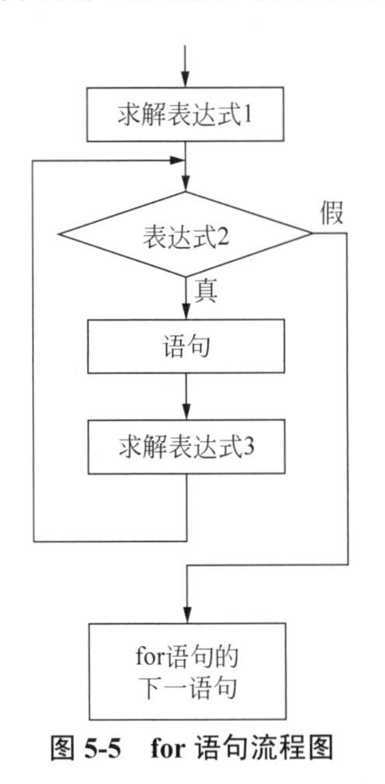


**图 5-5　for 语句流程图**

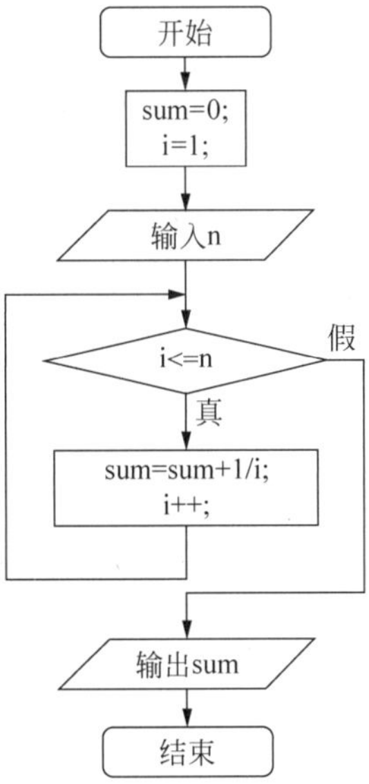

开始

sum=0;
i=1;

输入n

i<=n

假

真

sum=sum+1/i;
i++;

输出sum

结束

**图 5-6　例 5.3 流程图**

编写程序：根据流程图可编写程序代码如下。

```
#include<stdio.h>
int main()
{
    int i, n;                               //定义变量 i,n
    float sum=0;                            //定义累加和 sum 的初值为 0
    scanf("%d", &n);                        //输入 n 的值
    for(i=1;i<=n;i++)                       //初始化 i=1，循环条件为 i<=n
       sum=sum+1.0/i;                       //在每次循环中都进行一次加法操作
    printf("1+1/2+1/3+…+1/%d =%f\n",n,sum);     //输出累加和
    return 0;
}
```

运行结果（输入变量 n 的值为 5）如图 5-7 所示。

```
5
1+1/2+1/3+…+1/5 =2.283334
```

**图 5-7　例 5.3 程序运行结果**

程序分析如下。

（1）注意 i 被定义为整型变量，而整数与整数的运算结果为整数，因此 1/i 的值为 0，需要用实型数据 1.0 跟 i 相除。

（2）i++作为表达式 3 写在 for 后面的括号中，因此 for 语句的循环体只有一个语句，不需要花括号括起复合语句。

关于 for 语句，需要说明以下几点。

（1）最常用的 for 语句形式如下：

```
for(循环变量赋初值; 循环条件; 循环变量增值)
    语句
```

（2）表达式 1 可以是与循环变量无关的其他表达式，也可以省略。如果省略，则需要在 for 语句之前为循环变量赋初值，并且表达式 1 后的分号不能省略。例如：

```
i=1; sum=0;
for(;i<=n;i++)    sum=sum+1.0/i;
//相当于
for(i=1,sum=0;i<=n;i++)    sum=sum+1.0/i;
```

该语句中表达式 1 为逗号表达式，包含两个赋值表达式，按照自左至右的顺序求解，整个逗号表达式的值为最右边表达式的值。

（3）表达式 3 也可以是与循环变量无关的其他表达式，也可以省略。如果省略，则需要在循环体中增加能使循环停止的语句。例如：

```
for(i=1,sum=0;i<=n;)
{
    sum=sum+1.0/i;
    i++;
}
```

（4）表达式 1 和表达式 3 可以同时省略，此时完全等效于 while 语句。例如：

```
i=1;sum=0;
for(;i<=n;)
{
    sum=sum+1.0/i;
    i++;
}
```

（5）表达式 2 可以是任何合法的 C 语言表达式，只要其值为非零，就执行循环体。例如：

```
for(a=0,b=10;a-b;a++,b--)    sum=sum+a+b;
```

该语句中的循环条件为算术表达式 a–b，若 a 与 b 的值不同，则表达式 a–b 的值不为 0，即真，执行循环体，a 自加，b 自减；执行 5 次循环后，a 和 b 的值都变为 5，表达式 a–b 的值为 0，即假，则循环结束。

（6）表达式 2 也可以省略，即不设置和检查循环的条件，例如：

```
for(i=1,sum=0; ;i++)    sum=sum+1.0/i;
```

此时认为表达式 2（即循环条件）一直为真，循环会无休止地进行，进入死循环。此时，若要使循环结束，需要在循环体中增加改变循环状态的语句，如 break 语句。

## 5.5　循环的嵌套

扫一扫

视频讲解

在一个循环体中又包含另一个完整的循环结构，称为二层循环嵌套。内嵌的循环中还可以再嵌套循环，称为多层循环嵌套。

三种循环（while 循环、do…while 循环、for 循环）可以自身嵌套，也可以互相嵌套。例如：

```
(1) while()
    { …
while()
{…}
       …
}
```

```
(2) for( ; ;)
    { …
for( ; ;)
{…}
       …
}
```

```
(3) do
    { …
do
{…}
while();
       …
} while();
```

```
(4) for( ; ;)
    { …
do
{…}
while();
       …
}
```

```
(5) while ()
    { …
for( ; ;)
{…}
    …
}
```

```
(6) do
    { …
while()
{…}
    …
} while ();
```

**例 5.4**　分析下面两层嵌套循环的程序，写出运行结果。

程序代码如下：

```
#include <stdio.h>
int main()
{
    int i,j;                                    //定义变量 i,j
    for(i=1;i<=4;i++)                           //外层循环
        {
            for(j=1;j<=5;j++)                   //内层循环
                printf("%d\t",i*j);
            printf("\n");
        }
    printf("\n");
    return 0;
}
```

程序分析如下。

在该程序中，外层循环 4 次，循环变量 i 的取值为 1，2，3，4。对于外层循环变量的每个值，内层循环均为 5 次，变量 j 的取值变换过程都是 1，2，3，4，5。程序执行过程如下：

（1）第 1 次外层循环中，i 的值为 1，内层循环中 j 的值从 1 逐步变为 5，每次内循环均输出 i*j 的值，即逐次输出 1 2 3 4 5，然后输出换行；

（2）第 2 次外层循环中，i 的值为 2，内层循环中 j 的值从 1 逐步变为 5，每次内循环均输出 i*j 的值，即逐次输出 2 4 6 8 10，然后输出换行；

（3）第 3 次外层循环中，i 的值为 3，内层循环中 j 的值从 1 逐步变为 5，每次内循环均输出 i*j 的值，即逐次输出 3 6 9 12 15，然后输出换行；

（4）第 4 次外层循环中，i 的值为 4，内层循环中 j 的值从 1 逐步变为 5，每次内循环均输出 i*j 的值，即逐次输出 4 8 12 16 20，然后输出换行。

运行结果如图 5-8 所示。

| 1 | 2 | 3 | 4 | 5 |
|---|---|---|---|---|
| 2 | 4 | 6 | 8 | 10 |
| 3 | 6 | 9 | 12 | 15 |
| 4 | 8 | 12 | 16 | 20 |

**图 5-8　例 5.4 程序运行结果**

**例 5.5**　输出如下九九乘法表。

```
1*1=1
1*2=2  2*2=4
1*3=3  2*3=6   3*3=9
1*4=4  2*4=8   3*4=12  4*4=16
1*5=5  2*5=10  3*5=15  4*5=20  5*5=25
1*6=6  2*6=12  3*6=18  4*6=24  5*6=30  6*6=36
1*7=7  2*7=14  3*7=21  4*7=28  5*7=35  6*7=42  7*7=49
1*8=8  2*8=16  3*8=24  4*8=32  5*8=40  6*8=48  7*8=56  8*8=64
1*9=9  2*9=18  3*9=27  4*9=36  5*9=45  6*9=54  7*9=63  8*9=72  9*9=81
```

解题思路：注意计算机在屏幕上是分行输出，每次输出一行后再输出下一行。要输出以上乘法表，则需要一次输出 9 行，用循环变量 i 表示行数，则 i 从 1 变为 9。第 i 行（1≤i≤9）需要输出的内容为 i 个等式，可以用循环变量 j 表示列数（1≤j≤i）来逐个输出，因此需要二层循环的嵌套。算法流程图如图 5-9 所示。

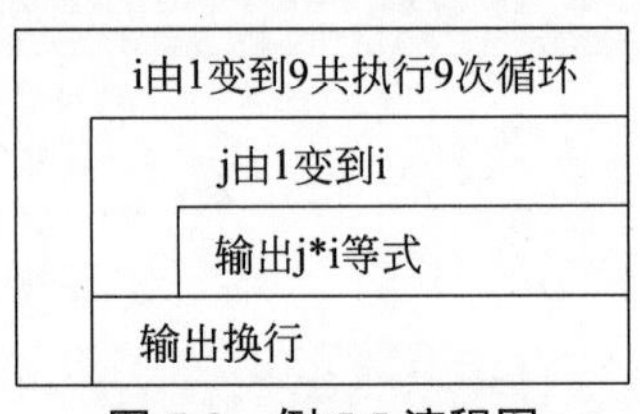


**图 5-9　例 5.5 流程图**

编写程序：根据流程图可编写程序代码如下。

```
#include<stdio.h>
int main()
{
    int i, j;
    for(i=1;i<=9;i++)                        //外层循环，i 表示行数
    {
        for(j=1;j<=i;j++)                    //内层循环，j 表示列数
            printf("%d*%d=%-4d",j,i,i*j);    //输出等式
        printf("\n");                        //输出换行
    }
    return 0;
}
```

程序分析如下。

（1）对于每个行号 i（1≤i≤9），列数 j 都从 1 变到 i，因此第 i 行输出从 1*i 到 i*i 共 i 个等式。

（2）为保证各列等式对齐，输出乘积时采用%-4d 格式，数据域宽设为 4。

## 5.6　改变循环的执行状态

有些时候，除了循环条件之外，还有其他情况需要提早结束正在进行的循环操作。C 语言中提供 break 语句和 continue 语句改变循环执行的状态。

### 5.6.1　break 语句

break 语句可以提前结束循环，不再判断循环条件是否成立，而是继续执行循环语句后面的语句。结合 while 语句的 break 语句格式如下：

```
while(表达式 1)
{
    语句块 1
    if(表达式 2)  break;
    语句块 2
}
```

其流程图如图 5-10 所示。

**例 5.6**　输入一个大于 3 的整数变量 n，判定它是否为素数。

解题思路：判断一个整数 n 是否为素数的方法是，用 n 除以变量 i(i 的值从 2 变到 n−1)，如果 n 不能被 2～(n−1)的任何一个数整除，则表示 n 是素数；如果 n 能被 i 整除，则 n 不是素数，并且不必再继续被后面的数整除，可提前结束循环，此时 i 的值必然小于 n。因此，循环结束之后，如果 i<n，则 n 是素数，否则 n 不是素数。算法流程图如图 5-11 所示。

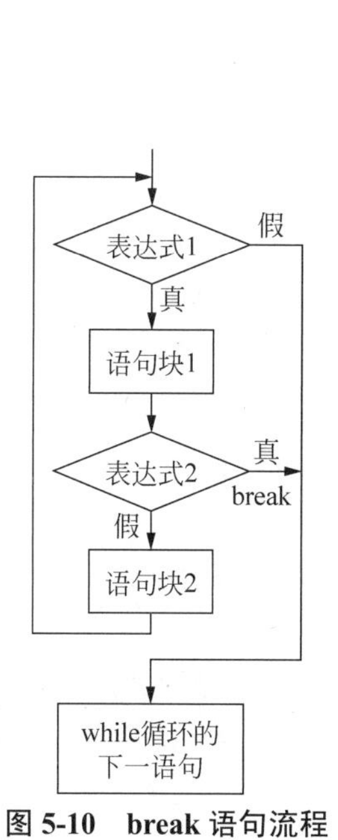


**图 5-10　break 语句流程**

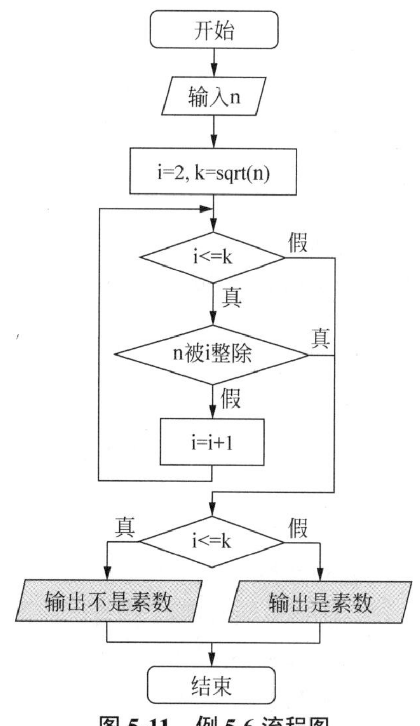


**图 5-11　例 5.6 流程图**

编写程序：根据流程图可编写程序代码如下。

```
#include <stdio.h>
#include <math.h>
int main()
{   int n,i,k;
    printf("please enter a integer number,n=?");
    scanf("%d",&n);                         //输入 n 的值
    k=sqrt(double(n));
    for (i=2;i<=k;i++)
        if(n%i==0) break;
    if(i<=k) printf("%d is not a prime number.\n",n);
    else printf("%d is a prime number.\n",n);
    return 0;
}
```

运行结果如图 5-12 所示。

```
please enter a integer number,n=?5
5 is a prime number.
```

**图 5-12　例 5.6 程序运行结果**

程序分析：循环变量 i 的值从 2 开始，每次循环中进行自增值。如果某次循环中 n 被 i 整除，则 n 不是素数，执行 break 语句，提前结束循环。此时 i 的值必然小于 n，并且不再进行自加，而是执行循环后面的语句。因此 for 循环之后是一个选择结构，如果 i<n，说明 n 不是素数，否则 n 是素数。

### 5.6.2　continue 语句

continue 语句的作用是提前结束本次循环，即跳过循环体中 continue 后面尚未执行的语句，接着进行循环条件的判断，若条件成立则继续执行下一次循环。

结合 while 语句的 continue 语句格式如下：

```
while(表达式 1)
{
    语句块 1
    if(表达式 2)  continue;
    语句块 2
}
```

其流程图如图 5-13 所示。

**例 5.7**　输出 10 以内的不能被 3 整除的正整数（用 continue 语句实现）。

解题思路如下。

（1）要对数字 1～100 进行判断输出，因此需要采用循环语句，循环变量的初始化为 n=1，循环条件为 n<=100。

（2）循环体中应实现：若循环变量 n 能被 7 整除，不输出；其他情况输出 n。要求用 continue 语句实现，则可将“输出 n”作为循环体的一个语句，若 n 能被 7 整除，跳过该语句，执行下一次循环。

算法流程图如图 5-14 所示。

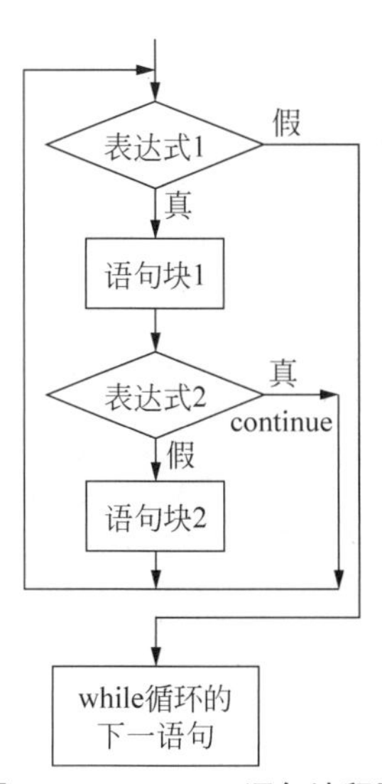


图 5-13　continue 语句流程图

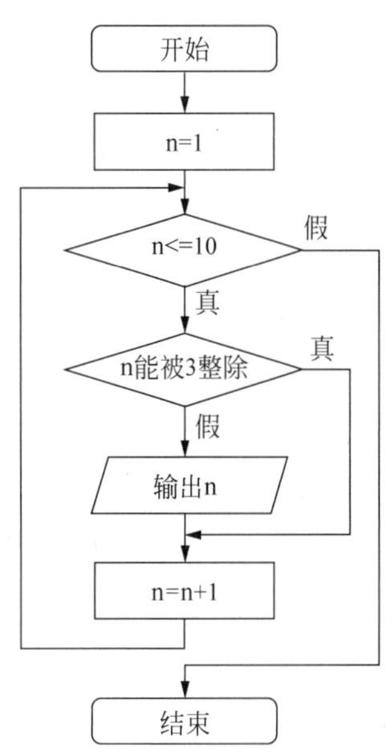


图 5-14　例 5.7 流程图

编写程序：根据流程图可编写程序代码如下。

```
#include <stdio.h>
int main()
{   int n;
    for (n=1;n<=10;n++)
    {   if (n%3==0)             // 当 n 能被 3 整除时，跳过本次循环
            continue;
        printf("%d ",n);
    }
    printf("\n");
    return 0;
}
```

运行结果如图 5-15 所示。

```
1 2 4 5 7 8 10
```

图 5-15　例 5.7 程序运行结果

程序分析：当变量 n 不能被 3 整除时，不满足 if 语句条件，执行 printf 语句；当 n 能被 3 整除时，如 n 为 3，if 语句条件成立，执行 continue 语句，流程跳过后续循环体语句，跳转到表示循环体结束的右花括号之前，然后继续进行循环变量的自增值 n++，当循环条件成立时进入下一次循环。注意如下几点。

（1）break 可以跳出当前的循环中，即结束该循环，不再进行循环条件的判断；而 continue 只能终止本次循环，跳过本次循环体中尚未执行的语句，还需继续判断循环条件是否成立，接着开始下一次循环。

（2）break 和 continue 都可以在 for、while 等循环结构中使用。break 还可以用在 switch 语句中，用于跳出 switch 结构。

（3）在嵌套循环中，break 和 continue 只会改变其所在那层循环的状态。

**例 5.8**　在嵌套循环中使用 break 语句和 continue 语句。给出如下程序，请分析程序运行结果。

程序代码：

```
#include <stdio.h>
int main()
{   int i,j;
    for (int i = 1; i <= 2; i++)
    {
        for (int j = 1; j <= 3; j++)
        {
            if (j == 2)
                break;
            printf("%d %d\n", i, j);
        }
    }
    return 0;
}
```

运行结果如图 5-16 所示。

```
1 1
2 1
```

**图 5-16　例 5.8 程序运行结果**

程序分析：当 j 等于 2 时，break 语句会结束内层循环中的本次循环，直接进入下一次外循环。本程序执行过程如下：

（1）初始化变量 i=1，j=1，输出 1　1，执行 j++;

（2）当变量 i=1，j=2 时，if 条件成立，执行 break 语句，内循环结束，执行外层 for 循环中循环变量的自增值 i++;

（3）当变量 i=2，j=1 时，输出 2　1，执行 j++;

（4）当变量 i=2，j=2 时，if 条件成立，执行 break 语句，内循环结束，执行外层 for 循环中循环变量的自增值 i++;

（5）当变量 i=3 时，外循环条件 i <= 2 不成立，外循环结束。

如果把上面的 break 语句改为 continue 语句，即 if (j == 2)　continue;，运行结果如图 5-17 所示。

```
1 1
1 3
2 1
2 3
```

**图 5-17　例 5.8 修改程序运行结果**

程序修改后，当变量 j 等于 2 时，continue 语句会跳过内层循环中的本次循环，直接进入下一次循环。如变量 i=1,j=2 时，跳过后面的 printf 语句（不会输出 1　2），继续执行 j++，然后进行循环条件 j<=3 的判断，条件成立，继续执行循环体，输出 1　3。

由上述分析可知，当变量 i=1,j=2 时，break 语句直接结束内层循环，进入第 2 次外层循环，即 i 变为 2；而 continue 语句跳过内循环中未执行的循环体语句，进行下一次内层循环，即 j 变为 3（i 不变）。显而易见，break 和 continue 均只改变了内层循环的状态。

## 5.7　循环结构综合举例

在学习了循环结构的实现方法之后，下面通过几个例题进一步掌握循环结构的编写与应用，求解相对复杂的问题。

**例 5.9**　输出 100～200 的所有素数。

解题思路：

（1）要对 100～200 的每个数分别进行判断其是否为素数，可设置循环变量 n 从 100 自增至 200。

（2）判断循环变量 n 是否为素数，具体步骤同例 5.6。

算法流程图如图 5-18 所示。

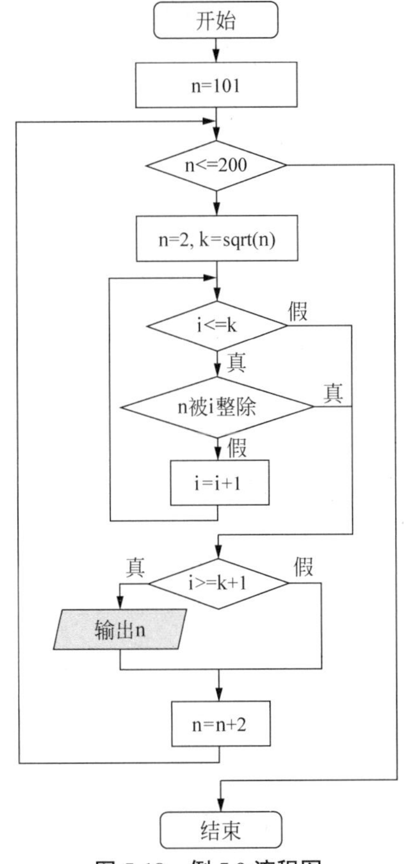


**图 5-18　例 5.9 流程图**

程序代码：

```
#include<stdio.h>
#include<math.h>
int main()
{   int n,k,i,m=0;
    for(n=101;n<=200;n=n+2)           //对每个 100~200 的奇数 n 进行判定
    {   k=sqrt((double)n);
        for(i=2;i<=k;i++)
        if(n%i==0) break;             //如果 n 被 i 整除，终止内循环，此时 i<k+1
        if(i>=k+1)                    //若 i>=k+1，表示 n 未曾被整除
```

```
        {printf("%d ",n);                  //应确定n是素数
           m=m+1;                          //m用来控制换行，一行内输出10个素数
           if(m%10==0) printf("\n"); //m累计到10的倍数，换行
        }
     }
     printf ("\n");
     return 0;
}
```

运行结果如图5-19所示。

```
101 103 107 109 113 127 131 137 139 149
151 157 163 167 173 179 181 191 193 197
199
```

**图5-19　例5.9程序运行结果**

程序分析：在程序代码中增加了变量 m，是为了统计素数个数，控制输出格式，每输出10个素数，进行换行。

**例5.10**　输出所有的“水仙花数”。所谓“水仙花数”是指一个3位数的各位数字立方和等于该数本身。

解题思路如下。

（1）对100～999的每个数进行判断，可设置循环变量n从100自增至999。

（2）将3位数的各位拆分开来，如153%10=3, 153/10%10=5，153/100=1。

（3）判断该数是不是水仙花数。

算法流程图如图5-20所示。

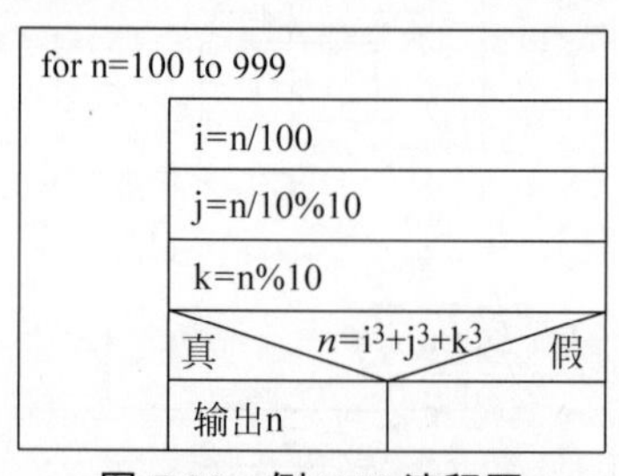


**图5-20　例5.10流程图**

程序代码：

```
#include<stdio.h>
int main()
{   int n,i,j,k;
    for(n=100;n<1000;n++)              //n从100变化到999
    {
       i=n/100;              //n从100变化到999
       j=n/10%10;
       k=n%10;
       if(n==i*i*i+j*j*j+k*k*k) //判断是否为水仙花数
          printf("%d ",n);
    }
    printf ("\n");
    return 0;
}
```

运行结果如图 5-21 所示。

```
153 370 371 407
```

图 5-21　例 5.10 程序运行结果

程序分析：

由于水仙花数是一个三位数，因此本代码中设置循环变量 n 从 100 自增至 999，然后分别求出其百位、十位、个位。请思考，若采用多层循环对例 5.10 求解，例如用循环变量 i 表示百位数、循环变量 j 表示十位数、循环变量 k 表示百位数，应如何进行程序设计。

**例 5.11**　求 1!+2!+3!+…+20!。

解题思路：

（1）要从 1!累加到 20!，需用循环实现，可设置循环变量 n 从 1 自增至 20。

（2）要求出 n!又需要用循环实现，可设置循环变量 i 从 1 自增至 n。

（3）因此，可用双层循环实现，外循环是求累加和，内循环是求阶乘。

算法流程图如图 5-22 所示。

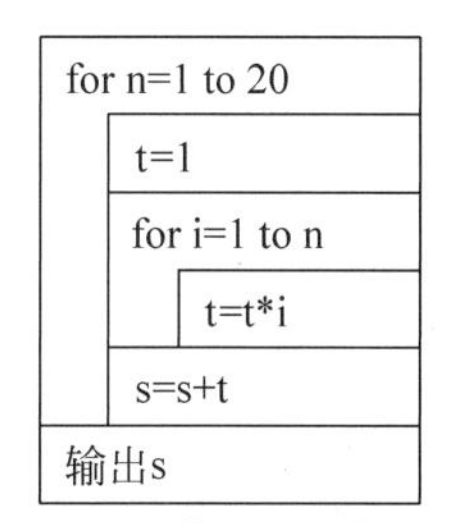


图 5-22　例 5.11 流程图

程序代码：

```
#include<stdio.h>
int main()
{   int n,i;
    double t,s=0;
    for(n=1;n<=20;n++)        //n 从 1 变化到 20
    {
        t=1;
        for(i=1;i<=n;i++)     //求 n!
            t=t*i;
        s=s+t;
    }
    printf ("1!+2!+…+20! =%e\n",s);
    return 0;
}
```

运行结果如图 5-23 所示。

```
1!+2!+…+20! =2.561327e+018
```

图 5-23　例 5.11 程序运行结果

程序分析：分析上述程序可发现，在一次次求 n!的过程中存在重复计算的情况，如在 n=19 时，需进行 19 次内循环 1×2×…×19 求出 19!，而在下次外循环 n=20 时，又需进行

20 次内循环 1×2×…×20 求出 20！。实际上，在求出 19！之后，只需将 19！乘 20 即可得到 20！。因此，该问题的求解思路可简化如下。

（1）要从 1！累加到 20！，需用循环实现，可设置循环变量 n 从 1 自增至 20。

（2）第一次的累加项为 1，第 n 次的累加项为前一次累加项与 n 的乘积（n!=(n–1)!·n）。

程序代码：

```
#include<stdio.h>
int main()
{   int n,i;
    double t=1,s=0;
    for(n=1;n<=20;n++)          //n 从 1 变化到 20
    {
        t=t*n;
        s=s+t;
    }
    printf ("1!+2!+…+20! =%e\n",s);
    return 0;
}
```

该代码只需要单层循环即可对例 5-11 求解，程序执行效率大大提高。

**例 5.12**　输入若干字符（以回车结束输入），分别统计出其中英文字母、空格、数字和其他字符的个数。

解题思路：

（1）要对若干字符进行分别进行判断属于什么字符，因此需用循环实现，当输入的字符为\n（回车）时，循环结束；

（2）在循环体中，采用选择结构对获取的字符 c 进行判断，根据判断结果将对应的计数变量加一。

程序代码：

```
#include<stdio.h>
int main()
{   char c;
    int letters=0,space=0,digit=0,other=0;
    printf("请输入一行字符：\n");
    while((c=getchar())!='\n')
    {
        if(c>='a'&&c<'z'||c>='A'&&c<='Z')
            letters++;
        else if(c==' ')
            space++;
        else if(c>='0'&&c<='9')
            digit++;
        else
            other++;
    }
    printf("字母数:%d\n 空格数:%d\n 数字数:%d\n 其他字符数:%d\n",letters,space,
digit,other);
    return 0;
}
```

运行结果如图 5-24 所示。

```
请输入一行字符:
abc123 %100%
字母数:3
空格数:1
数字数:6
其他字符数:2
```

**图 5-24　例 5.12 程序运行结果**

# 实　验

## 1. 实验目的

（1）掌握 while 语句、do…while 语句和 for 语句的语法、结构和执行过程。

（2）掌握循环结构程序的编写、调试及运行方法。

## 2. 实验任务

（1）已知电文加密规律为：将字母变为其后面的第 2 个字母，*y* 和 *z* 分别变为 *a* 和 *b*，构成封闭环，其他字符保持不变。如 *a*→*c*、*A*→*C*、*y*→*a*、*Y*→*A*。要求对于输入的任意一行字符（按回车键结束），输出其相应的密码。

（2）一个球从 100m 高度自由落下，每次落地后反弹回原高度的 1/2，再落下，再反弹。求当它第 10 次落地时，共经过了多少米，第 10 次反弹多高？

（3）求 Fibonacci（斐波那契）数列的前 40 个数。这个数列的第 1、第 2 两个数为 1，1，从第 3 个数开始，每一个数是其前面两个数之和。即该数列为 1,1,2,3,5,8,13,…。

## 3. 参考程序

（1）程序代码 1。

```
#include <stdio.h>
int main()
{  char c;
   c=getchar();
   while(c!='\n')
       {if((c>='a' && c<='z') || (c>='A' && c<='Z'))
       { if(c>='Y' && c<='Z' || c>='y' && c<='z') c=c-24;
          else c=c+2;
       }
       printf("%c",c);
       c=getchar();
       }
   printf("\n");
   return 0;
}
```

（2）程序代码 2。

```
#include <stdio.h>
int main()
{
   float sn=100.0,hn=sn/2;
       int n;
```

```
        for(n=2;n<=10;n++)
        {  sn=sn+2*hn;   /*第n次落地时共经过的米数*/
           hn=hn/2;     /*第n次反跳高度*/
        }
        printf("the total of road is %f\n",sn);
        printf("the tenth is %f meter\n",hn);
    return 0;
}
```

（3）程序代码3。

```
#include <stdio.h>
int main()
{
    int f1=1,f2=1,f3;
    int i;
    printf("%12d\n%12d\n",f1,f2);
    for(i=1; i<=38; i++)
    {
        f3=f1+f2;
        printf("%12d\n",f3);
        f1=f2;
        f2=f3;
    }
    return 0;
}
```

## 小　结

循环结构的特点是反复执行同一段程序代码。C语言提供了三种基本的循环控制语句：while语句、do…while语句和for语句。这三种语句的语法格式不同，但可以用于处理同一个问题，能够互相转换。其中for语句使用十分灵活，编写的程序短小简洁，因此使用最为频繁。

一般情况下，循环结构会按照事先指定的循环条件正常地开始和结束，如果在循环执行过程中想要提前结束循环需要用break语句和continue语句。break语句是结束整个循环过程；而continue语句是结束本次循环，继续进行循环条件的判断，若循环条件成立，则继续下一次循环。在循环体中又包含一个完整的循环结构就是循环的嵌套，需注意，在多层循环中，break语句仅结束当前所在循环层。

编写循环程序的两个关键点：一是循环体是什么？即需要重复执行的语句有哪些；二是循环应怎样控制？即循环次数已知，通过循环变量控制循环次数；还是循环次数未知但循环条件已知，当不满足循环条件时循环结束。进行循环结构设计时需注意，避免出现死循环。

扫一扫

在线测试

## 习　题

### 一、选择题

1. 下列选项中，与语句for(表达式1;；表达式3)等价的是（　）。

A．for(表达式1；1；表达式3)　　B．for(表达式1；表达式1；表达式3)

C．for(表达式1；表达式3；表达式3)　　D．for(表达式1；0；表达式3)

2. 下列选项中，能正确计算 1×2×3×…×10 的程序段是（　）。

A．k=1;n=0; do{ n=n*k;k++; }while(k<=10);

B．do{ k=1;n=1;n=n*k;k++; }while(k<=10);

C．do{ k=1;n=0;n=n*k;k++; }while(k<=10);

D．k=1;n=1; do{ n=n*k;k++; }while(k<=10);

3. 下列选项中，不会构成无限循环的语句或语句组是（　）。

A．for(n=0,i=1; ;i++) n+=i;　　B．n=0; while(1){n++;}

C．n=0; do{++n;}while(n<=0);　D．n=10; while(n) ; { n– –; }

4. 下列选项中，属于死循环的程序段是（　）。

A．int n=1; do{ n+1; } while(n)　B．int n=1; while(!n) n++;

C．for(n=5;n<1;) ;　　D．int n=1; do{n– –;} while(n);

5. 假定 y 是整型变量，对于“while(!y) 语句 1”，若要执行语句 1，则（　）。

A．y!=1　　B．y!=0　　C．y==0　　D．y==1

## 二、程序分析题

1. 阅读以下程序，分析程序的输出结果。

```
#include<stdio.h>
int  main()
{   int x=1,i=1;
    for ( ;x<50;i++)
       {if(x>=10)  break;
       if(x%2!=0)
          {x+=3;
             continue;}
       x-=1;
       }
    printf("%d,%d\n",x , i);
}
```

2. 阅读以下程序，分析程序的输出结果。

```
#include <stdio.h>
int  main( )
{
    int i;
    for(i=0;i<3;i++)
    {  switch(i)
       { case 1: printf("%3d",i);
       case 2: printf("%3d",i);
       default: printf("%3d",i);
    }
    return 0;
}
```

## 三、编程题

1. 编写程序，输入两个正整数 $m$ 和 $n$，求它们的最小公倍数。

2. 已知电文加密规律为：将字母变为其后面的第 2 个字母，$y$ 和 $z$ 分别变为 $a$ 和 $b$，构成封闭环，其他字符保持不变。如 $a \to c$、$A \to C$、$y \to a$、$Y \to A$。编写程序，要求对于输入的任意一行字符（以回车结束），输出其相应的密码。

3. 编写程序，利用格里高利公式$\frac{\pi}{4}\approx 1-\frac{1}{3}+\frac{1}{5}-\frac{1}{7}+\cdots$计算圆周率π的近似值，若某一项的绝对值小于$10^{-6}$，则停止累加。

4. 猴子吃桃问题。猴子第1天摘下若干桃子，当即吃了1/2，还不过瘾，又多吃了1个。第2天早上又将剩下的桃子吃掉1/2，又多吃了1个。以后每天早上都吃了昨天的1/2多1个。到第10天早上一看，只剩下1个桃子了。编写程序，求第1天共摘下多少个桃子。

5. 编写程序，求$S=a+aa+aaa+\cdots+\underbrace{aa\cdots a}_{n\text{个}}$的值，其中$a$和$n$（最后一项$a$的位数）的值由键盘输入。如$S=3+33+333+3333$，其中$a=3$，$n=4$。

6. 一个球从100m高度自由落下，每次落地后反弹回原高度的1/2，再落下，再反弹。求当它第10次落地时，共经过了多少米，第10次反弹多高？

7. 给定数字1，2，3，4，能组成多少个互不相同且无重复数字的3位数？都是多少？

8. 编写程序，输出1000以内的所有完数。一个数如果恰好等于它的因子之和，这个数就称为“完数”。如6=1＋2＋3。

9. 有一分数序列：2/1，3/2，5/3，8/5，13/8，21/13，…，编写程序求出这个数列的前20项之和。

10. 编写程序，求Fibonacci(斐波那契)数列的前40个数。这个数列的第1、第2两个数为1，1，从第3个数开始，每一个数是其前面两个数之和。即该数列为1,1,2,3,5,8,13,…。

## 项目拓展：彩色泡泡的跳动

使用EasyX图形库，编程实现彩色泡泡的跳动。

输入如下C语言代码：

```
/////////////////////////////////////////////////////
// 程序功能：彩色泡泡的跳动
// 编译环境：VS 2010，EasyX_20210730

#include <stdio.h>
#include <time.h>
#include <conio.h>
#include <graphics.h>
int main()
{
    initgraph(600, 600);    //画布初始化
    int x=300,y=300,r=20,speed_x=3,speed_y = 5;
    srand(time(0));
    while (true)
    {
        cleardevice();        //清空画布内容
        setfillcolor(RGB(rand() % 200, rand()%100, rand()%200));
        fillcircle(x, y, r);
        x += speed_x;
        y += speed_y;
        if (x > 580 || x < 20)  speed_x = -speed_x;
        if (y > 580 || y < 20)  speed_y = -speed_y;
```

```
            Sleep(30);
        }
    }
```

## 探索与扩展：串——关于中国文化中的“诗歌”

二十大报告中“推进文化自信自强，铸就社会主义文化新辉煌。”指出：“增强中华文明传播力影响力。坚守中华文化立场，提炼展示中华文明的精神标识和文化精髓，加快构建中国话语和中国叙事体系，讲好中国故事、传播好中国声音，展现可信、可爱、可敬的中国形象。加强国际传播能力建设，全面提升国际传播效能，形成同我国综合国力和国际地位相匹配的国际话语权。深化文明交流互鉴，推动中华文化更好走向世界。”

中国文化中的诗歌传统源远流长，中华诗词在信息时代显示出历久弥新的生命力，成为许多人心灵的栖息之所。美妙的语言，唯美的意境，真诚的情感，穿越千年，依然打动人心。

《毛诗·大序》记载：“诗者，志之所之也。在心为志，发言为诗”。南宋严羽《沧浪诗话》云：“诗者，吟咏性情也”。

诗歌饱含着作者的思想感情与丰富的想象，语言凝练而形象性强，具有鲜明的节奏，和谐的音韵，富于音乐美，语句一般分行排列，注重结构形式的美。如此优美的诗歌，如果需要输入计算机中，常采用数据结构——串进行存储。

数据结构——串，通常被用在非数值处理上，如：信息检索、文本编辑、机器翻译等。例如，当我们用浏览器进行搜索时，每输入一个字，搜索框都会出现多个相关语义的词供选择，如图 5-25 所示。

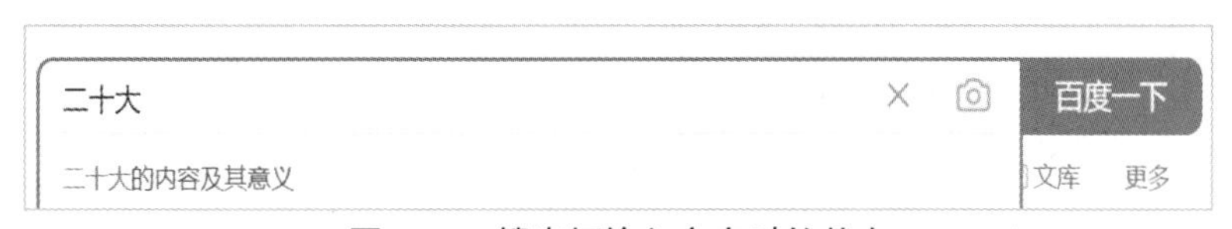


图 5-25　搜索框输入文字时的状态

思考：如此便捷的匹配如何编程实现？

# 第6章

CHAPTER 6

# 批量处理数据
## ——数组

学习目标

- 理解数组的基本概念，掌握数组的声明和初始化。
- 熟悉数组遍历、排序、搜索、插入和删除等基本操作。
- 学会数组的索引和访问。
- 掌握如何创建和使用二维数组或更高维度的数组。

数组是一种数据结构，它可以存储多个相同类型的元素，这些元素按照一定的顺序排列。数组是一种非常常见、重要的数据结构，它能够高效地存储和访问数据。数组通常有固定的大小，一旦初始化后，其大小通常不能改变。数组的元素可以通过索引来访问，索引从 0 开始，并按顺序递增。数组可以存储不同类型的元素，如整数、浮点数、字符等。数组的元素可以是基本数据类型，也可以是对象或其他数组。通过数组，可以方便地操作大量数据，并可以通过循环结构对数组进行遍历和处理。数组在算法和数据结构中应用广泛，是编程中非常重要的概念之一。

## 6.1　项目引入——多个字符在平面中的反弹

本节将通过以多个字符在平面中的反弹来初步接触数组。

```
#include <stdio.h>
#define WIDTH 10    // 平面宽度
#define HEIGHT 10   // 平面高度
typedef struct {
    int x;
    int y;
    int dx;
    int dy;
} Character;
void move(Character *character) {
// 更新字符的位置
    character->x += character->dx;
    character->y += character->dy;
   // 检查是否碰到平面边界
    if (character->x < 0 || character->x >= WIDTH) {
        character->dx *= -1;  // 反向移动
    }
    if (character->y < 0 || character->y >= HEIGHT) {
        character->dy *= -1;  // 反向移动
    }
}
int main()
{
    Character characters[3];  // 包含 3 个字符的数组
    characters[0].x = 2;
    characters[0].y = 3;
    characters[0].dx = 1;
    characters[0].dy = 1;
    characters[1].x = 5;
    characters[1].y = 8;
    characters[1].dx = -1;
    characters[1].dy = 1;
    characters[2].x = 7;
    characters[2].y = 1;
    characters[2].dx = -1;
    characters[2].dy = -1; // 初始化字符的位置和速度
    for (int i = 0; i < 10; i++) {
        for (int j = 0; j < 3; j++) {
            move(&characters[j]);
        }
    }// 模拟移动和反弹
```

```
        for (int i = 0; i < 3; i++) {
        printf("Character   %d:   (%d,    %d)\n",    i+1,   characters[i].x,
characters[i].y); // 打印字符的最终位置

    }
    return 0;
}
```

上述程序中，字符的存储和引用是以数组形式进行存储使用的。

## 6.2　一维数组

扫一扫

视频讲解

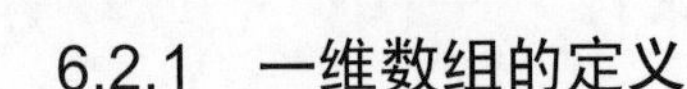

### 6.2.1　一维数组的定义

在使用数组，必须在程序里先定义数组，即告诉计算机：由哪些数据组成数组，数组中有多少元素，属于哪个数据类型。计算机不会自动将一批数据作为数组处理。

一维数组的一般形式如下：

```
类型说明符 数组名[常数表达式]
```

例如，int a[10] 表示定义了一个整型数组，数组名为 a，包含了 10 个整型元素。

另外，在定义和使用数组时，应注意以下几点。

（1）数组名的命名规则和变量名相同，遵循标识符命名规则。

（2）在定义数组时，需指定数组中元素的个数，方括号中的常数表达式用来表示元素的个数，即数组长度。

例如，a[10]表示 a 数组有 10 个元素，下标从 0 开始，即

| a[0] | a[1] | a[2] | a[3] | a[4] | a[5] | a[6] | a[7] | a[8] | a[9] |
|---|---|---|---|---|---|---|---|---|---|

（3）常量表达式可以包括常量和符号常量。

如 int a[3+5]是合法的。不能包含变量，如 int a[n]是不合法的。则在 C 语言中不允许对数组的大小作动态定义（数组的大小不依赖于程序运行中变量的值）。例如，以下定义数组不合法：

```
int n;
scanf(%d,&n);             //企图在程序中临时输入数组的大小
int a[n];
```

扫一扫

视频讲解

### 6.2.2　引用一维数组元素

在定义数组并对其中各元素赋值后，可以引用数组中的元素。只能引用数组元素而不能一次整个调用整个数组全部元素的值。

引用数组元素的表达形式如下：

```
数组名[下标]
```

比如，a[0]表示数组 a 中序号为 0 的元素，它与一个简单变量的地位和作用类似。其中，“下标”可以为整型变量或整型表达式。该赋值表达式 a[0]=a[5]+a[7]–a[2*3]包含对数组元素的引用，每一个数组元素都表达一个整数值。

一维数组的定义形式“数组名[常量表达式]”和引用数组元素的表示形式“数组名[下

标]”形式相同，但含义不同。定义数组时的常量表达式表示的是数组的长度，而引用数组元素时的下标表示的是元素的编号。例如：

（1）程序代码 1。

```
int a[10]          // 前面有 int，这是定义数组，指定数组包含 10 个元素
t=a[6]             // 这里的 a[6]表示引用 a 数组中序号为 6 的元素
```

（2）程序代码 2。

```
# include <stdio.h>
int main( )
{
    int a[5] = {1, 2, 3, 4, 5};  //定义长度为 5 的数组 a
    int t;
    t = a[3];  //引用数组 a 中下标为 3 的元素 a[3]，此时的 3 不代表数组的长度
    printf("t = %d\n", t);
    return 0;
}
```

输出结果如下。

```
t = 4
```

int a[5];表示定义一个有 5 个元素的数组 a，这 5 个元素分别为 a[0]，a[1]，a[2]，a[3]，a[4]。而 t=a[3]代表将数组中的第 4 个元素赋给 t。

在使用数组元素的时候，一定注意元素的引用范围，数组元素的下标是从 0 开始的，数组 a 的元素只有 a[0]～a[4]，并没有 a[5]这个元素。

扫一扫

视频讲解

### 6.2.3　一维数组的初始化

一维数组的初始化可以使用以下方法实现。

（1）定义数组时给所有元素赋初值，即“完全初始化”。

例如，int a[5] = {1, 2, 3, 4, 5};通过将数组元素的初值依次放在一对花括号中，如此初始化之后，a[0]=1，a[1]=2，a[2]=3，a[3]=4，a[4]=5，即从左到右依次赋给每个元素。需要注意的是，初始化时各元素间是用逗号隔开的，不是用分号。

（2）可以只给一部分元素赋值，即“不完全初始化”。

例如，int a[5] = {1, 2};定义的数组 a 有 5 个元素，但花括号内只提供两个初值，这表示只给前面两个元素 a[0]，a[1]初始化，而后面三个元素都没有被初始化。不完全初始化时，没有被初始化的元素自动为 0。

需要注意不完全初始化和不初始化的区别。数组在使用时，必须进行初始化操作，如果不初始化，数组无法使用。此外，如果定义的数组的长度比花括号中所提供的初值的个数少，也是语法错误，如 a[2]={1, 2, 3, 4, 5};，数组长度为 2，但元素数却为 5。

（3）如果在定义数组时给数组中所有元素赋初值，那么可以不指定数组的长度，因为此时元素的个数已经确定了。

编程时经常都会使用这种写法，因为无须计算有几个元素，系统会根据元素数量自动分配相应的空间。例如，int a[5] = {1, 2, 3, 4, 5};可以写成 int a[] = {1, 2, 3, 4, 5};。

第二种写法的花括号中有 5 个数，所以系统会自动定义数组 a 的长度为 5。但是要注意，只有在定义数组时就初始化才可以这样写。如果定义数组时不初始化，那么省略数组长度就会产生语法错误。

**例 6.1**　使用 scanf( )函数实现从键盘上手动输入元素，实现数组的初始化。

a 表示数组的名字，[5]表示这个数组有 5 个元素，并分别用 a[0]，a[1]，a[2]，a[3]，a[4]表示。并分别把花括号内的 1，2，3，4，5 赋给变量 a[0]，a[1]，a[2]，a[3]，a[4]。再次强调，下标从 0 开始，即从 a[0]开始，而不是 a[1]。

```
# include <stdio.h>
int main(void)
{
    int a[5] = {0};  //数组清零初始化
    int i;
    printf("请输入 5 个数:");
    for (i=0; i<5; ++i)
    {
        scanf("%d", &a[i] );
    }
    for (i=0; i<5; ++i)
    {
        printf("%d\x20", a[i]);
    }
    printf("\n");
    return 0;
}
```

输出结果如下。

```
请输入 5 个数:1 2 3 4 5
1 2 3 4 5
```

### 6.2.4　一维数组程序举例

#### 1. 有序序列里面插入新元素

已知如下有序序列，有 9 个元素：1, 2, 4, 7, 8, 11, 16, 21, 35 输入一个数，将该数插入数组的适当位置，使得数组仍保持升序序列，输出插入新元素之后的数组。

思路分析：

（1）从后往前开始遍历，遇到比自己大的元素就往后移一位。

```
for(i = N-1;i >= 0;i- -)
{
    if(a[i] > n)
    a[i+1] = a[i];
    else
    break;
}
```

（2）将插入的元素赋值给 a[i+1]。

```
a[i+1] = n;
#include<stdio.h>
#define N 20
int main()
{
    int n,i;
    int a[N]={1,2,4,7,8,11,16,21,35};
    printf("请输入要插入的整数:\n");
    scanf("%d",&n);
```

```
    for( i = N-1;i >= 0;i- -)        //从后往前遍历，遇到大的往后移一位
    {
        if(a[i]>n)
            a[i+1]=a[i];
        else
            break;
    }
    a[i+1]=n;        //将插入的元素赋给 a[i+1]
    printf("插入后按升序输出 :\n");
    for(i = 0;i <=N;i++)
        printf("%d ",a[i]);
    printf("\n");
    return 0;
}
```

### 2. 排序

输入 n（n<10），再输入 n 个数，将它们从小到大的顺序输出。

思路分析：

（1）比较交换排序的实现。

```
for(i = 0;i < n-1;i++)        //交换排序
{//a[i]与其后元素比较，若 a[j]<a[i].则交换
    for(j = i+1;j < n;j++)
        if(a[i] >a[j])
    {
        index = a[i];
        a[i] = a[j];
        a[j] = index;
    }
}
```

（2）完整程序的实现。

```
#include<stdio.h>
#define N 20
int main()
{
    int n,i,j;
    int index;
    int min;
    int a[N];
    printf("请输入整数的个数:\n");
    scanf("%d",&n);                //输入整数的个数
    printf("请分别输入这几个整数 :\n");
    for(i = 0;i < n;i++)
    scanf("%d",&a[i]);             //输入的元素依次存入数组
    for(i = 0;i < n -1;i++)        //交换排序
    {//a[i]与其后元素比较，若 a[j]<a[i].则交换
        for(j = i+1;j < n;j++)
            if(a[i] >a[j])
            {
                index = a[i];
                a[i] = a[j];
                a[j] = index;
            }
    }
```

```
    printf("排序后输出 n 个数:\n");
    for(i = 0;i < n;i++)
        printf("%d\n",a[i]);
    return 0;
}
```

### 3. 求斐波那契数列

斐波那契数列：从数列第三项开始，每一项都等于前两项之和。

```
#include <stdio.h>
int main()
{
    int a[50];
    int i,n;
    printf("请输入斐波那契的终止项数：\n");
    scanf("%d",&n);
    for (i=0;i<n;i++)         //i 从 0 开始
    {
        if (i==0 || i==1) a[i]=1;    //两种可能，使用 if…else
        else a[i]=a[i-2]+a[i-1];     //找规律，定义数组时常量表达式必须是整型常量
                                     //(表达式也可以)，不可以是实型
        printf("%d\t",a[i]);
    }
    return 0;
}
```

### 4. 用选择法对 10 个数排序（从大到小）

分析：设数组 a 包含 10 个元素，分别是 a[0], a[1],…, a[9]，使用选择法排序。

第 1 轮：在 a[0], a[1],…, a[9] 中选择最大元素 a[j]，将 a[j]与 a[0]交换。

第 2 轮：在 a[1], a[2],…, a[9] 中选择最大元素 a[j]，将 a[j]与 a[1]交换。

第 3 轮：在 a[2], a[3],…, a[9] 中选择最大元素 a[j]，将 a[j]与 a[2]交换。

……

第 8 轮：在 a[7], a[8], a[9] 中选择最大元素 a[j]，将 a[j]与 a[7]交换。

第 9 轮：在 a[8], a[9]中选择最大元素 a[j]，将 a[j]与 a[8]交换。

结论：使用选择法对 $n$ 个数进行排序，需要进行 $n-1$ 轮选择。第 $i$ 轮选择操台需要进行 $n-i$ 次两两比较，可以通过两层嵌套的循环结构实现。

程序实现：

假设 10 个数为 24，9，86，4，87，8，2，14，36，99。

```
#include <stdio.h>
int main ()
{
    int a[10] ={ 24, 9, 86, 4, 87, 8,2, 14, 36,99};
    int i, j, temp;
    int seat;    /*记录最大数的位置*/
    for (i=0;i<9;i++)
    {
        seat = i;  /*设第 i 轮中，初始最大数的位置为 i*/
        j =i + 1;
        while (j< 10 )
        {
```

```
            if (a[seat]< a[j])
            {
                seat =j;
            }/*找到新的大数，更新大数的位置记录*/
            j =j + 1;
        }
        if ( seat != i) /*如果最大数不在本轮的初始位置*/
        {
                temp = a[i];
                a[ i ] = a[ seat ];
                a[ seat ] = temp;
        }
    }            /*交换数组的两个元素的值*/
    printf ( "十个数从大到小排序:\n");
    i =0;
    do
    {
        printf ( "%3d", a[i] );
        i = i + 1;
    }while (i< 10 );
    return 0;
}
```

运行结果如图 6-1 所示。

```
十个数从大到小排序:
 99 87 86 36 24 14  9  8  4  2
```

图 6-1　使用选择法对 10 个数排序程序运行结果

## 6.3　二维数组

二维数组本质上是以数组作为数组元素的数组，即“数组的数组”。二维数组在矩阵运算、统计计算、图像处理等方面都非常有用。

扫一扫

视频讲解

### 6.3.1　二维数组的定义

二维数组定义的一般形式如下：

```
类型说明符 数组名[下标][下标];
```

例如，int a[3][4]，表示定义了一个 3×4，即 3 行 4 列总共有 12 个元素的二维数组 a，即

a[0][0], a[0][1], a[0][2], a[0][3]

a[1][0], a[1][1], a[1][2], a[1][3]

a[2][0], a[2][1], a[2][2], a[2][3]

与一维数组一样，行序号和列序号的下标都是从 0 开始的。元素 a[i][j]表示第 i+1 行、第 j+1 列的元素。数组 int a[m][n]最大范围处的元素是 a[m–1][n–1]。所以在引用数组元素时应该注意，下标值应在定义的数组大小的范围内。

C 语言对二维数组采用这样的定义方式，使得二维数组可被看作一种特殊的一维数组，即它的元素为一维数组。二维数组中元素排列的顺序是按行存放的，即在内存中先顺序存放第一行的元素，再存放第二行的元素，这样依次存放。

扫一扫

视频讲解

### 6.3.2　引用二维数组的元素

可以使用行下标和列下标引用二维字符数组中的每个元素（字符），例如：

```
char c[][10]={"apple","orange","banana"};
```

以下均是对二维字符数组元素的合法引用：

```
printf ("%c",c[1][4]);  //输出 1 行 4 列元素'g'字符
scanf ("%c",&c[2][3]);  //输入一个字符到 2 行 3 列元素中
c[2][0]='B';            //把字符赋值给 2 行 0 列元素
printf ("%s",c[1]);     //c[1]为第 2 行的数组名（首元素地址），输出 orange
scanf ("%s",c[2]);      //输入字符串到 c[2]行，从 c[2]行的首地址开始存放
```

以下是对二维字符数组元素的非法引用：

```
c[0][0]="A";            //行、列下标表示的为字符型元素，不能使用字符串赋值
printf ("%c",c[2]);     //c[2]为第 3 行的首地址，不是字符元素，故不能用%c
```

**例 6.2**　二维数组程序举例。

```
#include<stdio.h>
int main (void)
{
   char c[3][5] = {"Apple","Orange","Pear"};
   int i;
   for(i=0;i<3;i++)
      printf ("%s\n",c[i]);
   return 0;
}
```

分析：本题主要考查二维数组的逻辑结构和存储结构的区别。二维数组在逻辑上是分行分列的，但其存储结构却是连续的。

字符串 "Apple" 的长度为 5，加上结束符 '\0' 共 6 个字符，前 5 个字符分别从 c[0]行的首元素 c[0][0]开始存放，到 c[0][4]，第 6 个字符 '\0' 只能保存到 c[1]行的首元素 c[1][0]。

字符串 "Orange" 的长度为 6，该字符串的前 5 个字符分别从 c[1]行的首元素 c[1][0]开始存放，到 c[1][4]，第 6 个字符及结束符 '\0' 顺序存到 c[2][0]和 c[2][1]。

字符串 "Pear" 的长度为 4，该字符串的 5 个字符（包含'\0'）分别从 c[2]行的首元素 c[2][0]开始存放，到 c[2][4]。

该数组各元素中的值如下。

| | 0 | 1 | 2 | 3 | 4 |
|---|---|---|---|---|---|
| c[0] | A | p | p | l | e |
| c[1] | O | r | a | n | g |
| c[2] | P | e | a | r | \0 |

由此可知，该二维字符数组空间仅有一个字符串结束符 '\0'，而 printf("%s"，地址)；的功能是输出一个字符串，该串是从输出列表中的地址开始，到第一次遇到为止之间的字符组成的串。

```
c[0] 为 c[0] 行的首地址，即 &c[0][0]。
printf ("%s\n",c[0]); //输出 AppleOrangPear
printf ("%s\n",c[1]); //输出 OrangPear
printf ("%s\n",c[2]); // Pear
```

运行结果如下。

```
AppleOrangPear
OrangPear
Pear
```

### 6.3.3　二维数组的初始化

二维数组的初始化可以按行分段赋值，也可按行连续赋值。

例如，对于数组 a[5][3]，按行分段赋值应为

```
int a[5][3]={ {80,75,92}, {61,65,71}, {59,63,70}, {85,87,90}, {76,77,85} };
```

按行连续赋值应为

```
int a[5][3]={80, 75, 92, 61, 65, 71, 59, 63, 70, 85, 87, 90, 76, 77, 85};
```

这两种赋初值的结果是完全相同的。

**例 6.3**　和例 6.2 类似，依然求各科的平均分和总平均分，不过本例要求在初始化数组时直接给出成绩。

```
#include <stdio.h>
int main(){
int i, j;          //二维数组下标
int sum = 0;       //当前科目的总成绩
int average;       //总平均分
int v[3];          //各科平均分
int a[5][3] = {{80,75,92}, {61,65,71}, {59,63,70}, {85,87,90}, {76,77,85}};
    for(i=0; i<3; i++){
        for(j=0; j<5; j++){
            sum += a[j][i];   //计算当前科目的总成绩
        }
        v[i] = sum / 5;       // 当前科目的平均分
         sum = 0;
}
    average = (v[0] + v[1] + v[2]) / 3;
        printf("Math: %d\nC Languag: %d\nEnglish: %d\n", v[0], v[1], v[2]);
            printf("Total: %d\n", average);
    return 0;
}
```

运行结果如下。

```
Math: 72
C Languag: 73
English: 81
Total: 75
```

对于二维数组的初始化还要注意以下几点。

（1）可以只对部分元素赋值，未赋值的元素自动取“零”值。例如：

```
int a[3][3] = {{1}, {2}, {3}};
```

这是对每一行的第一列元素赋值，未赋值的元素的值为 0。赋值后各元素的值为

```
1  0  0
2  0  0
3  0  0
```

再如：

```
int a[3][3] = {{0,1}, {0,0,2}, {3}};
```

赋值后各元素的值为

```
0  1  0
0  0  2
3  0  0
```

（2）如果对全部元素赋值，那么第一维的长度可以不给出。例如：

```
int a[3][3] = {1, 2, 3, 4, 5, 6, 7, 8, 9};
//也可以写为
int a[][3] = {1, 2, 3, 4, 5, 6, 7, 8, 9};
```

（3）二维数组可以看作是由一维数组嵌套而成的；如果一个数组的每个元素又是一个数组，那么它就是二维数组。当然，前提是各个元素的类型必须相同。根据这样的分析，一个二维数组也可以分解为多个一维数组，C 语言允许这种分解。

例如，二维数组 a[3][4]可分解为三个一维数组，它们的数组名分别为 a[0]，a[1]，a[2]。这三个一维数组可以直接拿来使用。这三个一维数组都有 4 个元素，如一维数组 a[0]的元素为 a[0][0]，a[0][1]，a[0][2]，a[0][3]。

### 6.3.4　二维数组程序举例

**例 6.4**　编程实现指定二维数组的转置。

解题思路：二维数组的转置是指将一个二维数组行和列的元素互换，存到另一个二维数组中。

```
// Description: 将指定二维数组转置。
#include <stdio.h>
void main( void )
{
    int a[2][3]={{1,2,3},
                {4,5,6}};
    int b[3][2], i, j;
    printf("原数组\n");
    for(i=0;i<=1;i++)
    {
        for(j=0;j<=2;j++)
            printf("%5d",a[i][j]);
        printf("\n");
    }
    for(i=0;i<=1;i++)
            for(j=0;j<=2;j++)
                b[j][i]=a[i][j];
    printf("转置后的数组\n");
    for(i=0;i<=2;i++)
    {
        for(j=0;j<=1;j++)
                printf("%5d",b[i][j]);
        printf("\n");
    }
}
```

**例 6.5**　计算 6 位同学 5 门课程每人平均分。

```
#include <stdio.h>
```

```
int main()
{
    float a[6][5];
    int i,j;
    float sum;
    for (i=0;i<6;i++)
    {
        sum=0.0;    //保证在外循环内，保证每次刷新用于累加成绩
        printf("请输入第%d 位学生的 5 门成绩:\n",i+1);
        for (j=0;j<5;j++)
        {
            scanf("%f",&a[i][j]);    //定义二维数组循环输入并计算平均值输出
            sum+=a[i][j];
        }
        printf("该学生的平均数为:%0.2f\n",sum/5.0);    //结果保留 2 位小数
        //需要除以课程数 5
    }
    return 0;
}
```

运行结果如图 6-2 所示。

```
请输入第1位学生的五门成绩:
89 76 98 67 78
该学生的平均数为:81.60
请输入第2位学生的五门成绩:
54
45
75
86
86
该学生的平均数为:69.20
请输入第3位学生的五门成绩:
34 65 75 85 36
该学生的平均数为:59.00
请输入第4位学生的五门成绩:
64 57 76 73 85
该学生的平均数为:71.00
请输入第5位学生的五门成绩:
88 99 68 96 47
该学生的平均数为:79.60
请输入第6位学生的五门成绩:
68 94 85 85 74
该学生的平均数为:81.20
```

**图 6-2　例 6.5 程序运行结果**

**例 6.6**　键盘获取数值，输出个位是奇数或十位数是偶数的所有数。

```
//键盘输入 10 个数，输出个位数是奇数或十位数是偶数的所有数
#include <stdio.h>
int main()
{
    int a[10];
    int i,j;
    printf("请输入 10 个正整数:\n");
    for (i=0;i<10;i++)
    {
        scanf("%d",&a[i]);
        if (a[i]%10%2==1 || a[i]/10%10%2==0) printf("%d\t",a[i]);
        //遍历时利用约束条件进行输出
    }
    return 0;
}
```

运行结果如图 6-3 所示。

```
请输入10个正整数:
12 36 54 81 21 11 33 65 89 97
81        21        11        33        65        89        97
```

图 6-3　例 6.6 程序运行结果

## 6.4　字符及字符串数组

扫一扫

视频讲解

### 6.4.1　字符数组的定义

用来存放字符的数组称为字符数组，例如：

```
char a[10];      //一维字符数组
char b[5][10];  //二维字符数组
char c[20] = { 'c', ' ', 'p', 'r', 'o', 'g', 'r', 'a','m' };
// 给部分数组元素赋值
char d[] = { 'c', ' ', 'p', 'r', 'o', 'g', 'r', 'a', 'm' };
//对全体元素赋值时可以省去长度
```

字符数组实际上是一系列字符的集合，也就是字符串（String）。在 C 语言中，没有专门的字符串变量，没有 string 类型，通常就用一个字符数组来存放一个字符串。在 C 语言中，字符串总是以'\0'作为结尾，所以'\0'也被称为字符串结束标志或字符串结束符。

由" "包围的字符串会自动在末尾添加'\0'。例如，"abc"看起来只包含了 3 个字符但 C 语言会在最后添加一个'\0'，但使用者感受不到。

由' '赋值的字符串则不会在末尾自动加'\0'，若以%s 输出，则会输出错误，此时应该在末尾手动添加'\0'。

扫一扫

视频讲解

### 6.4.2　字符数组的初始化

#### 1. 用单个字符对字符数组初始化

将 10 个字符依次赋给 c[0]～c[9]共 10 个元素，实现语句如下。

```
char c[10]={'c',' ', 'p','r','o','g','r','a','m','\0'};
```

内存中存储情况如下。

```
c[0]  c[1]  c[2]  c[3]  c[4]  c[5]  c[6]  c[7]  c[8]  c[9]
c           p     r     o     g     r     a     m     \0
```

说明：

（1）如果在定义字符数组时不进行初始化，则数组中各元素的值是不可预料的。

（2）如果花括号中提供的初值个数（即字符个数）大于数组长度，则出现语法错误。

（3）如果提供的初值个数与预定的数组长度相同，在定义时可以省略数组长度，系统会自动根据初值个数确定数组长度。

（4）如果初值个数小于数组长度，则只将这些字符赋给数组中前面那些元素，其余的元素自动定为空字符（即'\0'）。

### 2. 用字符串常量对字符数组初始化

例如：

```
（1）char str[6]={"CHINA"};
（2）char str[6]="CHINA";                //省略{}
（3）char str[ ]="CHINA";                //省略长度值
（4）char c[12]={"HOW ARE YOU"};与char c[ ]={'H','O','W',' ','A','R','E','
','Y','O','U','\0'};    //等价
（5）char *p=c;        //用一个指针指向该数组，*(p+i) <=> a[i]
```

说明：

（1）将字符串存储到字符数组中，字符串和第一个'\0'构成有效字符串。对字符串的操作，就说对字符数组的操作。

（2）普通数组中的元素是确定的，一般用下标控制循环；而字符串使用结束符'\0'来控制循环。

扫一扫

视频讲解

## 6.4.3　引用字符数组中的元素

字符数组中的每一个元素都是一个字符，可以使用下标的形式来访问数组中的每一个字符。

例如，char c[]="Hello";定义了一个一维字符数组 c，用字符串常量对其初始化，该数组大小为 6，前 5 个元素的值分别为 'H'、'e'、'l'、'l'、'o'，第 6 个元素的值为 '\0'。其存储形式如下所示。

| 'H' | 'e' | 'l' | 'l' | 'o' | '\0' |
|---|---|---|---|---|---|

可以使用 c[i]引用该数组中的每个元素，例如：

```
c[2]='l'; //把'l'赋给元素c[2]
scanf("%c",&c[3]); //输入一个字符，保存到元素c[3]对应的地址空间中
printf("%c",c[1]); //输出元素c[1]中的字符值
```

如果每次输出一个字符，可使用循环语句输出字符数组中保存的字符串，参考代码如下。

```
int i;
for(i=0;c[i]!='\0';i++) //当前i号位置的字符变量只要不是结束符就输出
   printf("%c",c[i]);
```

扫一扫

视频讲解

## 6.4.4　字符串和字符串结束标志

C 语言一般以空字符 '\0' (ASCII 值为 0)作为字符串结束的标志。当把字符串存入数组时，也把结束符'\0'存入数组，并以此作为该字符串是否结束的标志。C 语言在处理字符串时，会从前往后逐个扫描字符，一旦遇到'\0'则认为到达了字符串的末尾，结束处理。

例如：

```
char c[]={'c', ' ','p','r','o','g','r','a','m'};
//可写为
char c[]={"C program"};
//或去掉{}写为
char c[]="C program";
```

使用字符串方式赋值比使用字符逐个赋值要多占 1 字节，用于存放字符串结束标志'\0'。上面的数组 c 在内存中的实际存放情况如下。

| C | p | r | o | g | r | a | m | \0 |
|---|---|---|---|---|---|---|---|---|

扫一扫

视频讲解

### 6.4.5　字符数组的输入输出

在对字符数组进行输入输出操作时，针对逐个字符的输入输出，使用格式符'%c'，而如果要将整个字符串一次性输入或输出，则使用格式符'%s'。

常见的输入函数如下。

（1）scanf( )函数。

格式：scanf('%s'，字符数组)。

功能：输入以空格或回车结束的字符串放入字符数组中，并自动加'\0'。

输入项如果是字符数组名，不需要再加取地址符&，因为 C 语言中数组名就代表该数组第一个元素的地址。如果要用一个 scant( )函数输入多个字符串。要在输入时以空格分隔，例如：

```
char str1[5],str2[5],str3[5];
scanf("%s%s%s",str1,str2,str3);
```

输入数据：How are you?

str1, str2, str3 在内存中的实际存放情况如下。

| | | | | | |
|---|---|---|---|---|---|
| str1: | H | o | w | \0 | \0 |
| str2: | A | r | e | \0 | \0 |
| str3: | Y | o | u | \0 | \0 |

（2）gets( )函数。

格式：gets（字符数组首地址）。

功能：以回车结束的字符串放入字符数组中，并自动加'\0'。

例如：

```
char str[81];
gets(str);
```

输入 I love China！回车时，str 中的字符串就是"I love China!"

常见的输出函数如下。

（1）puts( )函数。

格式：puts（字符串地址）。

功能：向显示器输出字符串（输出完，换行）。

说明：如果是字符数组，必须以'\0'结束。

例如：

```
char str[ ]="Hello";
char str[ ]={'h','e','l','l','o','\0'};
puts (str);
```

或

```
puts ("Hello");
puts()函数和 gets()函数只能输入或者输出一个字符串！
```

（2）printf( )函数。

格式：printf（"%s"，字符串地址）。

功能：依次输出字符串中的每个字符直到遇到字符'\0'，其不会被输出。

例如：

```
char str[ ] = "Hello";
printf("%s\n",str);           //输出结果：Hello 与 scanf()函数一样，数组名就代表该
                              //数组第一个元素的地址 str[0]
printf("%s\n",&str[2]);       //输出结果：llo
printf ("Hello");             //输出结果：Hello
```

## 6.4.6　使用字符串处理函数

扫一扫

视频讲解

### 1. strlen( )函数

语法格式如下。

```
size_t strlen(const char *str)
```

size_t 表示无符号短整数，函数用于返回字符串的长度而不包括结束字符（终止字符'\0'）。

strlen( )函数的例子如下。

```
#include <stdio.h>
#include <string.h>
int main()
{
    char str1[20] = "BeginnersBook";
    printf("Length of string str1: %d", strlen(str1));
    return 0;
}
```

运行结果如下。

```
Length of string str1: 13
```

注意：strlen( )函数返回存储在数组中的字符串的长度，但 sizeof( )函数返回分配给数组的总大小。如果再次考虑上述示例，则 strlen(str1)返回值 13，sizeof(str1)将返回值 20，因为数组大小为 20（请参阅 main 函数中的第一个语句）。

### 2. strnlen( )函数

语法格式如下。

```
size_t strnlen(const char *str, size_t maxlen)
```

size_t 表示无符号短整数。如果字符串小于为 maxlen 指定的值（最大长度），函数返回字符串的长度，否则返回 maxlen 值。

strnlen( )函数的例子如下。

```
#include <stdio.h>
#include <string.h>
int main()
{
    char str1[20] = "BeginnersBook";
```

```
    printf("Length of string str1 when maxlen is 30: %d", strnlen(str1, 30));
    printf("Length of string str1 when maxlen is 10: %d", strnlen(str1, 10));
    return 0;
}
```

运行结果如下。

```
(Length of string str1 when maxlen is 30: 13Length of string str1 when maxlen
is 10: 10)
```

第二个 printf 语句的输出，即使字符串长度为 13，它只返回 10，因为 maxlen 为 10。

### 3. strcmp( )函数

语法格式如下。

```
int strcmp(const char *str1, const char *str2)
```

函数用于比较两个字符串并返回一个整数值。如果两个字符串相同（相等），则此函数将返回 0，否则它可能会根据比较结果返回负值或正值。

如果 string1<string2 或者 string1 是 string2 的子字符串，返回负值；如果 string1>string2 则返回正值；如果 string1 == string2 ，返回 0。

strcmp( )函数的例子如下。

```
#include <stdio.h>
#include <string.h>
int main()
{
    char s1[20] = "BeginnersBook";
    char s2[20] = "BeginnersBook.COM";
    if (strcmp(s1, s2) == 0)
    {
        printf("string 1 and string 2 are equal");
    }
    else
    {
        printf("string 1 and 2 are different");
    }
    return 0;
}
```

运行结果如下。

```
string 1 and 2 are different
```

### 4. strncmp()函数

语法格式如下。

```
int strncmp(const char *str1, const char *str2, size_t n)
```

size_t 表示无符号短整数。函数用于比较两个字符串的前 n 个字符。

strncmp()函数的例子如下。

```
#include <stdio.h>
#include <string.h>
int main()
{
    char s1[20] = "BeginnersBook";
    char s2[20] = "BeginnersBook.COM";
```

```
    /* below it is comparing first 8 characters of s1 and s2*/
    if (strncmp(s1, s2, 8) == 0)
    {
        printf("string 1 and string 2 are equal");
    }
    else
    {
        printf("string 1 and 2 are different");
    }
    return 0;
}
```

运行结果如下。

```
string1 and string 2 are equal
```

### 5. strcat( )函数

语法格式如下。

```
char *strcat(char *str1, char *str2)
```

函数用于连接两个字符串并返回连接的字符串。

strcat( )函数的例子如下。

```
#include <stdio.h>
#include <string.h>
int main( )
{
    char str1[20] = { "Tsinghua " };
    char str2[20] = { "Computer" };
    strcat(str1, str2)
    printf("最终的字符串: %s", str1);
    return 0;
}
```

运行结果如下。

```
最终的字符串: Tsinghua Computer
```

### 6. strncat()函数

语法格式如下。

```
char *strncat(char *str1, char *str2, int n)
```

函数用于将字符串 str2 的 n 个字符连接到字符串 str1。终结符（'\0'）将始终附加在连接字符串的末尾。

strncat( )函数的例子如下。

```
#include <stdio.h>
#include <string.h>
int main()
{
    char s1[10] = "Hello";
    char s2[10] = "World";
    strncat(s1, s2, 3);
    printf("Concatenation using strncat: %s", s1);
    return 0;
}
```

运行结果如下。

```
Concatenation using strncat: HelloWorld
```

### 7. strcpy( )函数

语法格式如下。

```
char *strcpy( char *str1, char *str2)
```

函数用于将字符串 str2 复制到字符串 str1 中，包括结束字符（终结符'\0'）。

strcpy( )函数的例子如下。

```
#include <stdio.h>
#include <string.h>
int main()
{
   char s1[30] = "string 1";
   char s2[30] = "string 2 : I'm gonna copied into s1";
   /* this function has copied s2 into s1*/
   strcpy(s1, s2);
   printf("String s1 is: %s", s1);
   return 0;
}
```

运行结果如下。

```
String s1 is: string 2: I'm gonna copied into s1
```

### 8. strncpy( )函数

语法格式如下。

```
char *strncpy(char *str1, char *str2, size_t n)
```

size_t 是无符号短整数，n 是数字。

情况 1：如果字符串 str2 的长度>n 然后它只是将 str2 的前 n 个字符复制到字符串 str1 中。

情况 2：如果字符串 str2 的长度<n。然后它将 str2 的所有字符复制到字符串 str1 中，并附加几个终结符字符（'\0'）以填充 str1 使其长度为 n。

strncpy( )函数的例子如下。

```
#include <stdio.h>
#include <string.h>
int main()
{
   char first[30] = "string 1";
   char second[30] = "string 2: I'm using strncpy now";
   /* this function has copied first 10 chars of s2 into s1*/
   strncpy(s1, s2, 12);
   printf("String s1 is: %s", s1);
   return 0;
}
```

运行结果如下。

```
String s1 is: string 2: I'm
```

### 9. strchr( )函数

语法格式如下。

```
char *strchr(char *str, int ch)
```

函数用于在字符串 str 中搜索字符 ch。

strchr( )函数的例子如下。

```
#include <stdio.h>
#include <string.h>
int main()
{
    char mystr[35] = "I'm an example of function strchr";
    printf("%s", strchr(mystr, 'f'));
    return 0;
}
```

运行结果如下。

```
f function strchr
```

### 10. strrchr( )函数

语法格式如下。

```
char *strrchr(char *str, int ch)
```

该函数类似于 strchr( )函数，唯一的区别是它以相反的顺序搜索字符串，为什么在 strrchr( )函数中有额外的 r，其代表它是反向的。

采用与 strchr( )函数相同的例子如下：

```
#include <stdio.h>
#include <string.h>
int main()
{
    char mystr[35] = "I'm an example of function strchr";
    printf("%s", strrchr(mystr, 'f'));
    return 0;
}
```

运行结果如下。

```
function strchr
```

strrchr( )函数的运行结果与 strchr( )函数不同，因为其从字符串的末尾开始搜索并在 function 中找到第一个'f'而不是在 of 中。

### 11. strstr( )函数

语法格式如下。

```
char *strstr(char *str, char *srch_term)
```

它类似于 strchr，除了它搜索字符串 srch_term 而不是单个字符。

strstr( )函数的例子如下。

```
#include <stdio.h>
#include <string.h>
int main()
{
    char inputstr[70] = "String Function in C at BeginnersBook.COM";
    printf("Output string is: %s", strstr(inputstr, 'Begi'));
    return 0;
}
```

运行结果如下。

```
Output string is: BeginnersBook.COM
```

可以使用此函数代替 strchr( )函数，因为也可以使用单个字符代替 search_term 字符串。

### 6.4.7 字符数组应用举例

**例 6.7** 输入一行字符，统计其中有多少个单词，单词之间用空格分隔开。程序如下:

```
#include <stdio.h>
int main()
{
    char string[81];
    Int i,num=0,word=0;
    char c;
    gets(string);
    for(i=0;(c=string[i])!='\0';i++) {
        if(c==' ') word=0;
        else if(word==0)
            {word=1;
            num++;
        }
    }
printf("There are %d  words in the line. \n",num);
return 0;
}
```

运行结果如下。

```
I am a boy.
There are 4 words in the line.
```

程序中变量 i 作为循环变量，变量 num 用来统计单词个数，变量 word 作为判别单词是否的标志，若 word==0 表示未出现单词，如出现单词 word 则置成 1。

解题思路：单词的数目可以由空格出现的次数决定（连续的若干个空格作为出现一次空格；一行开头的空格不统计在内）。如果测出某一个字符为非空格，而它的前面的字符是空格,则表示“新的单词开始了”，此时将 num（单词数）累加 1。如果当前字符为非空格而其前面的字符也是非空格，则意味着仍然是原来那个单词的继续，num 不应再累加 1。前面一个字符是否空格可以由 word 的值来判断，若 word 等于 0，则表示前一个字符是空格；如果 word 等于 1，则意味着前一个字符为非空格。

程序中 for 语句的循环条件为(c=string[i])!='\0'，其作用是先将字符数组的某一元素（一个字符）赋给字符变量 c。此时赋值表达式的值就是该字符，然后再判断它是否结束符。这个循环条件包含了一个赋值操作和一个关系运算。使用 for 循环可以使程序简练。

## 实验一

#### 1. 实验目的

熟练掌握数组的定义与排序。

#### 2. 实验任务

输入数组的 5 个元素，并依次往后移 1 个位置，再将第 5 个数据放在第 1 个存储单元。

### 3. 参考程序

```
#include <stdio.h>
#include <stdlib.h>
#define N 5
int main()
{
    int i,j;
    int temp;   //一个中间变量，用于保存第 5 个数据
    int nums[N];
    for(i=0;i<N;i++){
        printf("请输入第%d 个元素:",i+1);
        scanf("%d",&nums[i]);
    }
    temp = nums[N-1];   //保存好第 5 个数值
        printf("打印出来的结果为:\n");
    for(i=0;i<N;i++)
    {
        printf("%-8d",nums[i]);
    }
        for(i=N;i>0;i--){
        nums[i] = nums[i-1];  //把前一个元素给后面一个元素覆盖
    }
    nums[0] = temp;   //把第 5 个数值赋值后  方便下面打印
    printf("\n**************\n 最后的结果为:\n");
    for(i=0;i<N;i++)
    {
        printf("%-8d",nums[i]);
    }
    return 0;
}
```

## 实验二

### 1. 实验目的

熟练掌握数组的遍历操作。

### 2. 实验任务

求具有 10 个元素的一维数组中正数，负数和 0 的个数。

### 3. 参考程序

```
#include <stdio.h>
#include <stdlib.h>
#define N 10
int main()
{
    int i;
    int nums[N];
    int count1=0,count2=0,count3=0;  //计数器
    printf("首先，输入十个元素:");
    for(i=0;i<N;i++){
        scanf("%d",&nums[i]);
        if(nums[i] == 0){
            count1++;
        }
```

```
        else if(nums[i] > 0){
            count2++;
        }
        else
            count3++;
    }
    printf("\n************************\n最后的结果为:\n");
    printf("正数有%d个.",count2);
    printf("负数有%d个.",count3);
    printf("是0的数%d个.",count1);
    return 0;
}
```

## 实验三

### 1. 实验目的

熟练掌握数组的计算过程。

### 2. 实验任务

利用数组计算斐波那契数列的前20个数，并以每行5个数输出。

### 3. 参考程序

```
#include <stdio.h>
#include <stdlib.h>
#define N 20
int main()
{
    int i;
    int nums[N];
    nums[0] = 1;
    nums[1] = 1;
    for(i=2;i<N;i++){
        nums[i] = nums[i-1] + nums[i-2]; //需要满足的关系式
    }
    printf("\n最后的结果为:\n");
    for(i=0;i<N;i++){
            printf("%d",nums[i]);
        if( 0 == (i+1)%5){
            printf("\n");
        }
        else{
            printf("\t");
        }
    }
    return 0;
}
```

## 实验四

### 1. 实验目的

熟练掌握数组的遍历、搜索和计算。

2. 实验任务

输入一个以回车符为结束标志的字符串（少于 10 个字符），提取其中的所有数字字符，将其转换为十进制整数，再将十进制整数转化为二进制数输出。

3. 参考程序

```
#include<stdio.h>
#include<string.h>
int main()
{
    char a[10],i;
    int s=0,j=0;
    gets(a);
    for(i=0;i<strlen(a);i++)
        if(a[i]>='0'&&a[i]<='9')
        s=s*10+(a[i]-48);
    while(s!=0)
    {
        a[j++]=s%2;
        s=s/2;
    }
    for(j=j-1;j>=0;j--)
        printf("%d",a[j]);
    return 0;
}
```

## 小　结

本章思维导图如图 6-4 所示。

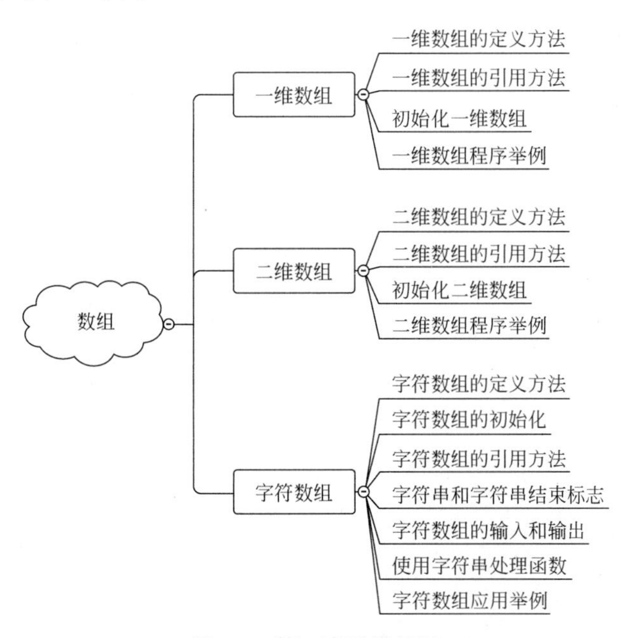


图 6-4　第 6 章思维导图

扫一扫

在线测试

## 习　题

1. 通过循环按行顺序为一个5×5的二维数组a赋1到25的自然数，然后输出该数组的左下半三角。

2. 从键盘上输入一个字符串，计算字符串里有多少个空格、小写字母、大写字母、数字。

3. 输入一个字符串和一个特定字符，在字符串中删除从该特定字符开始的所有字符。例如，输入字符串为"abcdefg"，特定字符为'd'，删除后的字符串为"abc"；输入字符串为"abcdefg"，特定字符为'x'，则输出“特定字符不存在”。

4. 满足特异条件的数列。输入 $m$ 和 $n$（$20 \geqslant m \geqslant n \geqslant 0$），求出满足以下方程式的正整数数列 $i_1, i_2, \cdots, i_n$，使得 $i_1+i_2+\cdots+i_n=m$，且 $i_1 \geqslant i_2 \geqslant \cdots \geqslant i_n$。

例如，当 $n$=4，$m$=8 时，将得到如下5个数列：

```
5 1 1 1 4 2 1 1 3 3 1 1 3 2 2 1 2 2 2 2。
```

5. 输出魔方阵。所谓魔方阵是指这样的方阵，它的每一行、每一列和对角线之和均相等。例如，三阶魔方阵为

```
8 1 6
3 5 7
4 9 2
```

要求输出 $1 \sim n^2$ 的自然数构成的魔方阵。

6. 找出一个二维数组中的鞍点，即该位置上的元素在该行上最大、在该列上最小。也可能没有鞍点。

## 项目拓展：多个彩色泡泡的反弹

```
#include<graphics.h>
#include<conio.h>
#include<time.h>
#define high 480                                //游戏画面尺寸
#define width 640
#define maxnum 30                               //小球最多个数
int main()
{
    srand(time(0));
    float ball_x[maxnum], ball_y[maxnum];              //小球坐标
    float ball_vx[maxnum], ball_vy[maxnum];            //小球速度
    float radius;                               //小球半径
    int i, j;
    int ballnum = 15;                           //目前小球数量
    //数据初始化
    radius = 20;
    for (i = 0; i < ballnum; i++)
    {
        ball_x[i] = rand() % int(width - 4 * radius) + 2 * radius;
        ball_y[i] = rand() % int(high - 4 * radius) + 2 * radius;
        ball_vx[i] = (rand() % 2) * 2 - 1;             //求余法
        ball_vy[i] = (rand() % 2) * 2 - 1;
    }
```

```
    initgraph(width, high);                    //初始化图形环境
    BeginBatchDraw();                          //开始批量绘制
    while (1)
    {
        //绘制黑线、黑色填充的圆,消除之前的圆
        setcolor(BLACK);
        setfillcolor(BLACK);
        for (i = 0; i < ballnum; i++)
    fillcircle(ball_x[i], ball_y[i], radius);
    //更新圆的坐标
    for (i = 0; i < ballnum; i++)
    {
        ball_x[i] += ball_vx[i];
        ball_y[i] += ball_vy[i];
    }
//判断圆是否和墙相撞
for (i = 0; i < ballnum; i++)
{
if ((ball_x[i] <= radius) || (ball_x[i] >= width - radius))
ball_vx[i] = -ball_vx[i];
if ((ball_y[i] <= radius) || (ball_y[i] >= high - radius))
ball_vy[i] = -ball_vy[i];
}
float minDistances2[maxnum][2];             //记录某个小球距离最近的小球的距离平方
                                            //以及这个小球的下标
for (i = 0; i < ballnum; i++)
{
minDistances2[i][0] = 9999999;
minDistances2[i][1] = -1;
}
//求所有小球两两之间距离平方
for (i = 0; i < ballnum; i++)
{
for (j = 0; j < ballnum; j++)
{
if (i != j)                                 //相同小球之间不需要计算
{
    float dist2;
    dist2=(ball_x[i]-ball_x[j])*(ball_x[i]-ball_x[j])+(ball_y[i]-ball_
       y[j])*(ball_y[i]-ball_y[j]);
    if(dist2<minDistances2[i][0])
    {
        minDistances2[i][0] = dist2;
        minDistances2[i][1] = j;
    }
}
}
}
//判断小球之间是否相撞
for (i = 0; i < ballnum; i++)
{
    if (minDistances2[i][0] < 4 * radius * radius) //若最小距离小于阈值,发生碰撞
{
j = minDistances2[i][1];
//交换速度
int temp;
temp = ball_vx[i]; ball_vx[i] = ball_vx[j]; ball_vx[j] = temp;
```

```
temp = ball_vy[i]; ball_vy[i] = ball_vy[j]; ball_vy[j] = temp;
minDistances2[i][0] = 9999999;          //距离重新计算
          minDistances2[i][1] = -1;
          }
       }
       //绘制黄线、绿色填充的圆
       setcolor(YELLOW);
       setfillcolor(GREEN);
       for (i = 0; i < ballnum; i++)
          fillcircle(ball_x[i], ball_y[i], radius);
       FlushBatchDraw();              //执行未完成的绘图任务
       //延时
       Sleep(3);
       }
    }
    EndBatchDraw();                    //结束批量绘制
    closegraph();                      //关闭图形环境
    return 0;
}
```

## 探索与扩展：使用数组实现线性表，创建搜索引擎

在C语言中实现一个线性表作为搜索引擎的基础结构，通常可以使用数组或链表来实现。下面将展示一个简单的基于数组的线性表实现，并解释如何将其用作搜索引擎。

（1）定义一个线性表的结构体和相关的操作函数。

```
#include <stdio.h>
#include <stdlib.h>
#include <string.h>

#define MAX_SIZE 100

// 线性表的元素类型
typedef struct {
   char keyword[50];
   int data; // 这里假设每个元素是一个整数，且可以根据需要修改
} ListElement;

// 线性表结构
typedef struct {
   ListElement elements[MAX_SIZE];
   int length;
} LinearList;

// 初始化线性表
void initList(LinearList *list) {
   list->length = 0;
}

// 向线性表中添加元素
int addElement(LinearList *list, const char *keyword, int data) {
   if (list->length >= MAX_SIZE) {
      return -1; // 线性表已满
   }
```

```
    strcpy(list->elements[list->length].keyword, keyword);
    list->elements[list->length].data = data;
    list->length++;
    return 0;
}

// 根据关键字搜索元素
int searchElement(LinearList *list, const char *keyword, int *data) {
    for (int i = 0; i < list->length; i++) {
        if (strcmp(list->elements[i].keyword, keyword) == 0) {
            *data = list->elements[i].data;
            return 0;     // 找到元素
        }
    }
    return -1;            // 未找到元素
}
```

此时，可以使用这个线性表作为搜索引擎的基础。下面是一个简单的示例。

```
int main() {
    LinearList searchEngine;
    initList(&searchEngine);

    // 添加一些元素到线性表中
    addElement(&searchEngine, "apple", 10);
    addElement(&searchEngine, "banana", 20);
    addElement(&searchEngine, "cherry", 30);

    // 搜索元素
    int data;
    if (searchElement(&searchEngine, "banana", &data) == 0) {
        printf("Found banana, data: %d\n", data);
    } else {
        printf("Banana not found\n");
    }

    return 0;
}
```

以上是基于数组的线性表来存储和搜索数据的简单应用，在学习算法与数据结构时也可以使用哈希表提高搜索效率，或者使用动态数组来避免固定大小的限制。此外，还可以添加更多的功能，如删除元素、更新元素等。

CHAPTER 7

第7章

# 程序模块化的手段
## ——函数

**学习目标**

- 理解函数的概念，掌握函数的定义和声明。
- 理解值传递和地址传递的区别，以及如何通过函数参数传递数据给函数。
- 学习函数的调用机制。
- 理解递归的概念，并学会如何编写递归函数。

C 语言函数是一组执行特定任务的语句集合，它可以提高代码的可读性和可维护性。函数由函数头和函数体两部分组成。函数头包括函数名、返回值类型和参数列表，而函数体则包含了实现功能的代码块。C 语言中的函数遵循一定的作用域规则。全局函数在整个程序中都可以被调用，而局部函数只能在特定的作用域内被调用。函数可以通过参数接收外部数据，参数可以是值传递也可以是地址传递，这取决于参数的类型和函数如何接收这些参数。函数可以有返回值，也可以没有。返回值的类型由函数定义时指定，并且可以通过 return 语句返回给调用者。

## 7.1　项目引入——模块化彩色泡泡项目

```
#include<stdio.h>
#include<graphics.h>
#include<time.h>
int main()
{
    initgraph(600, 600);
    int speed = 2;//定义小球运动速度
    int ball_x = 300, ball_y = 300;//设置球的坐标
    setfillcolor(RGB(50, 224, 172));//填充其他颜色，RGB 三原色（红绿蓝）用 0～255
    //调出不同的颜色或者括号里只填一个单一颜色,可搜画图参考颜色
    //fillcircle(300,300,100);//中心点和半径,加 fill 就填成默认白色
    //fillcircle(ball_x,ball_y,10);//让圆动起来改变其坐标，10 为半径
    //fillcircle(ball_x+20,ball_y+20,10);
    //fillcircle(ball_x+500,ball_y+50,10);
    while (1)//不让画布闪，让画布停在这
    {
        cleardevice();
    //ball_x=ball_x+2;//+2 让球坐标改变，建立循环，一擦一动即可实现小球动起来，横向动
    //ball_y=ball_y+2;//竖向动
    ball_x = ball_x + speed;
    //+2 让球坐标改变，建立循环，一擦一动即可实现小球动起来，横向动
    ball_y = ball_y + speed;//竖向动
    fillcircle(ball_x, ball_y, 10);
    if (ball_x >= 590 || ball_x <= 10)
        speed = -speed;//设置条件让小球到达画布边框位置时不会出去，往回走
    Sleep(30);//让小球出现时停一下，显示动态
}
return 0;
}
```

## 7.2　函数概述

扫一扫

视频讲解

函数是从英文 function 翻译过来的，function 在英文中的意思既是函数，也是功能。从本质意义上来说，函数就是用来完成一定的功能。函数的名字应该反映其代表的功能。一个 C 语言程序由一个或多个程序模块组成，每一个程序模块作为一个源程序文件。对于较大的程序，一般不希望把所有内容放在一个文件中，而是将它们分别放在若干个源文件中，由若干个源程序文件组成一个 C 程序。一个源程序文件由一个或多个函数以及其他有关内容组成。C 语言程序的执行是从 main 函数开始的，如果在 main 函数中调用其他函数，在调用

后流程返回到 main 函数，在 main 函数中结束整个程序的运行。所有函数都是平行的，即在定义函数时是分别进行的，是互相独立的。

函数是C语言中的基本概念，它是程序中的一个独立的部分，可以执行特定的任务。函数是由一系列语句组合而成的，是一组语句的封装。函数的使用可以避免重复的代码编写，让程序更加模块化。

每个C语言程序至少会有一个函数，那就是main( )函数。main( )函数是C语言程序的入口。除了main( )函数，在输出的控制台信息的时候用到的printf( )也是一个函数。

函数可以接受参数并返回一个结果。函数可以帮助程序员组织代码，使其更容易阅读、管理和调试。函数有助于实现模块化编程，这意味着可以将大型程序分解成一系列更小的部分，每个部分负责一项具体任务，从而降低开发复杂度，提高效率和可重用性。函数通常由如下三部分组成。

函数头：声明函数的名称、返回类型和参数。

函数体：定义函数的功能。

函数主体：实现函数的具体操作，即实际的操作代码。

函数可以从其他函数或者程序的主文件中被调用，并且可以返回一个值或者多个值作为结果。

扫一扫

视频讲解

## 7.3　函数的定义和调用

### 7.3.1　为什么要定义函数

C 语言定义函数的原因是为了提高程序的模块化和可重用性。程序员可以将复杂的任务拆分为较小的子任务，并将这些子任务放在不同的函数中，从而使程序更加容易理解和管理。此外，函数还可以提高程序的安全性和可靠性，因为可以在需要的地方多次使用相同的代码段，而不必复制粘贴代码。这意味着如果代码中有错误或需要更新，只需在一个地方修改即可，而不是在整个程序中手动查找和替换。因此，使用函数可以使您的程序更易于维护和扩展。

定义函数有以下作用。

#### 1. 简化和清晰度

当程序规模较大，功能较多时，如果所有代码都写在主函数中，会使主函数变得庞大和混乱，这会增加阅读和维护的困难。使用函数可以将代码分解成更小、更清晰、更有组织的部分，使得代码更易于理解和维护。

#### 2. 避免重复

在程序中，某些功能可能需要多次实现。如果不使用函数，就需要多次重复编写相同的代码，这会使程序变得冗长和不精练。通过使用函数，可以避免代码的重复，提高代码的效率和精确性。

#### 3. 模块化程序设计

函数提供了一种“组装”的方法，可以事先创建并存储各种功能的函数，需要时直接调用，类似于组装计算机时直接从仓库中取出预制的部件。这种模块化的设计方法可以简化程序设计过程，提高开发效率。

#### 4. 函数库和专用函数

可以创建函数库，存储常用的函数，例如，sin( )函数和 abs( )函数，直接调用这些函数来实现特定的功能。一些部门或单位还会创建一些专用的函数，以满足特定领域或单位的需求。

#### 5. 程序模块和结构

在设计较大的程序时，通常会将其分为多个模块，每个模块包含一个或多个函数。一个 C 程序通常由一个主函数和多个其他函数构成，主函数调用其他函数，而其他函数也可以互相调用。

### 7.3.2　函数的定义

函数是一段可以重复使用的代码，用来独立地完成某个功能，它可以接收用户传递的数据，也可以不接收。接收用户数据的函数在定义时要指明参数，不接收用户数据的不需要指明，根据这一点可以将函数分为有参函数和无参函数。将代码段封装成函数的过程叫作函数定义。

（1）定义无参函数。

```
类型名　函数名()
{
    函数体
}
or
类型名　函数名(void)
{
    函数体
}
```

（2）定义有参函数。

```
类型名 函数名(形式参数列表)
{
    函数体
}
```

（3）定义空函数。

```
类型名 函数名()
{   }
```

函数可以只有一个参数，也可以有多个，多个参数之间由,分隔。参数本质上也是变量，定义时要指明类型和名称。与无参函数的定义相比，有参函数的定义仅仅是多了一个参数列表。

### 7.3.3　函数的调用

#### 1. 函数的调用

定义函数时会定义这个函数要做什么，然后通过调用该函数来完成定义的任务。当程序调用函数时，程序控制权会转移给被调用的函数。被调用的函数执行已定义的任务，当函数的返回语句被执行时，或到达函数的结束括号时，会把程序控制权交还给主程序。

函数调用的一般形式如下：

```
函数名（实参列表）
```

如果调用无参函数，则实参列表可以没有，但必须有括号，例如：

```
print_star();          //调用无参函数
c=max(a,b)             //调用有参函数
```

按函数调用在程序中出现的形式和位置来分，可以有以下三种函数调用方式。

（1）函数调用语句。

把函数调用单独作为一个语句，例如，printf_star( );。

（2）函数表达式。

函数调用出现在另一个表达式中，例如，c = max(a,b);。

（3）函数参数。

函数调用作为另一个函数调用时的实参，例如，m = max(a,max(a,b)); 。

### 2. 函数调用时的参数传递

（1）形式参数和实际参数。

在调用**有参函数**时，主调函数和被调函数之间有数据传递的关系。在定义函数时函数名后面括号中的变量名称为**形式参数**（简称**形参**）。在主调函数中调用一个函数时，函数名后面括号中的参数称为**实际参数**（简称**实参**）。实际参数可以是常量、变量或表达式。

（2）实参与形参之间的数据传递

函数间通过参数来传递数据，即通过主调函数中的实际参数（实参）向被调用函数中的形式参数（形参）进行传递。实参向形参传递数据的方式：实参将值单向传递给形参，形参的变化不影响实参值。

**例 7.1**　函数调用举例。

```
#include<stdio.h>
#include<stdlib.h>
int main()
{
    int a, b;
    void swap(int a, int b);          //函数声明
    scanf("输入：%d%d", &a, &b);      //键盘输入
    swap(a, b);       //函数调用
    printf("最终的a,b值:\n  a=%d b=%d\n", a, b);
    system("pause");
    return 0;
}
void swap(int a, int b)
{
    int t;
    if (a < b)
    {
        t = a;
        a = b;
```

```
            b = t;          //a 中放大值，b 中放小值
        }
        printf("自定义函数的 a,b 值：\n  a=%d b=%d\n", a, b);
    }
```

运行结果如下。

```
自定义函数的 a,b 值：a=10  b=5
最终的 a,b 值：a=5  b=10
```

形参交换了数据，而实参保持原数据不变。这是单向的值传递，所以形参的值改变后而实参的值没有改变。

形参在函数中是变量名，在函数调用时，形参被临时分配相应的内存，调用结束后，形参单元被释放，而实参单元保留并维持原值。实参是表达式，负责向对应的形参标识的内存单元传递数据，实参向形参的数据传递是值传递。

## 7.4　函数声明

扫一扫

视频讲解

### 1. 函数的声明与定义的区别

（1）函数的定义：指对函数功能的确立，包括指定函数名、函数值类型、形参及其类型、函数体等，它是一个完整的、独立的函数单位。

（2）函数的声明：作用是把函数名、函数类型及形参的类型、个数和顺序通知编译系统，以便在调用该函数时编译系统能正确识别函数并检查调用是否合法。

### 2. 函数声明

（1）在 C 语言中，函数的定义顺序须符合：默认情况下，只有后面定义的函数才可以调用前面定义过的函数。

```
int sum(int a, int b) {
    return a + b;
}
int main()
{
    int c = sum(1, 4);
    return 0;
}
```

第 5 行定义的 main( )函数调用了第 1 行的 sum( )函数，这是合法的。如果调换 sum( )函数和 main( )函数的顺序，在标准的 C 编译器环境下是不合法的（不过在 GCC 编译器环境下只是一个警告）。

（2）如果想把函数的定义写在 main( )函数后面，而且 main( )函数能正常调用这些函数，则必须在 main( )函数的前面进行函数的声明。

```
// 函数声明
int sum(int a, int b);
int main()
{
    int c = sum(1, 4);
    return 0;
}
```

```
// 函数的定义(实现)
int sum(int a, int b) {
    return a + b;
}
```

在第 11 行定义 sum( )函数，在第 2 行对 sum( )函数进行声明，然后在第 6 行(main( )函数中)可以正常调用 sum( )函数。

（3）函数的声明格式。

① 格式。

```
返回值类型  函数名 (参数 1, 参数 2,…)
```

只要在 main( )函数前面声明过一个函数，main( )函数就知道这个函数的存在，就可以调用这个函数。而且只要知道函数名、函数的返回值、函数接收多少个参数、每个参数是什么类型的，就能够调用这个函数了，因此，声明函数的时候可以省略参数名称。如上面的 sum( )函数声明可以写成如下形式：

```
int sum(int, int);
```

这个函数的作用是什么，需要参考其定义。

② 如果只有函数的声明，而没有函数的定义，那么程序将会在链接时出错。

下面的写法是错误的。

```
int sum(int a, int b);
int main( )
{
   sum(10, 11);
   return 0;
}
```

在第 1 行声明了一个 sum( )函数，但是并没有对 sum( )函数进行定义，接着在第 6 行调用 sum( )函数。

这个程序是可以编译成功的，因为在 main( )函数前面声明了 sum( )函数（函数的声明和定义是两码事），这个函数声明可以理解为在语法上，欺骗 main( )函数，告诉它 sum( )函数是存在的，所以从语法的角度上 main( )函数是可以调用 sum( )函数的。究竟这个 sum( )函数存不存在，有没有被定义？编译器是不关心的。在编译阶段，编译器并不检测函数有没有定义，只有在链接的时候才会检测这个函数存不存在，也就是检测函数有没有被定义。因此，这个程序会在链接的时候报错，错误信息如下。

上面的错误信息大致意思是：在 main.o 文件中找不到 sum 这个标识符。

错误信息中的 linker 是指链接器，说明是链接阶段出错了。链接出错，则不能生成可执行文件，程序就不能运行。解决方案是加上 sum( )函数定义。

扫一扫

视频讲解

## 7.5 函数的嵌套调用

C 语言的函数定义是互相平行、独立的。在定义函数时，一个函数内不能再定义另一个函数，即不能嵌套定义，但可以嵌套调用函数，即在调用一个函数的过程中调用另一个函数。

图 7-1 表示的是两层嵌套（连 main( )函数一共三层函数），其执行过程如下。

①执行 main( )函数的开头部分。
②遇到函数调用语句，调用函数 a( )，流程转去函数 a( )。
③执行 a( )函数的开头部分。
④遇到函数调用语句，调用函数 b( )，流程转去函数 b( )。
⑤执行 b( )函数，如果再无其他嵌套的函数，则完成 b( )函数的全部操作。
⑥返回到 a( )函数中调用 b( )函数的位置。
⑦继续执行 a( )函数中尚未执行的部分，直到 a( )函数结束。
⑧返回 main 函数中调用 a( )函数的位置。
⑨继续执行 main 函数中剩余部分直到结束。

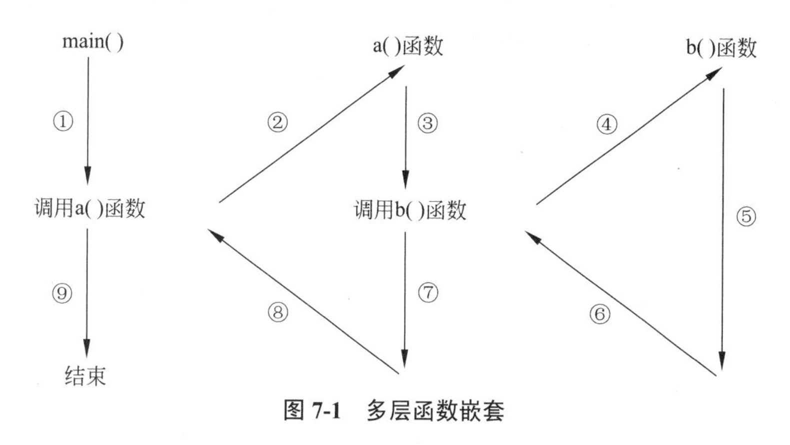


**图 7-1　多层函数嵌套**

**例 7.2**　输入 4 个整数，找出其中最大的数，用函数的嵌套调用进行处理。

分析思路：

定义函数 Max4( )，用来实现找出 4 个数中的最大者这个功能。定义 Max2( )函数，用来实现找出两个数中的大者。在 main( )函数中调用 Max4( )函数，然后在 Max4( )函数中调用另一个函数 Max2( )函数。在 Max4( )函数中通过多次调用 Max2( )函数，可以找出 4 个数中的大者，然后把它作为函数值返回 main( )函数，在 main( )函数中输出结果。

代码实现：

```
int Max2(int x,int y)
{
   return(x>y?x:y);
}
int Max4(int w,int x,int y,int z)//定义Max4()函数
{
   int Max2(int x,int y);//对Max2()的函数声明
int m;
   m=Max2(w,x);//调用Max2()函数，得到w,x两个数中的大数放在m中
   m=Max2(m,y);//调用Max2()函数，得到w,x,y三个数中的大数放在m中
m=Max2(m,z);//调用Max2()函数，得到w,x,y,z四个数中的大数放在m中
return m;//把m作为函数值带回main()函数
}
int main()
{
   int a,b,c,d;
```

```
    printf("从键盘输入 4 个整数：\n");//提示输入 4 个数
    scanf("%d%d%d%d",&a,&b,&c,&d);//输入 4 个数
    int m;
    m=Max4(a,b,c,d);//调用 Max4 函数，得到 4 个数中最大者
    printf("4 个数中最大的数为：%d",m);//输出 4 个数中最大者
    return 0;
}
```

扫一扫

视频讲解

## 7.6　函数的递归调用

函数的嵌套调用是指在一个C语言函数里面在执行另一个函数，这样通常称为函数的嵌套调用。而函数的递归调用，一般指的是这个C语言函数调用自己本身的函数也就是说调用函数的函数体是一样的，这样称为递归调用。

一个函数在它的函数体内调用它自身称为递归调用，这种函数称为递归函数。执行递归函数将反复调用其自身，每调用一次就进入新的一层，当最内层的函数执行完毕后，再一层一层地由里到外退出。

递归函数不是C语言的专利，Java、C#、JavaScript、PHP等其他编程语言也都支持递归函数。

**例 7.3**　下面通过一个求阶乘的例子，看看递归函数到底是如何运行的。计算*n*!的程序如下：

```
#include <stdio.h>
//求 n 的阶乘
long factorial(int n) {
    if (n == 0 || n == 1) {
        return 1;
    }
    else {
        return factorial(n - 1) * n;  // 递归调用
    }
}
int main() {
    int a;
    printf("Input a number: ");
    scanf("%d", &a);
    printf("Factorial(%d) = %ld\n", a, factorial(a));
    return 0;
}
```

运行结果：

```
Input a number: 5
Factorial(5) = 120
```

factorial( )函数就是一个典型的递归函数。调用factorial( )函数后即进入函数体，只有当n==0 或 n==1 时函数才会执行结束，否则就一直调用它自身。

由于每次调用的实参为n–1，即把n–1的值赋给形参n，所以每次递归实参的值都减1，直到最后n–1的值为1时再作递归调用，形参n的值也为1，递归就终止了，会逐层退出。

要想理解递归函数，重点是理解它是如何逐层进入，又是如何逐层退出的，下面以5!为例进行讲解。

（1）递归的进入。

① 求 5!，即调用 factorial(5)。当进入 factorial( )函数体后，由于形参 n 的值为 5，不等于 0 或 1，所以执行 factorial(n–1) * n，也即执行 factorial(4) * 5。为了求得这个表达式的结果，必须先调用 factorial(4)，并暂停其他操作。换句话说，在得到 factorial(4) 的结果之前，不能进行其他操作。这就是第一次递归。

② 调用 factorial(4)时，实参为 4，形参 n 也为 4，不等于 0 或 1，会继续执行 factorial(n–1) * n，也即执行 factorial(3) * 4。为了求得这个表达式的结果，又必须先调用 factorial(3)。这就是第二次递归。

③ 以此类推，进行四次递归调用后，实参的值为 1，会调用 factorial(1)。此时能够直接得到常量 1 的值，并把结果返回，则不需要再次调用 factorial( )函数，递归结束。

（2）递归的退出。

当递归进入最内层时，递归就结束了，就开始逐层退出了，也就是逐层执行 return 语句。

① n 的值为 1 时达到最内层，此时 return 出去的结果为 1，即 factorial(1)的调用结果为 1。

② 有了 factorial(1)的结果，就可以返回上一层计算 factorial(1) * 2 的结果为 2，此时 return 得到的结果也为 2，也即 factorial(2)的调用结果为 2，此时得到 2！的值为 2。

③ 以此类推，当得到 factorial(4)的调用结果后，就可以返回最顶层。经计算，factorial(4)的结果为 24，那么表达式 factorial(4) * 5 的结果为 120，此时 return 得到的结果也为 120，也即 factorial(5)的调用结果为 120，这样就得到了 5!的值。

（3）递归的条件。

每一个递归函数都应该只进行有限次的递归调用，否则它就会进入死胡同，永远也不能退出，这样的程序没有意义。要想让递归函数逐层进入再逐层退出，需要解决以下两方面的问题。

① 存在限制条件，当符合这个条件时递归便不再继续。对于 factorial( )函数，当形参 n 等于 0 或 1 时，递归就结束了。

② 每次递归调用之后越来越接近这个限制条件。对于 factorial( )函数，每次递归调用的实参为 n – 1，这会使得形参 n 的值逐渐减小，越来越趋近于 1 或 0。

factorial( )函数是最简单的一种递归形式——尾递归，也就是递归调用位于函数体的结尾处。除了尾递归，还有更加烧脑的两种递归形式，分别是中间递归和多层递归。

（1）中间递归：发生递归调用的位置在函数体的中间。

（2）多层递归：在一个函数里面多次调用自己。

递归函数也只是一种解决问题的技巧，它和其他技巧一样，也存在某些缺陷，如递归函数的时间开销和内存开销都非常大，极端情况下会导致程序崩溃。

## 7.7　数组作为函数参数

扫一扫

视频讲解

调用有参函数时，需要提供实参。如 sin(x), sqrt(2.0), max(a,b)等。实参可以是常量、变量或表达式。数组元素的作用与变量相当，一般来说，凡是变量可以出现的地方，都可以用数组元素代替。因此，数组元素也可以用作函数实参，其用法与变量相同，向形参传递数组元素的值。此外，数组名也可以作实参和形参，传递的是数组第一个元素的地址。

### 7.7.1　数组元素作为函数实参

数组元素可以作为函数实参，但不可以作为函数形参。实参可以是常量、变量或表达式，数组元素的作用相当于一个变量，所以可以作为实参。数组元素不能作为形参的原因：因为形参的作用是，在函数被调用时，临时分配存储空间的，数组的存储是一段连续的存储空间，不能为其中某一个数组元素单独分配一块存储空间，所以数组元素不能作为形参。数组元素作为函数实参，是把实参的值传递给形参，这是“值传递”的方式。数据的传递方向是从实参传到形参，单向传递。

**例 7.4**　数组元素作为函数实参举例。

```
#include <stdio.h>
float max(float x,float y)
{
    if(x > y)
    return x;
    else
    return y;
}
int main()
{
    int a[6] = {3,2,1,4,9,0};
    int m = a[0];
    for(int i = 1;i < 6; i ++)
    {
        m = max(m,a[i]);
    }
    printf("数组中的最大元素是:%d",m);
}
```

### 7.7.2　数组名作为函数实参

除了可以用数组元素作为函数参数外，还可以用数组名作函数参数（包括实参和形参）。数组名作为函数的实参实质上就是地址的传递，将数组的首地址传给形参，形参和实参共用同一存储空间，形参的变化就是实参的变化。用数组名作函数参数时，则要求形参和相对应的实参都必须是类型相同的数组，都必须有明确的数组说明。当形参和实参二者不一致时，即会发生错误。在用数组名作函数参数时，不是进行值的传送，即不是将实参数组的每一个元素的值都赋予形参数组的各个元素。因为实际上形参数组并不存在，编译系统不为形参数组分配内存。

数组名实际代表了数组的首地址，因此在数组名作函数参数时所进行的传送只是地址的传送，也就是说把实参数组的首地址赋予形参数组名，形参数组名取得该首地址之后，也就等于有了实在的数组。实际上是形参数组和实参数组为同一数组，共同拥有一段内存空间。

**例 7.5**　数组名作为函数实参举例：冒泡排序。

```
#include <stdio.h>
void sort(int b[], int n)
```

```
{
for (int i=0;i<n-1;i++)//n 个数比较只需要比较 n-1 次，因为比较是两个数之间进行的，
比如两个数比较只需要比较 1 次。
    {
        for (int j = 0; j < n - 1 - i; j++)
        //可以这么理解当大的数沉底后，就不再参与排序了，循环 1 次，找出此轮中最大的数放
        //在该轮比较的最底部，
        //下一轮找出剩下数据中的最大值，并排到该轮最底部，排序了 i 次后，就有 i 个数退出
        //排序，就只剩下 n-1-i 个数待排，这就是 n-1-i 的由来
        {
            if (b[j] > b[j + 1])
            {
                int temp = 0;
                temp = b[j];
                b[j] = b[j + 1];
                b[j + 1] = temp;
            }
        }
    }
}
int main()
{
    int a[6] = { 3,2,1,4,9,0 };
    sort(&a[0], sizeof(a) / sizeof(a[0]));
    for (int i = 0; i < sizeof(a) / sizeof(a[0]); i++)
    {
        printf("%d ", a[i]);
    }
    return 0;
}
```

## 7.8　变量的作用域及存储类别

扫一扫

视频讲解

在 C 语言中，变量的作用域是指在程序中某部分代码可以访问该变量的位置范围，包括局部作用域、文件作用域、外部链接和内部链接四种类型。

在 C 语言中，变量的作用域指的是某个变量在何处可被引用。一般来说，变量有两种作用域：本地（或称为块级）作用域和全局作用域。

本地作用域是指变量只在其所在的代码块中可见。块级作用域变量只能在该代码块中被引用，一旦离开该代码块就不可见。

全局作用域是指变量在整个程序中可见，在代码块之外也可以被引用。

另外，函数也有自己的作用域，在其中声明的变量只能在此函数中被引用，不能在其他函数中被引用。

变量的存储类别是指变量的存储期限，可以分为自动、静态或外部三种类型。自动变量是在程序运行过程中自动分配空间并在程序结束时释放的空间；静态变量是在程序运行过程中保留不变的空间；外部变量是在程序运行过程中始终存在的空间。此外，还有全局变量，这是一种特殊的外部变量，可以在整个程序范围内访问。

在 C 语言中，变量的存储类别分为以下四种类型。

（1）auto 类型。auto 是 C 语言中最常用的储存类别的关键字，表示自动变量，也就是动态存储的变量。

（2）static 类型。static 是一个特殊的关键字，表示变量可以在整个程序中保持不变，即使退出其所在的作用域也仍然存在。

（3）extern 类型。extern 是另一个特殊的关键字，表示一个变量可以在多个文件之间共享。

（4）register 类型。register 是 C 语言中最特殊的存储类别之一，表示变量可以在寄存器中存储，从而加快访问速度。

扫一扫

视频讲解

## 7.9　常用函数

C 语言有许多有用的系统函数，它们可以完成各种任务。以下是一些常见的 C 语言系统函数。

（1）printf( )：这是一个标准输出函数，它允许向控制台或其他输出设备发送文本数据。可以使用 printf( )函数来打印整数、浮点数、字符串和其他类型的数据。

（2）scanf( )：这是一个标准输入函数，它允许从控制台或其他输入设备读取数据。可以使用 scanf( )函数来读取整数、浮点数、字符串和其他类型的数据。

（3）malloc( )和 free( )：这两个函数分别是内存分配和释放函数。malloc( )函数可以从堆(heap)内存中分配一块内存区域，并返回指向该区域的指针；free( )函数则用于释放由 malloc( )函数分配的内存。

（4）strlen( )：这个函数返回一个字符串的长度。可以使用 strlen( )函数来确定一个字符串中的字符数量。

（5）strcpy( )和 strncpy( )：这两个函数都是复制字符串的函数。strcpy( )函数将源字符串的内容复制到目标字符串中，而 strncpy( )函数则会根据指定的数量复制源字符串的一部分内容。

（6）strcat( )和 strncat( )：这两个函数都是连接字符串的函数。strcat( )函数将源字符串添加到目标字符串的末尾，而 strncat( )函数则会根据指定的数量添加源字符串的一部分内容。

（7）strcmp( )和 strncmp( )：这两个函数都是比较两个字符串的函数。strcmp( )函数比较两个字符串的内容是否相等，而 strncmp( )函数则会比较前几个字符是否相等。

（8）sqrt( )：这个函数计算一个正实数的平方根。可以使用 sqrt( )函数来求解一个数字的平方根。

（9）pow( )：这个函数计算一个数字的幂值。可以使用 pow( )函数来求解一个数字的乘方运算。

（10）rand( )和 srand( )：这两个函数分别是生成随机数和设置随机数种子的函数。rand( )函数生成一个伪随机数，而 srand( )函数则可以用来设置随机数生成器的种子，以确保每次运行程序时都会产生不同的随机数序列。

这些只是 C 语言中常用的部分系统函数，还有许多其他函数可以帮助完成各种任务。

## 实验一

### 1. 实验目的

熟练掌握函数的定义和简单应用。

### 2. 实验任务

编写一个函数，可以算出任意两个整数的和，并返回相应的结果。

### 3. 参考程序

```
#include<stdio.h>
int add(int a,int b);
int main()
{
    int a,b,sum;
    printf("输入两个任意的整数: ");
    scanf("%d %d",&a,&b);
    sum=add(a,b);
    printf("sum=%d\n",sum);
    return 0;
}
 int add(int a,int b)
{
    return a+b;
}
```

## 实验二

### 1. 实验目的

熟悉掌握函数的实际应用。

### 2. 实验任务

编写程序，输入 4 个数字，输出前 2 个、后 2 个和 4 个数中的最大数。

### 3. 参考程序

```
#include <stdio.h>
int main()
{
    float max(float x,float y);      //引用 max 函数
    float a[4];                      //定义数组 a
    int i;
    float t,u,v;
    for(i=0;i<=3;i++)
    {
        printf("请输入第%d 个数字",i+1);
        scanf("%f",&a[i]);
    }
        t=max(a[0],a[1]);
        u=max(a[2],a[3]);
        v=max(t,u);
        printf("前两个数中最大的为%f\n",t);
        printf("后两个数中最大的为%f\n",u);
        printf("四个数中最大的为%f\n",v);
        return 0;
    }
float max(float x,float y)           //解释 max 函数的规则
{
```

```
    return(x>y?x:y);                    //代替 if 语句，提高效率
}
```

## 实验三

### 1. 实验目的

灵活使用函数完成简单的数学问题。

### 2. 实验任务

请编程输入 4 个整数，并找出其中最大的数。

### 3. 参考程序

```
#include <stdio.h>
int main()
{
    int max4(int a,int b,int c,int d);
    int a,b,c,d,max;
    printf("请输入 4 个整数：\n");
    scanf("%d,%d,%d,%d",&a,&b,&c,&d);
    max=max4(a,b,c,d);
    printf("最大数为%d\n",max);
    return 0;
    }
    int max4(int a,int b,int c,int d)
    {
        int max2(int a,int b);
        return(max2(max2(max2(a,b),c),d));
    }
    int max2(int a,int b)
    {
        return(a>b?a:b);
}
```

## 实验四

### 1. 实验目的

灵活运用函数解决复杂问题。

### 2. 实验任务

编写两个函数，分别求两个数的最大公约数和最小公倍数，在主函数中从键盘输入两个整数，并调用这两个函数，最后输出相应的结果。

提示：求最大公约数可用以下两种方法。

（1）辗转相除法：设开始大数为变量 u 小数为变量 v，r 为中间变量，当 v 不为 0 时辗转使用操作 r=u%v,u=v,v=r 消去相同的因子，直到 v 为 0 时 u 中的值既是所求的解。

（2）测试法：设大数为变量 u 小数为变量 v，循环变量从 v 开始每次减 1，测试是否能整除两个数，直到能整除或循环变量为 1 时退出，退出时循环变量的值既是所求的解。

最小公倍数 = 两数相乘，然后除以两数的最大公约数

## 小　结

本章思维导图如图 7-2 所示。

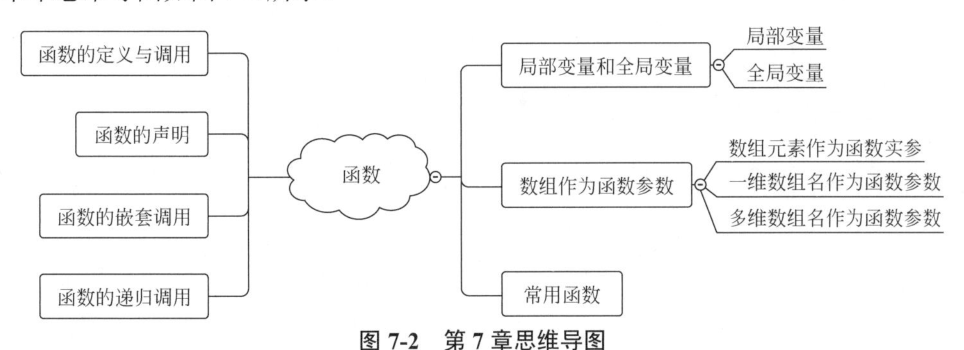


**图 7-2　第 7 章思维导图**

## 习　题

### 一、选择题

1. 在 C 语言中，全局变量的存储类别是（　）。

A．static　　B．extern
C．void　　D．register

2. 在 C 语言中，凡未指定存储类别的局部变量的隐含存储类别是（　）。

A．自动(auto)　　B．静态(static)
C．外部(extern)　　D．寄存器(register)

3. 在一个 C 源程序文件中，要定义一个只允许本源文件中所有函数使用的全局变量，则该变量需要使用的存储类别是（　）。

A．extern　　B．register
C．auto　　D．static

4. 若有以下调用语句，则正确的 fun( )函数首部是（　）。

```
main()
{ :
:
int a;float x;
:
:
fun(x,a);
:
:
}
```

A．void fun(int m,float x)　　B．void fun(float a,int x)
C．void fun(int m,float x[])　　D．void fun(int x,float a)

5. 已知函数调用语句 func(rec1,rec2+rec3,(rec4,rec5))，该函数调用语句中含有的实参个数是（　）。

A．3　　B．4
C．5　　D．有语法错误

6. 以下程序的运行结果是（　）。

```
#include
main()
{
    int k=4,m=1,p;
    p=func(k,m); printf("%d, ",p);
    p=func(k,m); printf("%d\n",p);
}
func(int a,int b)
{
static int m=0,i=2;
    i+=m+1;
    m=i+a+b;
    return m;
}
```

A．8,17　　　　B．8,17

C．8,8　　　　D．4,1

7. 函数fun( )的功能是根据以下公式计算$S$，变量n通过形参传入，n的值大于或等于0。若要实现该函数功能，则划线处应填（　）。

$$S=1-\frac{1}{3}+\frac{1}{5}-\frac{1}{7}+\cdots\frac{1}{2n-1}$$

```
float fun(int n)
{ float s=0.0,w,f=-1.0;
    int i=0;
    for(i=0;i<=n;i++)
    {    _________;
        w=f/(2*i+1);
        s+=w;
    }
    return s;
}
```

A．f=1　　　　B．f=–1

C．f=–1*f　　　　D．f=0

8. 以下程序的输出结果是（　）。

```
int func(int a,int b)
{ return(a+b); }
main()
{ int x=2,y=5,z=8,r;
r=func(func(x,y),z);
printf("%d\n",r); }
```

A．12　　　　B．13

C．14　　　　D．15

## 项目拓展：彩色泡泡项目中加入音乐和图片

```
#include<graphics.h>
#include<conio.h>
#include<time.h>
```

```
#include<mmsystem.h>
#pragma comment(lib,"winmm.lib")
#define high 480                              //游戏画面尺寸
#define width 640
#define maxnum 30                             //小球最多个数
int main()
{
srand(time(0));
float ball_x[maxnum], ball_y[maxnum];                //小球坐标
float ball_vx[maxnum], ball_vy[maxnum];              //小球速度
float radius;                                        //小球半径
int i, j;
int ballnum = 15;                                    //目前小球数量
//数据初始化
radius = 20;
for (i = 0; i < ballnum; i++)
{
ball_x[i] = rand() % int(width - 4 * radius) + 2 * radius;
ball_y[i] = rand() % int(high - 4 * radius) + 2 * radius;
ball_vx[i] = (rand() % 2) * 2 - 1;                   //求余法
ball_vy[i] = (rand() % 2) * 2 - 1;
}
IMAGE img;
initgraph(width, high);          //初始化图形环境
setbkcolor(WHITE);
loadimage(&img, "xxxxx.jpg");
mciSendString(_T("open xxxxx.mp3 alias bkmusic"), NULL, 0, NULL);
mciSendString(_T("play bkmusic repeat"), NULL, 0, NULL);
BeginBatchDraw();                //开始批量绘制
while (1)
{
cleardevice;
putimage(0, 0, &img);
//绘制黑线、黑色填充的圆,消除之前的圆
setcolor(BLACK);
setfillcolor(BLACK);
for (i = 0; i < ballnum; i++)
fillcircle(ball_x[i], ball_y[i], radius);
//更新圆的坐标
for (i = 0; i < ballnum; i++)
{
ball_x[i] += ball_vx[i];
ball_y[i] += ball_vy[i];
}
//判断圆是否和墙相撞
for (i = 0; i < ballnum; i++)
{
if ((ball_x[i] <= radius) || (ball_x[i] >= width - radius))
ball_vx[i] = -ball_vx[i];
if ((ball_y[i] <= radius) || (ball_y[i] >= high - radius))
ball_vy[i] = -ball_vy[i];
}
float minDistances2[maxnum][2];           //记录某个小球距离最近的小球的距离平方
//以及这个小球的下标
for (i = 0; i < ballnum; i++)
{
```

```
minDistances2[i][0] = 9999999;
minDistances2[i][1] = -1;
}
//求所有小球两两之间距离平方
for (i = 0; i < ballnum; i++)
{
for (j = 0; j < ballnum; j++)
{
if (i != j)                   //相同小球之间不需要计算
{
float dist2;
dist2 = (ball_x[i] - ball_x[j]) * (ball_x[i] - ball_x[j]) + (ball_y[i] -
   ball_y[j]) * (ball_y[i] - ball_y[j]);
if (dist2 < minDistances2[i][0])
{
minDistances2[i][0] = dist2;
minDistances2[i][1] = j;
}
}
}
}
//判断小球之间是否相撞
for (i = 0; i < ballnum; i++)
{
if (minDistances2[i][0] < 4 * radius * radius) //若最小距离小于阈值，发生碰撞
{
j = minDistances2[i][1];
//交换速度
int temp;
temp = ball_vx[i]; ball_vx[i] = ball_vx[j]; ball_vx[j] = temp;
temp = ball_vy[i]; ball_vy[i] = ball_vy[j]; ball_vy[j] = temp;
minDistances2[i][0] = 9999999;            //距离重新计算
minDistances2[i][1] = -1;
}
}
        //绘制黄线、绿色填充的圆
        setcolor(YELLOW);
        setfillcolor(GREEN);
        for (i = 0; i < ballnum; i++)
        fillcircle(ball_x[i], ball_y[i], radius);
        FlushBatchDraw();              //执行未完成的绘图任务
        //延时
        Sleep(3);
    }
    EndBatchDraw();                    //结束批量绘制
    closegraph();                      //关闭图形环境
    return 0;
}
```

## 探索与扩展：排序功能——党的百年史诗

如果想要在C语言中实现一个程序来展示中国共产党的百年历史，可以使用文本文件或数组来存储这些历史事件。这里将提供一个简单的示例，使用数组和循环来打印这些事件。

首先，需要创建一个结构体来存储每个事件的信息，包括年份、月份、日期和描述：

```
#include <stdio.h>
// 定义一个结构体来存储历史事件信息
typedef struct {
    int year;
    int month;
    int day;
    char *description;
} Event;
// 声明一个全局数组来存储所有事件
Event events[] = {
    {1921, 7, 1, "中国共产党成立"},
    // 在此处添加其他历史事件…
};
```

接下来，在主函数 main( )中，可以遍历这个数组，并按照年份、月份和日期的顺序来排序并打印每个事件：

```
#include <stdio.h>
#include <stdlib.h>
// …
int main() {
    int n = sizeof(events) / sizeof(Event);  // 计算事件数量
    // 使用冒泡排序算法对事件进行排序
    for (int i = 0; i < n - 1; i++) {
        for (int j = 0; j < n - i - 1; j++) {
            if (events[j].year > events[j + 1].year) {
                Event temp = events[j];
                events[j] = events[j + 1];
                events[j + 1] = temp;
            } else if (events[j].year == events[j + 1].year) {
                if (events[j].month > events[j + 1].month) {
                    Event temp = events[j];
                    events[j] = events[j + 1];
                    events[j + 1] = temp;
                } else if (events[j].month == events[j + 1].month) {
                    if (events[j].day > events[j + 1].day) {
                        Event temp = events[j];
                        events[j] = events[j + 1];
                        events[j + 1] = temp;
                    }
                }
            }
        }
    }
    // 打印排序后的事件
    for (int i = 0; i < n; i++) {
        printf("%d 年%d 月%d 日: %s\n", events[i].year, events[i].month,
events[i].day, events[i].description);
    }
    return 0;
}
```

在这个例子中，使用了一个冒泡排序算法来根据年份、月份和日期对事件进行排序。然后，在主函数中遍历排序后的数组，并打印每个事件的信息。

# 第8章

CHAPTER 8

# 闪耀的星星

## ——指针

学习目标

- 理解指针的基本概念，掌握指针的声明和初始化。
- 熟悉指针获取变量地址，访问指针指向的值以及指针的赋值操作。
- 理解指针与数组的关系。
- 掌握指针与函数的结合使用。
- 掌握动态内存分配。

C 语言指针是用于存储内存地址的变量，它允许直接访问和操作内存中的数据。学习指针既简单又有趣。通过指针，可以简化一些 C 语言编程任务的执行，还有一些任务，没有指针是无法执行的。正确灵活地使用指针可以有效地表达复杂的数据结构，进行动态内存分配，实现消息机制和任务调度等功能。所以，想要成为一名优秀的 C 语言程序员，学习指针是很有必要的。

## 8.1 地址和指针的基本概念

### 8.1.1 什么是地址和指针

计算机中所有的数据都必须放在内存中，不同类型的数据占用的字节数不一样，例如 int 占用 4 字节，char 占用 1 字节。为了正确地访问这些数据，必须为每个字节都编上号码，就像门牌号、身份证号一样，每个字节的编号是唯一的，根据编号可以准确地找到某个字节。

图 8-1 是 4GB 内存中每个字节的编号（以十六进制表示）。

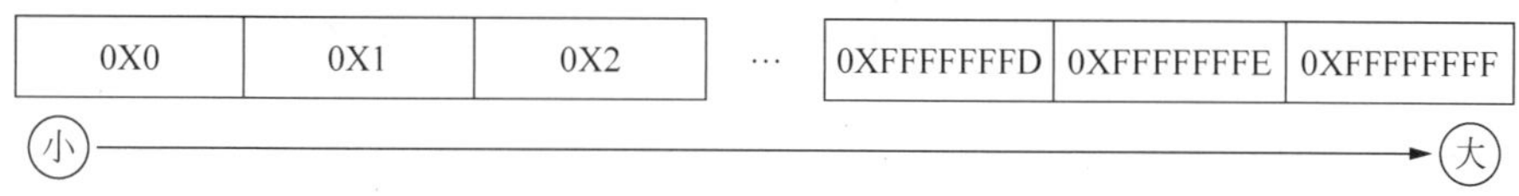


图 8-1 字节编号示例

系统在内存中，为变量分配存储空间的首个字节单元的地址，称为该变量的地址。地址用来标识每一个存储单元，方便用户对存储单元中的数据进行正确地访问。在高级语言中地址形象地称为指针。

请务必弄清楚存储单元的地址和存储单元的内容这两个概念的区别,假设程序已定义了 3 个整型变量 i, j, k，在程序编译时,系统可能分配地址为 2000～2003 的 4 字节给变量 i，地址为 2004～2007 的 4 字节给变量 j，地址为 2008～2011 的 4 字节给变量 k（不同的编译系统在不同次的编译中，分配给变量的存储单元的地址是不相同的），如图 8-2 所示。

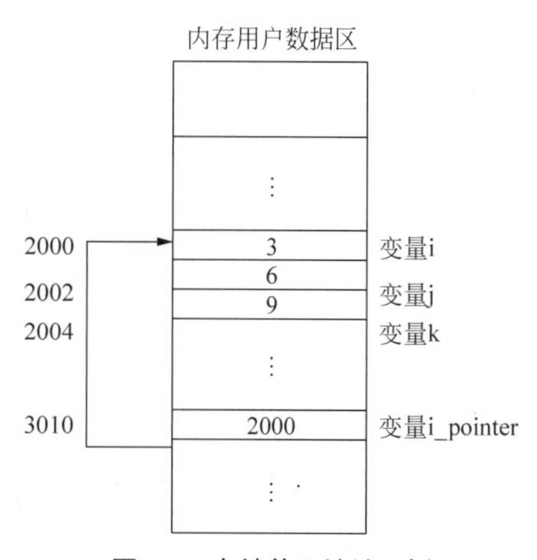


图 8-2 存储单元地址示例

在程序中一般是通过变量名来引用变量的值，例如:

```
printf("%d\n",i) ;
```

如果在程序中定义了一个变量，在对程序进行编译时，系统就会给这个变量分配内存单元。

由于在编译时，系统已为变量 i 分配了按整型存储方式的 4 字节，并建立了变量名和地址的对应表，因此在执行上面语句时，首先通过变量名找到相应的地址，从该 4 字节中按照整型数据的存储方式读出整型变量 i 的值，然后按十进制整数格式输出。

### 8.1.2 变量的访问

对变量的访问都是通过地址进行的。C 语言中对于变量的访问有两种方式，分别是直接访问和间接访问。按变量地址存取变量值的方式称为“直接访问”的方式。直接访问是指直接使用变量名来访问该变量的值。例如，如果有一个整型变量 x，那么可以使用 x 来访问该变量的值，例如：

```
int x = 10;
printf("%d", x);            // 直接访问变量 x 的值
```

另一种存取变量值的方式称为“间接访问”的方式。间接访问是指使用指针变量来访问变量的值。指针变量保存了一个内存地址，通过该地址可以访问该地址所对应的变量。例如：

```
int x = 10;
int *p = &x;                // 定义一个指向 x 的指针变量 p
printf("%d", *p);           // 间接访问变量 x 的值
```

打个比方，为了开一个 A 抽屉，有两种办法，一种是将 A 钥匙带在身上，需要时直接找出该钥匙打开抽屉，取出所需的东西。另一种办法是：为安全起见，将该 A 钥匙放到另一个抽屉 B 中锁起来。如果需要打开 A 抽屉，就需要先找出 A 钥匙，打开 B 抽屉，取出 A 钥匙，再打开 A 抽屉，取出 A 抽屉中的东西，这就是“间接访问”。

例如，图 8-3(a)表示直接访问，根据变量名直接向变量 a 赋值，由于变量名与变量的地址有一一对应的关系，因此就按此地址直接对 a 的存储单元进行访问（如把数值 3 存放到 a 的存储单元中）；图 8-3(b)表示间接访问，先找到存放 a 地址的变量 p，从其中得到 a 的地址(&a)，从而找到 a 的存储单元，然后对它进行存取访问。

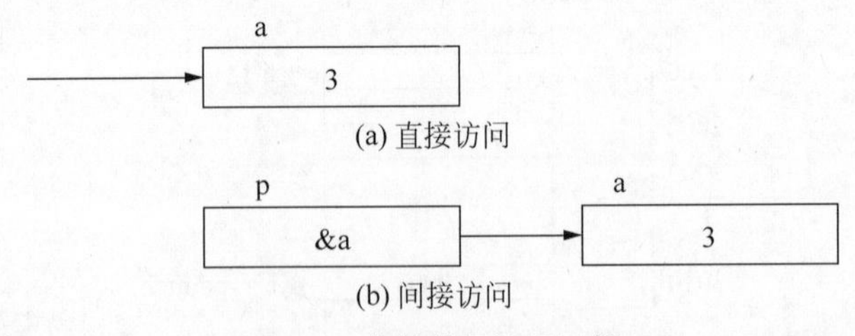


**图 8-3 存储单元访问示例**

指向就是通过地址来体现的。假设 p 中的值是 a 的地址(&a)，这样就在 p 和 a 之间建立起一种联系，即通过 p 能知道 a 的地址，从而找到 a 的内存单元。图 8.3 中以单箭头表示这种“指向”关系。

由于通过地址能找到所需的变量单元，因此，说地址指向该变量单元（如同说一个房

间号“指向”某一房间一样）。将地址形象化地称为指针，意思是通过它能找到以它为地址的内存单元（如同根据地址&a 就能找到 a 的存储单元一样）。

直接访问和间接访问的区别在于访问变量的方式不同。直接访问更加简单方便，适用于访问单个变量的情况；而间接访问则需要通过指针变量来访问变量的值，相对来说更加复杂，但是可以方便地访问一组连续的内存地址，因此适用于访问数组和其他数据结构的情况。在实际编程中，直接访问和间接访问的选择取决于具体的应用场景和需求。

## 8.2 指针变量

扫一扫

视频讲解

如果有一个变量专门用来存放另一个变量的地址（即指针），则它称为指针变量。8.1.2 节的 p 就是一个指针变量。指针变量就是地址变量，用来存放地址，指针变量的值是地址（即指针）。

注意：区分指针和指针变量这两个概念。例如，可以说变量 i 的指针是 2000，而不能说 i 的指针变量是 2000。指针是一个地址，而指针变量是存放地址的变量。

### 8.2.1 定义指针变量

定义指针变量与定义普通变量类似，不过要在变量名前面加星号*，格式为：

```
类型名 *指针变量名
```

例如：

```
int * pointer;
```

pointer 是一个指向 int 类型数据的指针变量，至于 pointer 究竟指向哪一份数据，应该由赋予它的值决定。例如：

```
int a = 100;
int *pointer= &a;
```

在定义指针变量 pointer 的同时对它进行初始化，并将变量 a 的地址赋予它，此时 pointer 就指向了 a。值得注意的是，pointer 需要的一个地址，a 前面必须要加取地址符&，否则是错误的。和普通变量一样，指针变量也可以被多次写入，例如：

```
//定义普通变量
float a = 99.5, b = 10.6;
char c = '@', d = '#';
//定义指针变量
float *p1 = &a;
char *p2 = &c;
//修改指针变量的值
p1 = &b;
p2 = &d;
```

*是一个特殊符号，表明一个变量是指针变量，定义指针变量 p1，p2 时必须带*。而给 p1，p2 赋值时，因为已经知道了它是一个指针变量，就没必要多此一举再带上*，后边可以像使用普通变量一样来使用指针变量。定义指针变量时必须带*，给指针变量赋值时不能带*。

假设变量 a，b，c，d 的地址分别为 0X1000，0X1004，0X2000，0X2004，图 8-4 很好地反映了 p1，p2 指向的变化。

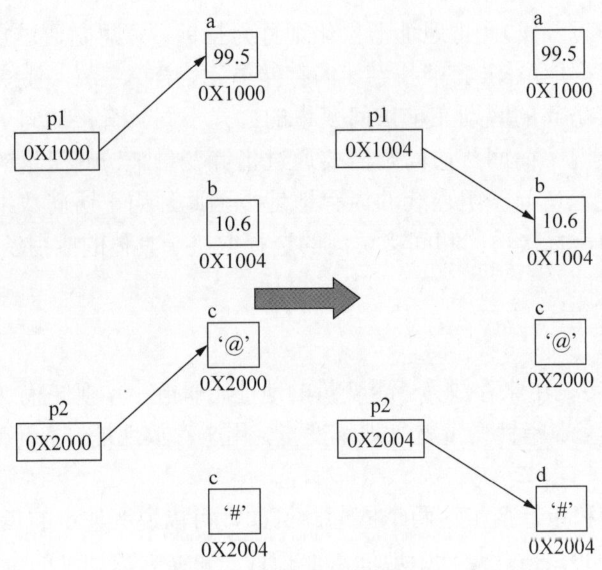


**图 8-4　指针变量指向示意**

需要强调的是，p1，p2 的类型分别是 float*和 char*，而不是 float 和 char，它们是完全不同的数据类型，要引起注意。

指针变量也可以连续定义，例如：

```
int *a, *b, *c;  //a, b, c 的类型都是 int*
```

注意每个变量前面都要带*。如果写成下面的形式，那么只有 a 是指针变量，b，c 都是类型为 int 的普通变量：

```
int *a, b, c;
```

## 8.2.2　引用指针变量

指针变量存储了数据的地址，通过指针变量能够获得该地址上的数据，格式为

```
*pointer;
```

这里的*称为指针运算符，用于取得某个地址上的数据。

**例 8.1**　引用指针变量举例 1。

```
#include <stdio.h>
int main(){
    int a = 15;
    int *p = &a;
    printf("%d, %d\n", a, *p);  //两种方式都可以输出 a 的值
    return 0;
}
```

运行结果如图 8-5 所示。

```
15, 15
```

**图 8-5　例 8.1 程序运行结果**

假设变量 a 的地址是 0X1000，变量 p 指向 a 后，p 本身的值也会变为 0X1000，*p 表示获取地址 0X1000 上的数据，即 a 的值。从运行结果看，*p 和 a 是等价的。

CPU 读写数据必须知道数据在内存中的地址，普通变量和指针变量都是地址的助记符，虽然通过*p 和 a 获取到的数据一样，但它们的运行过程稍有不同：a 只需要一次运算就能够取得数据，而*p 要经过两次运算，多了一层“间接”。

假设 a，p 的地址分别为 0X1000，0XF0A0，它们的指向关系如图 8-6 所示。

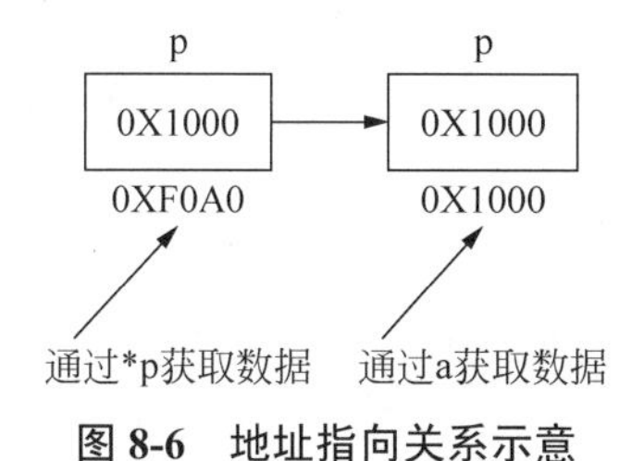


**图 8-6　地址指向关系示意**

程序被编译和链接后，a，p 被替换成相应的地址。使用*p 的话，要先通过地址 0XF0A0 取得 p 本身的值，这个值是 a 的地址，然后再通过这个值取得 a 的数据，前后共有两次运算；而使用 a 的话，可以通过地址 0X1000 直接取得它的数据，只需要一步运算。也就是说，使用指针是间接获取数据，使用变量名是直接获取数据，前者比后者的代价要高。指针除了可以获取内存上的数据，也可以修改内存的数据。

**例 8.2**　引用指针变量举例 2。

```
#include <stdio.h>
int main(){
   int a = 15, b = 99, c = 222;
   int *p = &a;  //定义指针变量
   *p = b;  //通过指针变量修改内存上的数据
   c = *p;  //通过指针变量获取内存上的数据
   printf("%d, %d, %d, %d\n", a, b, c, *p);
   return 0;
}
```

运行结果如图 8-7 所示。

```
99, 99, 99, 99
```

**图 8-7　例 8.2 程序运行结果**

*p 代表的是变量 a 中的数据，它等价于 a，可以将另外的一份数据赋值给它，也可以将它赋值给另外的一个变量。

*在不同的场景下有不同的作用：*可以用在指针变量的定义中，表明这是一个指针变量，以和普通变量区分开；使用指针变量时在前面加*表示获取指针指向的数据，或者说表示的是指针指向的数据本身。也就是说，定义指针变量时的*和使用指针变量时的*意义完全不同。以下面的语句为例：

```
int *p = &a;
*p = 100;
```

第 1 行代码中*用来指明 p 是一个指针变量，第 2 行代码中*用来获取指针指向的数据。需要注意的是，给指针变量本身赋值时不能加*。修改上面的语句：

```
int *p;
p = &a;
*p = 100;
```

第2行代码中的 p 前面就不能加*。

指针变量也可以出现在普通变量能出现的任何表达式中，例如：

```
int x, y, *px = &x, *py = &y;
y = *px + 5;          //表示把 x 的内容加 5 并赋给 y，*px+5 相当于(*px)+5
y = ++*px;            //px 的内容加上 1 之后赋给 y，++*px 相当于++(*px)
y = *px++;            //相当于 y=*(px++)
py = px;              //把一个指针的值赋给另一个指针
```

**例 8.3**　通过指针交换两个变量的值。

```
#include <stdio.h>
int main(){
    int a = 100, b = 999, temp;
    int *pa = &a, *pb = &b;
    printf("a=%d, b=%d\n", a, b);
    /*****开始交换*****/
    temp = *pa;  //将 a 的值先保存起来
    *pa = *pb;  //将 b 的值交给 a
    *pb = temp;  //再将保存起来的 a 的值交给 b
    /*****结束交换*****/
    printf("a=%d, b=%d\n", a, b);
    return 0;
}
```

运行结果如图 8-8 所示。

```
a=100, b=999
a=999, b=100
```

**图 8-8　例 8.3 程序运行结果**

从运行结果可以看出，变量 a、b 的值已经发生了交换。需要注意的是临时变量 temp，它的作用特别重要，因为执行*pa = *pb;语句后 a 的值会被 b 的值覆盖，如果不先将 a 的值保存起来以后就找不到了。

（1）关于 * 和 & 的谜题。

假设有一个 int 类型的变量 a，变量 pa 是指向它的指针，那么*&a 和&*pa 分别是什么意思？

*&a 可以理解为*(&a)，&a 表示取 a 的地址（等价于 pa），*(&a)表示取这个地址上的数据（等价于*pa），绕来绕去，又回到了原点，*&a 仍然等价于 a。

&*pa 可以理解为&(*pa)，*pa 表示取得 pa 指向的数据（等价于 a），&(*pa)表示数据的地址（等价于&a），所以&*pa 等价于 pa。

（2）对星号*的总结。

在目前所学到的语法中，星号*主要有三种用途：

① 表示乘法，如 int a = 3, b = 5, c;　c = a * b;，这是最容易理解的；

② 表示定义一个指针变量，与普通变量相区分，如 int a = 100;　int *p = &a;；

③ 表示获取指针指向的数据，是一种间接操作，如 int a, b, *p = &a; *p = 100; b = *p;。

## 8.2.3　指针变量作为函数参数

函数的参数不仅可以是整型、浮点型、字符型等数据，还可以是指针类型。它的作用是将一个变量的地址传送到另一个函数中。

**例 8.4**　对输入的两个整数按大小顺序输出。先用函数处理，而且用指针类型的数据作函数参数。

```
#include <stdio.h>
int main(){
  void swap(int *p1,int *p2);                  //对 swap()函数的声明
    int a,b;
    int *pointer_1,*pointer_2;                 //定义两个 int *型的指针变量
    printf("please enter a and b:");
    scanf("%d,%d",&a,&b);                      //输入两个整数
    pointer_1=&a;                              //使 pointer_1 指向 a
    pointer_2=&b;                              //使 pointer_2 指向 b
    if(a<b) swap(pointer_1,pointer_2);         //如果 a<b，调用 swap()函数
    printf("max=%d,min=%d\n",a,b);             //输出结果
    return 0;
}
void swap(int *p1,int *p2) {                   //定义 swap()函数
     int temp;
     temp=*p1;                                 //使*p1 和*p2 互换
     *p1=*p2;
     *p2=temp;
}
```

运行结果如图 8-9 所示。

```
please enter a and b:8,9
max=9,min=8
```

图 8-9　例 8.4 程序运行结果

说明：在函数调用时，将实参变量的值传送给形参变量，采取的依然是值传递的方式，因此变量 p1 的值为&a，变量 p2 的值为&b。这时，p1 和变量 pointer_1 都指向变量 a，p2 和变量 pointer_2 都指向变量 b，执行 swap( )函数体后，*p1 和*p2 的值互换，相当于 a 与 b 的值互换。函数调用结束后，形参 p1 和 p2 不复存在（被释放），此时，a 与 b 已经是交换后的值。

注意：如果 swap( )函数体写成以下这样，就会产生问题。

```
void swap(int *p1,int *p2){          //定义 swap()函数
    int *temp;
    *temp=*p1;
    *p1=*p2;
    *p2=*temp;
}
```

*p1 就是 a，是整型变量。而 *temp 是指针变量 temp 所指向的变量。但由于未给 temp 赋值，因此，temp 中的值是不可预见的，所以 temp 所指向的单元也是不可预见的。所以，对 *temp 赋值就是向一个未知的存储单元赋值，而这个存储单元可能存在着一个有用的数据，这样就可能破坏系统的正常工作状况。

注意：不能企图通过改变指针形参的值而使指针实参的值改变。

**例 8.5**　通过改变函数指针形参的值不能改变指针实参的值。

```
#include <stdio.h>
int main()
```

```
{
    void swap(int *p1,int *p2);          //对swap()函数的声明
    int a,b;
    int *pointer_1,*pointer_2;           //定义两个int *型的指针变量
    printf("please enter a and b:");
    scanf("%d,%d",&a,&b);                //输入两个整数
    pointer_1=&a;                        //使pointer_1指向a
    pointer_2=&b;                        //使pointer_2指向b
    if(a<b) swap(pointer_1,pointer_2);  //如果a<b，调用swap()函数
    printf("max=%d,min=%d\n",a,b);      //输出结果
    return 0;
}
void swap(int *p1,int *p2){              //定义swap()函数
    int *temp;
    temp=p1;
    p1=p2;
    p2=temp;
}
```

C语言中实参变量和形参变量之间的数据传递是单向的值传递方式。指针变量做函数参数同样要遵循这一规则。

函数的调用可以（而且只可以）得到一个返回值，而使用指针变量做参数，可以得到多个变化了的值。

**例8.6**　输入a，b，c三个整数，按大小顺序输出。

```
#include <stdio.h>
int main() {
    void exchange(int *p1,int *p2, int *p3);    //对swap()函数的声明
    int a,b,c;
    int *pointer_1,*pointer_2,*pointer_3;       //定义两个int *型的指针变量
    printf("please enter a b and c:");
    scanf("%d,%d,%d",&a,&b,&c); //输入两个整数
    pointer_1=&a;                               //使pointer_1指向a
    pointer_2=&b;                               //使pointer_2指向b
    pointer_3=&c;
    exchange(pointer_1,pointer_2,pointer_3);
    printf("The order is: %d,%d,%d\n",a,b,c);  //输出结果
    return 0;
}
void exchange(int *p1,int *p2, int *p3)         //定义swap()函数
{
    void swap(int *pt1,int *pt2);
    if(*p1 < *p2)   swap(p1,p2);
    if(*p1 < *p3)   swap(p1,p3);
    if(*p2 < *p3)   swap(p2,p3);
}
void swap(int *pt1,int *pt2)
{
    int temp;
    temp=*pt1;
    *pt1=*pt2;
    *pt2=temp;
}
```

运行结果如图 8-10 所示。

```
please enter a b and c:5,7,8
The order is: 8,7,5
```

图 8-10　例 8.6 程序运行结果

## 8.3　数组与指针

扫一扫

视频讲解

### 8.3.1　数组元素的指针

一个变量有地址，一个数组包含若干元素，每个数组元素都有相应的地址指针变量可以指向数组元素（把某一元素的地址放到一个指针变量中），所谓数组元素的指针就是数组元素的地址，如图 8-11 所示。

注意：p=&a[0]等价于 p=a（p 的值是数组 a 首元素 a[0]的地址）。

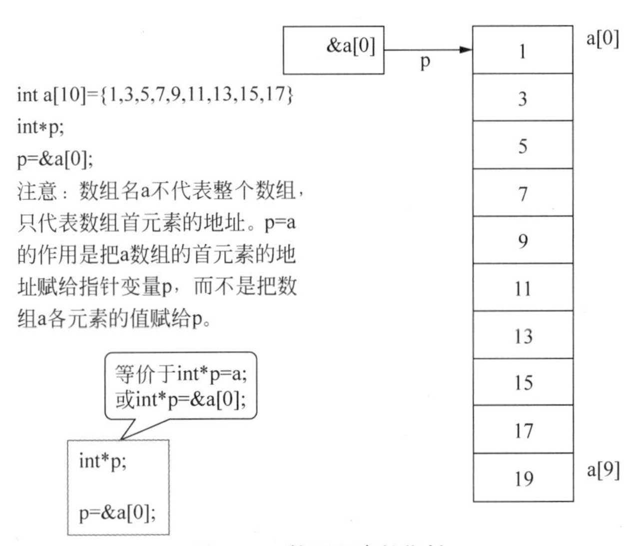


图 8-11　数组元素的指针

### 8.3.2　在引用数组元素时指针的运算

在指针指向数组元素时，允许以下运算。

（1）加一个整数（用+或+=），如 p+1。

（2）减一个整数（用−或−=），如 p−1。

（3）自加运算，如 p++，++p。

（4）自减运算，如 p−−，−−p。

（5）两个指针相减，如 p1−p2（只有 p1 和 p2 都指向同一数组中的元素时才有意义）。

注意：

（1）如果指针变量 p 已指向数组中的一个元素，则 p+1 指向同一数组中的下一个元素，p−1 指向同一数组中的上一个元素。

float a[10],*p=a;假设 a[0]的地址为 2000，则

p 的值为 2000

p+1 的值为 2004

p–1 的值为 1996 ——越界

（2）如果 p 的初值为&a[0]，则 p+i 和 a+i 就是数组元素 a[i]的地址或者说，它们指向 a 数组序号为 i 的元素，如图 8-12 所示。

（3）*(p+i)或*(a+i)是 p+i 或 a+i 所指向的数组元素，即 a[i]，如图 8-12 所示。

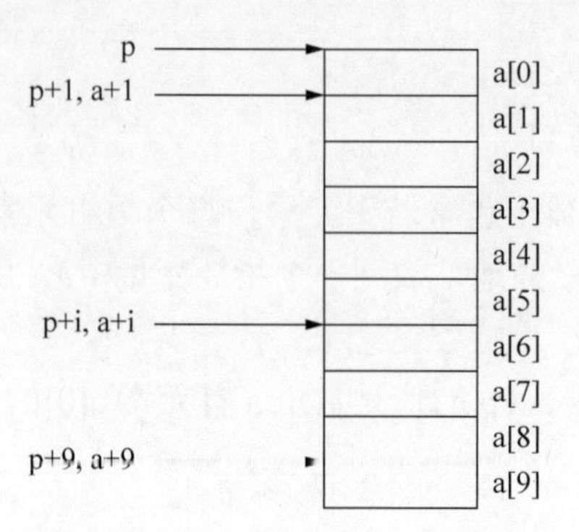


**图 8-12　数组元素的指针加法运算**

（4）p1、p2 都指向同一数组，p2–p1 的值是 4，不能 p1+p2，如图 8-13 所示。

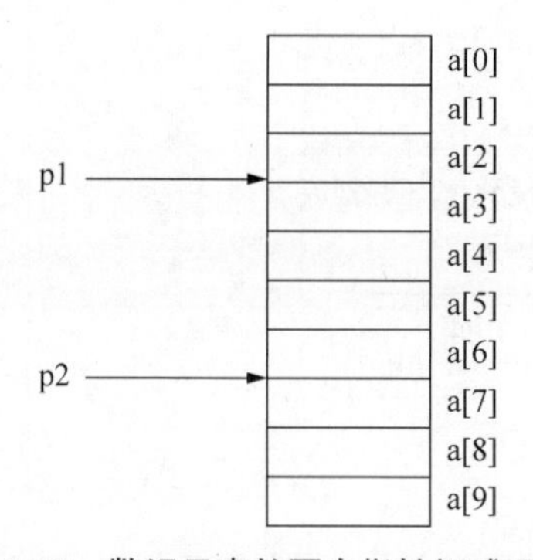


**图 8-13　数组元素的两个指针相减运算**

### 8.3.3　通过指针引用数组元素

引用一个数组元素，可用下面两种方法：

（1）下标法，如 a[i]形式；

（2）指针法，如*(a+i)或*(p+i)。

其中 a 是数组名，p 是指向数组元素的指针变量，其初值 p=a。

有关③的例题：有一个整型数组 a，有 10 个元素，要求输出数组中的全部元素。

解题思路：引用数组中各元素的值有 3 种方法。

（1）下标法。

（2）通过数组名计算数组元素地址，找出元素的值。

（3）用指针变量指向数组元素。

**例 8.7**　下标法。

```
#include <stdio.h>
void main()
```

```
{
    int a[10],i;
    printf("请输入 10 个整数：");
    for(i=0;i<10;i++){
      scanf("%d",&a[i]);
    }
    for(i=0;i<10;i++){
      printf("%3d",a[i]);
    }
}
```

运行结果如图 8-14 所示。

```
请输入10个整数:1 2 3 4 5 6 7 8 9 10
  1  2  3  4  5  6  7  8  9 10
```

图 8-14　例 8.7 程序运行结果

**例 8.8**　通过数组名计算数组元素地址，找出元素的值。

```
#include <stdio.h>
void main()
{
    int a[10],i;
    printf("请输入 10 个整数：");
    for(i=0;i<10;i++){
      scanf("%d",a+i); //a+i 可以换为&a[i]
    }
    for(i=0;i<10;i++){
      printf("%3d",*(a+i));
    }
}
```

运行结果如图 8-15 所示。

```
请输入10个整数:1 2 3 4 5 6 7 8 9 10
  1  2  3  4  5  6  7  8  9 10
```

图 8-15　例 8.8 程序运行结果

**例 8.9**　用指针变量指向数组元素。

```
#include <stdio.h>
void main()
{
    int a[10],*p;
    printf("请输入十个整数:");
    // for(i=0;i<10;i++){
    //scanf("%d",&a[i]);//&a[i]可以换为 a+i
    for(p=a;p<(a+10);p++){
       scanf("%d",p);
    }
    //上面的 p++结束后，需要对 p 重新初始化，令 p=a
    for(p=a;p<(a+10);p++){
      printf("%3d",*p);
   }
}
```

运行结果如图 8-16 所示。

```
请输入10个整数:1 2 3 4 5 6 7 8 9 10
  1  2  3  4  5  6  7  8  9 10
```

**图 8-16　例 8.9 程序运行结果**

**例 8.10**　通过指针变量输出整型数组 a 的 10 个元素。

解题思路：用指针变量 p 指向数组元素，通过改变指针变量的值，使 p 先后指向 a[0]到 a[9]各元素。

```
#include <stdio.h>
int main()
{
    int a[10], i,*p=a;
    printf("请输入 10 个整数:");
    for (i = 0; i < 10; i++)
        scanf_s("%d", p++);
    p = a;//此处的*p=&a 等同于  int *p; p=a;
    for (i = 0; i < 10; i++, p++)
        printf("%3d", *p);
    return 0;
}
```

运行结果如图 8-17 所示。

```
请输入10个整数:1 2 3 4 5 6 7 8 9 10
  1  2  3  4  5  6  7  8  9 10
```

**图 8-17　例 8.10 程序运行结果**

## 8.3.4　用数组名作函数参数

下面是用数组名作函数参数的代码，如图 8-18 所示。

```
int main() {
    void fun(int arr[],int n);
    int array[10];
    …
    fun(array,10);
    return 0;                  fun(int *arr,int n)
}
void fun(int arr[],int n)
{…}
```

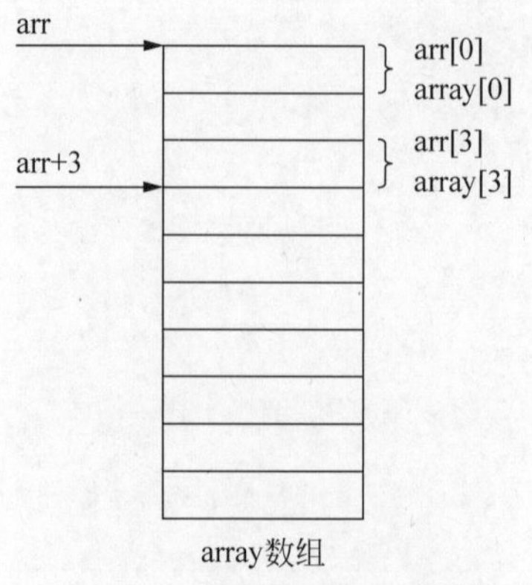


**图 8-18　数组名作函数参数**

实参数组名是指针常量，但形参数组名是按指针变量处理。在函数调用进行虚实结合后，它的值就是实参数组首元素的地址。在函数执行期间，形参数组可以再被赋值。

```
void fun (int arr[],int n){
   printf("%d\n", *arr);
   arr=arr+3;
   printf("%d\n", *arr);
}
```

**例 8.11**　将数组 a 中 n 个整数按相反顺序存放。

解题思路：将 a[0]与 a[n–1]对换，将 a[1]与 a[n–2]对换……

```
#include <stdio.h>
void fan(int b[],int n);//函数的调用
void main()
{
   int i,a[10]={1,3,4,5,2,6,8,7,9,-6};
   //先将这 10 个数输出来
   for(i=0;i<10;i++)
      printf("%3d",a[i]);
   printf("\n");
   fan(a,10);
   for(i=0;i<10;i++)
      printf("%3d",a[i]);
}
void fan(int x[],int n)
{
   int t,i,j,m=(n-1)/2;
   for(i=0;i<=m;i++){//也可以令 m=n/2;则变为 i<m;
      j=n-1-i;
      t=x[i];
      x[i]=x[j];
      x[j]=t;
   }
}
```

运行结果如图 8-19 所示。

```
 1  3  4  5  2  6  8  7  9 -6
-6  9  7  8  6  2  5  4  3  1
```

**图 8-19　例 8.11 程序运行结果**

注意：上面的 fan( )函数可以进行优化。

```
void fan(int x[],int n)
{
   int t,*i,*j;
   i=x;//数组 x[]的第一个元素即 x[0]
   j=x+n-1;
   for(i=x;i<j;i++,j--){
      t=*i;
      *i=*j;
      *j=t;
   }
}
```

对上面的代码进行改写，用指针变量作实参。

```
#include <stdio.h>
```

```
void fan(int *x,int n);
void main()
{
    int i,a[10],*p=a;//指针 p 指向 a[0]
    for(i=0;i<10;i++,p++)
        scanf("%d",p);
    p=a;//必不可少，指针变量 p 重新指向 a[0]
    fan(p,10);//调用，实参 p 是指针变量
    for(p=a;p<a+10;p++)
        printf("%3d",*p);
}
void fan(int *x,int n)//定义 fan()函数，形参 x 是指针变量
{
    int *y,*i,*j,t,m;
    m=(n-1)/2;
    i=x;
    j=x+n-1;
    y=x+m;
    for(i=x;i<=y;i++,j--){//i,x,y,j 都是地址，所以不能用 i<=m，因为 m 是实数
        t=*i;
        *i=*j;
        *j=t;
    }
}
```

**例 8.12**　用指针方法对 10 个整数按由大到小顺序排序。

解题思路：

（1）在主函数中定义数组 a 存放 10 个整数，定义 int *型指针变量 p 指向 a[0]；

（2）定义 sort( )函数使数组 a 中的元素按由大到小的顺序排列；

（3）在主函数中调用 sort( )函数，用指针 p 作实参；

（4）用选择法进行排序。

```
#include <stdio.h>
void sort(int x[],int t);
void main()
{
    int i,a[10],*p=a;//直接对 p 进行了初始化，相当于 p=a
    printf("请输入 10 个整数:");
    for(i=0;i<10;i++)
        scanf("%d",p++);
    p=a;//指针变量 p 重新指向 a[0]
    sort(p,10);
    for(p=a;p<a+10;p++)//指针变量 p 重新指向 a[0]
    printf("%3d",*p);
}
void sort(int x[],int n)
{
    int i,j,k,t;
    for(i=0;i<n-1;i++){//进行 9 次循环，实现 9 趟比较
        k=i;
        for(j=i+1;j<n;j++)  //在每一趟中进行 9-i 次比较
            if(x[j]>x[k])  k=j;//x[j]>x[k]可以改为 x[j]>x[i]
        if(k!=i){
            t=x[i];
            x[i]=x[k];
```

```
            x[k]=t;
        }
    }
}
```

运行结果如图 8-20 所示。

```
请输入10个整数:1 5 9 6 3 2 4 8 7 0
  9  8  7  6  5  4  3  2  1  0
```

图 8-20　例 8.12 程序运行结果

上面的程序可以进行优化，将 sort( )函数用冒泡排序的方法实现。

```
#include <stdio.h>
void sort(int x[],int t);
void main()
{
    int i,a[10],*p=a;//直接对 p 进行了初始化，相当于 p=a
    printf("请输入 10 个整数:");
    for(i=0;i<10;i++)
        scanf("%d",p++);
    p=a;//指针变量 p 重新指向 a[0]
    sort(p,10);
    for(p=a;p<a+10;p++)//指针变量 p 重新指向 a[0]
    printf("%3d",*p);
}
void sort(int x[],int n)//使用冒泡排序的方法
{
    int i,j,k,t;
    for(i=0;i<n-1;i++){//进行 9 次循环，实现 9 趟比较
        for(j=0;j<n-1-i;j++)  //在每一趟中进行 9-i 次比较
            if(x[j+1]>x[j]){
                t=x[j];
                x[j]=x[j+1];
                x[j+1]=t;
            }
    }
}
```

运行结果如图 8-21 所示。

```
请输入10个整数:1 5 9 6 3 2 4 8 7 0
  9  8  7  6  5  4  3  2  1  0
```

图 8-21　例 8.12 程序运行结果

还可以改用指针变量的方式进行程序的编写。

```
#include <stdio.h>
void sort(int x[],int t);
void main()
{
    int i,a[10],*p=a;//直接对 p 进行了初始化，相当于 p=a
    printf("请输入 10 个整数:");
    for(i=0;i<10;i++)
        scanf("%d",p++);
     p=a;//指针变量 p 重新指向 a[0]
    sort(p,10);
    for(p=a;p<a+10;p++)//指针变量 p 重新指向 a[0]
```

```
        printf("%3d",*p);
    }
    void sort(int *x,int n)
    {
        int i,j,k,t;
        for(i=0;i<9;i++){
            k=i;
            for(j=i+1;j<n;j++)
               if (*(x+j)>*(x+k)) k=j;
            if(k!=i){
               t=*(x+i);
               *(x+i)=*(x+k);
               *(x+k)=t;
            }
        }
    }
```

### 8.3.5　通过指针引用多维数组

多维数组元素的地址*(a+i)和 a[i]是等价的。如果 a 是一维数组名，a[i]代表 a 数组序号为 i 的元素的存储单元。如果 a 是多维数组名，则 a[i]是一维数组名，它只是一个地址，并不代表某一元素的值。

二维数组 int a[3][4] = {{1,3,5,7},{9,11,13,15},{17,19,21,23}}; 如图 8-22 所示。

| a[0] | 1 | 3 | 5 | 7 |
|---|---|---|---|---|
| a[1] | 9 | 11 | 13 | 15 |
| a[2] | 17 | 19 | 21 | 23 |

|  | a[0] | a[0]+1 | a[0]+2 | a[0]+2 |
|---|---|---|---|---|
| a | 2000<br>1 | 2004<br>3 | 2008<br>5 | 2012<br>7 |
| a+1 | 2016<br>9 | 2020<br>11 | 2024<br>13 | 2028<br>15 |
| a+2 | 2032<br>17 | 2036<br>19 | 2040<br>21 | 2044<br>23 |

**图 8-22　多维数组地址**

二维数组 a 的有关指针如图 8-23 所示。

| 表示形式 | 含义 | 含义 |
|---|---|---|
| a | 二维数组名，指向一维数组 a[0]，即 0 行首地址 | 2000 |
| a[0], *(a+0), *a | 0 行 0 列元素地址 | 2000 |
| a+1, &a[1] | 1 行首地址 | 2016 |
| a[1], *(a+1) | 1 行 0 列元素 a[1][0]的地址 | 2016 |
| a[1]+2, *(a+1)+2, &a[1][2] | 1 行 2 列元素 a[1][2]的地址 | 2024 |
| *(a[1]+2), ((a+1)+2, a[1][2]) | 1 行 2 列元素 a[1][2]的值 | 元素值为 13 |

**图 8-23　二维数组 a 的有关指针**

二维数组名（如 a）是指向行的。因此 a+1 中的 1 代表一行中全部元素所占的字节数。一维数组名（如 a[0],a[1]）是指向列元素的。a[0]+1 中的 1 代表一个 a 元素所占的字节数。在指向行的指针前面加一个*，就转换为指向列的指针。例如，a 和 a+1 是指向行的指针，在它们前面加一个 * 就是 *a 和 *(a+1)，它们就成为指向列的指针，分别指向 a 数组 0 行 0 列的元素和 1 行 0 列的元素。反之，在指向列的指针前面加&,就成为指向行的指针。例如 a[0]是指向 0 行 0 列元素的指针，在它前面加一个&,得&a[0]，由于 a[0]与*(a+0)等价，因此&a[0]与&*a 等价，也就是与 a 等价，它指向二维数组的 0 行。

**例 8.13**　输出二维数组的地址和值。

```
#include<stdio.h>
int main()
{
  int a[3][4] = {1,3,5,7,9,11,13,15,17,19,21,23};
    printf("%d,%d\n",a,*a);                           // 0 行首地址和 0 行 0 列元素地址
    printf("%d,%d\n", a[0], *(a+0));                  // 0 行 0 列元素地址
    printf("%d,%d\n", &a[1][0], *(a+1)+0);            // 1 行 0 列元素地址
    printf("%d,%d\n", &a[2], *(a+2));                 // 2 行 0 列元素地址
    printf("%d,%d\n", a[1][0], *(*(a+1)+0));          // 1 行 0 列元素
    printf("%d,%d\n", *a[2], *(*(a+2)+0));            // 2 行 0 列元素
    return 0;
}
```

运行结果如图 8-24 所示。

```
13892428,13892428
13892428,13892428
13892444,13892444
13892460,13892460
9,9
17,17
```

**图 8-24　例 8.13 程序运行结果**

（1）指向数组元素的指针变量。

**例 8.14**　用指向数组元素的指针变量输出二维数组各元素的值。

```
#include<stdio.h>
int main()
{
    int a[3][4] = {1,3,5,7,9,11,13,15,17,19,21,23};
    int *p;
    for(p=a[0];p<a[0]+12;p++)    // 使 p 依次指向下一个元素
    {
        if (p !=a[0] && (p-a[0])%4 == 0)
            printf("\n");
        printf("%4d", *p);
    }
    printf("\n");
    return 0;
}
```

运行结果如图 8-25 所示。

```
   1   3   5   7
   9  11  13  15
  17  19  21  23
```

**图 8-25　例 8.14 程序运行结果**

（2）指向由 m 个元素组成的一维数组的指针变量。

**例 8.15**　输出二维数组任一行任一列元素的值。

```
#include<stdio.h>
int main()
{
    int a[3][4] = {1,3,5,7,9,11,13,15,17,19,21,23};
    int (*p)[4], i ,j;              //指针变量 p 指向包含 4 个整型元素的一维数组
    p=a;                            // p 指向二维数组的 0 行
    printf("please enter row and column:\n");
    scanf("%d,%d",&i, &j);          //输出要求输出的元素的行列号
    printf("a[%d,%d]=%d\n", i,j,*(*(p+i)+j)); // 输出 a[i][j]的值
    printf("\n");
    return 0;
}
```

运行结果如图 8-26 所示。

```
please enter row and column:
2,3
a[2,3]=23
```

**图 8-26　例 8.15 程序运行结果**

（3）用指向数组的指针作函数参数。

**例 8.16**　有 3 个学生，各学 4 门课，计算总平均分数以及第 *n* 个学生成绩。

```
#include <stdio.h>
int main()
{
    void average(float *p,int n);
    void search(float (*p)[4],int n);
    float score[3][4]={{65,67,70,60},{80,87,90,81},{90,99,100,98}};
    average(*score,12);       //求 12 个分数的平均分
    search(score,2);          //求序号为 2 的学生的成绩
    return 0;
}
void average(float *p,int n)
{
    float *p_end;
    float sum=0,aver;
    p_end=p+n-1;              // n 的值为 12 时，p_end 的值是 p+11,指向最后一个元素
    for(;p<=p_end;p++)
        sum=sum+(*p);
    aver=sum/n;
    printf("average=%5.2f\n",aver);
}
void search(float (*p)[4],int n)
{
    int i;
```

```
    printf("The score of No.%d are:\n",n);
    for(i=0;i<4;i++)
       printf("%5.2f",*(*(p+n)+i));
    printf("\n");
}
```

运行结果如图 8-27 所示。

```
average=82.25
The score of No.2 are:
90.00 99.00 100.00 98.00
```

图 8-27　例 8.16 程序运行结果

**例 8.17**　查找一门以上课程不及格的学生，输出他们的全部课程的成绩。

```
#include <stdio.h>
int main()
{
    void search(float(*p)[4],int n);
    float score[3][4]={{65,57,70,60},{58,87,90,81},{90,99,100,98}};
    search(score,3);
    return 0;
}
void search(float(*p)[4],int n)
{
    int i,j,flag;
    for(j=0;j<n;j++)
    {
        flag=0;
        for(i=0;i<4;i++)
            if(*(*(p+j)+i)<60)flag=1;
        if(flag==1)
        {
            printf("NO.%d fails,his score are:\n",j+1);
            for(i=0;i<4;i++)
                printf("%5.1f",*(*(p+j)+i));
            printf("\n");
        }
    }
}
```

运行结果如图 8-28 所示。

```
NO.1 fails,his score are:
 65.0 57.0 70.0 60.0
NO.2 fails,his score are:
 58.0 87.0 90.0 81.0
```

图 8-28　例 8.17 程序运行结果

## 8.4　字符串与指针

### 8.4.1　字符串的引用方式

扫一扫

视频讲解

字符串是存放在字符数组中的，引用字符串有以下两种方法。

（1）通过数组名和下标。

```
#include <stdio.h>
```

```
int main()
{
    char string[]="I love China!";
    printf("%s\n",string);
    printf("%c\n",string[7]);
    return 0;
}
```

运行结果如图 8-29 所示。

```
I love China!
C
```

图 8-29　字符串引用结果

（2）通过字符指针变量引用一个字符串常量。

```
#include <stdio.h>
int main()
{
const char *string="I love China!";     // 把字符串的第 1 个元素的地址赋给字符
                                        // 指针变量 string
    printf("%s\n",string);
    return 0;
}
```

运行结果如图 8-30 所示。

```
I love China!
```

图 8-30　通过字符指针变量引用一个字符串常量程序运行结果

**例 8.18**　将字符串 a 赋值给字符串 b，然后输出字符串 b。

方法 1：字符数组。

```
#include <stdio.h>
int main()
{
      char a[]="I love China!", b[20];
      int i;
      for(i=0;*(a+i)!='\0';i++)
          *(b+i)=*(a+i);
      *(b+i)='\0';
      printf("string a is:%s\n", a);
      printf("string b is:%s\n", b);
      printf("string b is:");
      for(i=0;b[i]!='\0';i++)
          printf("%c",b[i]);
      printf("\n");
      return 0;
}
```

运行结果如图 8-31 所示。

```
string a is:I love China!
string b is:I love China!
string b is:I love China!
```

图 8-31　例 8.18 方法 1 程序运行结果

方法 2：指针变量。

```
#include <stdio.h>
int main()
{
    char a[]="I love China!", b[20], *p1, *p2;
    p1=a;
    p2=b;
    for(;*p1!='\0';p1++,p2++)
        *p2=*p1;
    *p2='\0';
    printf("string a is:%s\n", a);
    printf("string b is:%s\n", b);
    return 0;
}
```

运行结果如图 8-32 所示。

```
string a is:I love China!
string b is:I love China!
```

**图 8-32　例 8.18 方法 2 程序运行结果**

## 8.4.2　字符指针作函数参数

**例 8.19**　函数的形参和实参分别用字符数组名和字符指针变量。

```
#include <stdio.h>
int main()
{
    void copy_string(char from[], char to[]);
    char a[]="I love china!";
    char b[]="You are a teacher!";
    printf("string a=%s\nstring b=%s\n",a,b);
    printf("copy string a to string b:\n");
    copy_string(a,b);
    printf("string a=%s\nstring b=%s\n",a,b);
    return 0;
}
void copy_string(char from[], char to[])
{
    int i = 0;
    while(from[i]!='\0')
    {
        to[i]=from[i];
        i++;
    }
    to[i]='\0';
}
```

运行结果如图 8-33 所示。

```
string a=I love China!
string b=You are a teacher!
copy string a to string b:
string a=I love China!
string b=I love China!
```

**图 8-33　例 8.19 程序运行结果**

**例 8.20**　字符指针变量作形参和实参。

```
#include <stdio.h>
int main()
{
    void copy_string(char* from, char* to);
    char a [] = "I love China!";
    char* q = a;
    char b[] = "You are a teacher!";
    char* p = b;
    printf("string a=%s\nstring b=%s\n", a, b);
    printf("copy string a to string b:\n");
    copy_string(q, p);
    printf("string a=%s\nstring b=%s\n", q, b);
    return 0;
}
void copy_string(char* from, char* to)
{
    for (; *from != '\0'; from++, to++)
    {
        *to = *from;
    }
    *to = '\0';
}
```

运行结果如图 8-34 所示。

```
string a=I love China!
string b=You are a teacher!
copy string a to string b:
string a=I love China!
string b=I love China!
```

图 8-34　例 8.20 程序运行结果

### 8.4.3　使用字符指针变量和字符数组的比较

用字符数组和字符指针变量都能实现字符串的存储和运算，但是二者之间还是有很多区别，主要有以下几点。

（1）字符数组由若干个元素组成，每个元素放一个字符，而字符指针变量中存放的是字符串第一个元素的地址，不是将字符串放到字符指针变量中。

```
char *a = "I love China!";
char b[] = "You are a student.";
printf("%4d%4d", sizeof a, sizeof b);  //使用 sizeof 来确定 a 和 b 所占的分配空间
```

得到的结果为 4 和 19。

（2）赋值方式。

可以对字符指针变量赋值，但是不能对数组名赋值。可以采用下面方法对字符指针变量赋值：

```
char *a;                        //a 为字符指针变量
a = "I love China!";            //将字符串首元素地址赋给指针变量，合法。
                                //但赋给 a 的不是字符串，而是字符串首元素的地址
```

不能用以下方法对字符数组名赋值：

```
char str[14];
str[0] = 'I';                    //对字符数组元素赋值，合法
str = "I love China!";           //数组名是地址，是常量，不能被赋值，非法
```

而对数组的初始化：

```
char str[] = "I love China!";   //定义字符数组 str，并把字符串赋给数组中各元素
```

等价于：

```
char *a;                         //定义字符指针变量 a
a = "I love China!";             //把字符串第一个元素的地址赋给 a
```

不等价于：

```
char str[14];                    //定义字符数组 str
str[] = "I love China!";         //企图把字符串赋给数组中各元素，错误
```

数组可以在定义时对各个元素赋初值，但是不能用赋值语句对字符数组中的全部元素整体赋值。

（3）存储单元的内容。

编译时为字符数组分配若干存储单元以存放各元素的值，而对字符指针变量，只分配一个存储单元（Visual C++为指针变量分配 4 字节）。如果定义了字符数组，但未对其赋值，这时数组中的元素的值是不可预料的。可以引用这些值，结果显然没有意义，但是不会造成严重后果，容易发现且改正。

但是如果定义了字符指针变量，应当及时把一个字符变量（或字符数组元素）的地址赋给它，使它指向一个字符型数据。如果未对它赋予一个地址值，它未指向一个确定的对象，此时如果向该指针变量所指向的对象（其实此时指针并没有指向对象，但是形式上还是可以这样使用它）输入数据，可能会造成严重后果。例如：

```
char *a;                  //定义字符指针变量 a
scanf("%s", a);           //试图从键盘输入一个字符串，使 a 指向该字符串，错误
```

又如：

```
int *a;                   //定义指针变量 a
*a = 5;                   //在 a 指向的地址存入 5，错误，因为 a 的指向不明
```

出现此类问题时，Visual C++中编译只是发出警告信息，提醒未给指针变量指定初始值，虽然也能勉强运行，但是这种方法是危险的。由于指针变量 a 没有被初始化，因此它的值是随机的，不知道 5 会被存储到什么位置。这个位置也许对系统危害不大，但也许会覆盖程序数据或者代码，甚至导致系统崩溃。应当绝对防止这种情况的出现，应当在定义指针后及时指定其指向。例如：

```
char *a, str[10];         //定义了字符指针变量 a 和字符数组 str
a = str;                  //使 a 指向 str 数组的首元素
scanf("%s", a);           //从键盘输入一个字符串存放到 a 所指向的一段单元中，正确
```

先使指针变量 a 有确定值，使 a 指向一个数组元素，然后输入一个字符串，把它存放在以该地址开始的若干单元中。

（4）指针变量的值是可以改变的，而数组名代表一个固定的值（数组首元素的地址），不能改变。

```
char *a = "I love China!";
a = a + 7;                  //改变指针变量的值，即改变指针变量的指向
printf("%s", a);            //输出从 a 指向的字符开始的字符串
```

运行结果：China!

下面是错的：

```
char str[] = "I love China!";
str = str + 7;              //错误
printf("%s", str);
```

（5）字符数组中各元素的值是可以改变的（可以对它们进行再赋值），但字符指针变量指向的字符串常量中的内容是不可以被取代的（不能对它们再赋值）。例如：

```
char a[] = "House";
char *b = "House";
a[2] = 'r';                 //合法，r 取代 a 数组元素 a[2]的原值 u
b[2] = 'r';                 //不合法，字符串常量不能改变
```

一个完整的例子：

```
#include <stdio.h>
int main()
{
    void copy_string(char *from, char *to);
    char *a = "I am a teacher.";
    char b[] = "You are a student.";    //此句不能换为 char *b = "You are a
student.", 否则出现严重错误;
    char *p = b;                        //p 指向 b 数组首元素
    printf("string a = %s\nstring b = %s\n", a, b);    //输出原 a 和 b
    printf("\ncopy string a to string b:\n");
    copy_string(a, p);
    printf("string a = %s\nstring b = %s\n", a, b);    //输出改变后的 a 和 b
    return 0;
}
void copy_string(char *from, char *to)
{
    for(;*from != '\0'; from++, to++)
    {
        *to = *from;
    }
        *to = '\0';
}
```

该例中若 char b[]换为 char *b 会出现严重错误。

（6）引用数组元素。

对字符数组可以用下标引用数组元素（如 a[5]），也可以使用地址（如*(a+5)）。如果定义了字符指针变量 p，并使它指向数组 a 的首元素，则可以用同样的两种方法引用元素。但是如果指针变量没有指向数组，则明显无法使用 p[5]和*(p+5)这样的形式引用数组中的元素。如果用了，也是无意义的，应当避免这种情况。

（7）若字符指针变量指向字符串常量，就可以用指针变量带下标的形式引用所指向的字符串中的字符。例如：

```
char *a = "I love China!" //定义字符指针变量 a，并把字符串第一个元素的地址赋给 a
```

则有 a[5]的值是指针变量 a 指向的字符串"I love China!"中的第 6 个字符。

（8）用指针变量指向一个格式字符串，可以用它代替 printf( )函数中的格式字符串，例如：

```
char *format;
format = "a = %d, b = %n"; //使 format 指向一个字符串
printf(format, a, b);
```

相当于：

```
printf("a = %d, b = %d\n", a, b);
```

因此只要改变指针变量 format 所指向的字符串，就可以改变输入输出的格式，这种 printf( )函数称为可变格式输出函数。也可以用字符数组实现。例如：

```
char format[] = "a = %d, b = %n";
printf(format, a, b);
```

但使用字符数组时，只能采用在定义数组时初始化或逐个对元素赋值的方法，而不能用赋值语句对数组整体赋值。例如：

```
char format[];
format = "a = %d, b = %n";
```

因此，使用指针变量指向字符串更为方便。

## 8.5 函数与指针

**例 8.21** 有 *a* 个学生，每个学生有 *b* 门课程成绩。要求在用户输入学生的学号后，能输出该学生的全部成绩，并用指针函数实现。

方法 1：

```
#include<stdio.h>
int main()
{
    float *search(float (*pointer)[4], int m);
    float score[][4]={{60,70,80,90},{56,89,67,88},{34,78,90,66}};
    float * p;
    int i,k;
    printf("Enter the number of student:");
    scanf("%d",&k);
    printf("The score of No.%d are:\n",k);
    p=search(score,k);
    for(i=0;i<4;i++)
        printf("%5.2f\t", *(p+i));
    printf("\n");
    return 0;
}
float *search(float (*pointer)[4], int m)
{
    float *pt;
      pt = *(pointer+m);
      return pt;
}
```

运行结果如图 8-35 所示。

```
Enter the number of student:1
The score of No.1 are:
56.00    89.00    67.00    88.00
```

图 8-35　例 8.21 方法 1 程序运行结果

方法 2：

```
#include<stdio.h>
int main()
{
    float *search(float score[][4], int m);
    float score[][4]={{60,70,80,90},{56,89,67,88},{34,78,90,66}};
    float * p;
    int i,k;
    printf("Enter the number of student:");
    scanf("%d",&k);
    printf("The score of No.%d are:\n",k);
    p=search(score,k);
    for(i=0;i<4;i++)
        printf("%5.2f\t", *(p+i));
    printf("\n");
    return 0;
}
float *search(float score[][4], int m)
{
    float *pt;
    pt = &score[m-1][4];     // 根据指针指向与实际数据，因此减 1
    return pt;
}
```

运行结果如图 8-36 所示。

```
Enter the number of student:1
The score of No.1 are:
56.00    89.00    67.00    88.00
```

图 8-36　例 8.21 方法 2 程序运行结果

**例 8.22**　找出其中有不及格学生的成绩及其序号。

```
#include<stdio.h>
int main()
{
    float *search(float (*pointer)[4]);
    float score[][4]={{60,70,80,90},{56,89,67,88},{34,78,90,66}};
    float * p;
    int i,j;
    for(i=0;i<3;i++)
    {
        p=search(score+i);
        if (p==*(score+i))
        {
            printf("No.%d score:",i);
            for(j=0;j<4;j++)
                printf("%5.2f  ",*(p+j));
            printf("\n");
        }
```

```
    }
    return 0;
}
float *search(float (*pointer)[4])
{
    int i;
    float *pt;
    pt = NULL;
    for(i=0;i<4;i++)
        if (*(*pointer+i)<60)
            pt = *pointer;
    return pt;
}
```

运行结果如图 8-37 所示。

```
No.1 score:56.00  89.00  67.00  88.00
No.2 score:34.00  78.00  90.00  66.00
```

**图 8-37　例 8.22 程序运行结果**

# 8.6　动态内存分配

## 8.6.1　内存的动态分配

全局变量是分配在内存中的静态存储区的，非静态的局部变量（包括形参）是分配在内存中的动态存储区的，这个存储区是一个称为栈的区域。C 语言允许建立动态存储分配区域，存放临时用的数据。这些临时数据存放在一个特别的存储区，称为堆区。由于未在声明的部分定义它们为变量或数组，因此不能通过变量名或数组名去引用这些数据，只能通过指针来引用。

## 8.6.2　建立内存的动态分配

### 1. 用 malloc( )函数开辟动态存储区

其函数原型为：void *malloc（unsigned int size）;

在内存的动态存储区分配一个长度为 size 的连续空间，形参 size 的类型为无符号整型。

### 2. 用 calloc( )函数开辟动态存储区

其函数原型为：void *calloc（unsigned n，unsigned int size）;

在内存中分配 n 个长度为 size 的连续空间。

```
p=calloc(50,4);   //开辟 50×4 字节的临时分配域，把起始地址赋给指针变量 p
```

### 3. 用 realloc( )函数重新分配动态存储区

其函数原型为：void *realloc（void *p，unsigned int size）;

如果已经通过 malloc( )或 calloc( )函数获得了动态空间，想改变大小，可以用 recalloc( )函数重新分配。

```
recalloc(p, 50);   // 将 p 所指向的已分配的动态空间改为 50 字节
```

### 4. 用 free( )函数释放动态存储区

其函数原型为：void free（void *p）;

其作用是释放指针变量 p 所指向的动态空间，使这部分空间能重新被其他变量使用。p 应是最后一次调用 calloc( )或 malloc( )函数时得到的函数返回值。例如：

```
free(p); // 释放指针变量 p 所指向的已分配的动态空间
```

free( )函数无返回值。

### 8.6.3 void 指针类型

**例 8.23** void 指针类型的程序。

```
#include<stdio.h>
#include<stdlib.h>
int main()
{
    void check(int *p);
    int *p1,i;
    p1 = (int *)malloc(5*sizeof(int)); // 开辟动态内存区，将地址转换为 int * 型，
                                       // 然后放在 p1 中
    for(i=0;i<5;i++)
        scanf("%d", p1+i);
    check(p1);
    return 0;
}
void check(int *p)
{
    int i;
    printf("They are fail:");
    for(i=0;i<5;i++)
        if(p[i]<60)
            printf("%d",p[i]);
    printf("\n");
}
```

运行结果如图 8-38 所示。

```
45 56 89 15 23
They are fail:45 56 15 23
```

图 8-38 例 8.23void 指针类型程序结果

## 8.7 main( )函数参数

main( )函数参数一共有 3 个：

（1）int argc 整型变量；

（2）char *argv[]字符指针的数组，通俗一点就是字符串数组，每个元素都是字符串；

（3）char *envp[] 字符串数组。

#### 1. int argc 参数

用于存放命令行参数的个数。

#### 2. char *argv[]参数

每个元素都是一个字符串，表示命令行中的每一个参数。

### 3. char *envp[]参数

这是一个存放环境变量的数组。

## 实验一

### 1. 实验目的

熟练掌握指针并运用指针解决实际问题。

### 2. 实验任务

有一个班，4 个学生，各学 5 门课程。

（1）求第一门课程的平均分。

（2）找出有两门课程以上不及格的学生，输出他们的学号和全部课程成绩及平均成绩。

（3）找出平均成绩在 90 分以上或全部课程成绩在 85 分以上的学生。

分别编 3 个函数实现以上 3 个要求。

### 3. 参考程序

参考程序如下。

```
#include <stdio.h>

int main()
{
    int fun1(float (*p)[6]);
    int fun2(float (*p)[6]);
    int fun3(float (*p)[6]);
    float a[4][6];
    int i,j;
    float (*p)[6];
    p = a;

    printf("请输入学号和成绩：\n");
    for(i = 0;i < 4;i++)
    {
        for(j = 0;j < 6;j++)
        {
            scanf("%f",&a[i][j]);
        }
    }

    fun1(p);
    fun2(p);
    fun3(p);
}

//求第一门成绩的平均分
int fun1(float (*p)[6])
{
    float sum = 0.0;
    int i;

    for(i = 0;i < 4;i++)
```

```
    {
        sum += *(*(p + i) + 1);
    }

    printf("平均分是: %f\n",sum/4);
}

//找出有两门课程以上不及格的学生，输出他们的学号和全部课程成绩及平均成绩
int fun2(float (*p)[6])
{
    int i,j,n,flag = 0;
    float sum;

    for(i = 0;i< 4;i++)
    {
        n = 0;
        sum = 0.0;
        for(j = 1;j < 6;j++)
        {
            if(*(*(p + i) + j) < 60)
            {
                n ++;
            }
            sum += *(*(p + i) + j);
        }
        if(n >= 2)
        {
            printf("学号为%f 的学生有超过两门成绩不合格\n",*(*(p + i) + 0));

            printf("成绩有:\n");
            for(j = 1;j < 6;j++)
            {
                printf("%f ",*(*(p + i) + j));
            }

            printf("\n 平均成绩是: %f\n",sum/5);
            flag = 1;
        }
    }

    if(flag == 0)
    {
        printf("未找到! \n");
    }
}

//找出平均成绩在 90 分以上或全部课程成绩在 85 分以上的学生
int fun3(float (*p)[6])
{
    int i,j,n;
    float sum;

    for(i = 0;i < 4;i++)
    {
        sum = 0.0;
        n = 0;
        for(j = 1;j < 6;j++)
```

```
        {
            if(*(*(p + i) + j) >= 85)
            {
                n++;
            }
            sum += *(*(p + i) + j);
        }
        if(sum / 5 >= 90 || n == 5)
        {
            printf("符合条件 3 的学生有%f\n",*(*(p + i) + 0));
        }
    }
}
```

## 实验二

### 1. 实验目的

熟练掌握指针数组的使用。

### 2. 实验任务

编一程序，输入月份号，输出该月的英文月名。例如，输入 3，则输出 March，要求用指针数组处理。

### 3. 参考程序

参考程序如下。

```
#include<stdio.h>//头文件
int main()//主函数
{
    char *month_name[13]={"illegal month","January","February",
    "March","April","May","June","July","August",
    "September","October","November","December"};//定义指针数组
    int number;//定义整型变量
    printf("输入月份："); //提示语句
    scanf("%d",&number);//键盘输入
    if((number<=12)&&(number>=1))//判断条件
    {
        printf("%d",number);//提示语句
        printf("月的英文是%s\n",*(month_name+number));
    }
    else
    {
        printf("它是错误的!\n");
    }
    return 0;//主函数返回值为 0
}
```

## 实验三

### 1. 实验目的

熟练掌握指针与函数的结合以及对内存空间的操作。

### 2. 实验任务

（1）编写一个函数 neww( )，对 n 个字符开辟连续的存储空间，此函数应返回一个指针（地址），指向字符串开始的空间。neww(n)表示分配 n 字节的内存空间。

（2）编写一个函数 freee( )，将前面用 neww( )函数占用的空间释放。freee(p)表示将指针变量 p 指向的单元以后的内存段释放。

### 3. 参考程序

参考程序如下。

```
#include <stdio.h>
#include <stdlib.h>

char *neww(int n);

int main(){
    int num;
    char *n;
    printf("Please enter number: ");
    scanf("%d", &num);
    n = neww(num);
    printf("Address = %d\n", *n);

    system("pause");
    return 0;
}

char *neww(int n){
    char *p;
    p = (char *)malloc(n * sizeof(char));
    return p;
}


#include <stdio.h>
#include <stdlib.h>

char *neww(int n);
void freee(char *p);

int main(){
    int num;
    char *n;
    printf("Please enter number: ");
    scanf("%d", &num);
    n = neww(num);
    scanf("%s", n);
    puts(n);
    freee(n);

    system("pause");
    return 0;
}

char *neww(int n){
    char *p;
```

```
    p = (char *)malloc(n * sizeof(char));
    return p;
}

void freee(char *p){
    free(p);
}
```

## 实验四

### 1. 实验目的

灵活使用指针与函数。

### 2. 实验任务

用指向指针的方法对 *n* 个整数排序并输出。要求将排序单独写成一个函数。*n* 个整数在主函数中输入，最后在主函数中输出。

### 3. 参考程序

参考程序如下。

```
#include <stdio.h>
#define N 5

int main()
{
    int fun(int *p[]);
    int a[N],*p[N];
    int i;

    printf("请输入整数：\n");
    for(i = 0;i < N;i++)
    {
        scanf("%d",&a[i]);
    }
    for(i = 0;i < N;i++)
    {
        p[i] = &a[i];
    }

    fun(p);

    printf("输出结果：\n");
    for(i = 0;i < N;i++)
    {
        printf("%d\n",**(p + i));
    }
}

int fun(int *p[])
{
    int **q,*t;
    q = p;
    int i,j;
```

```
        for(i = 0;i < N - 1;i++)
        {
            for(j = 0;j < N - 1 - i;j++)
            {
                if(**(q + j) > **(q + j + 1))
                {
                    t = *(q + j);
                    *(q + j) = *(q + j + 1);
                    *(q + j + 1) = t;
                }
            }
        }
    }
```

## 小　结

本章思维导图如图 8-39 所示。

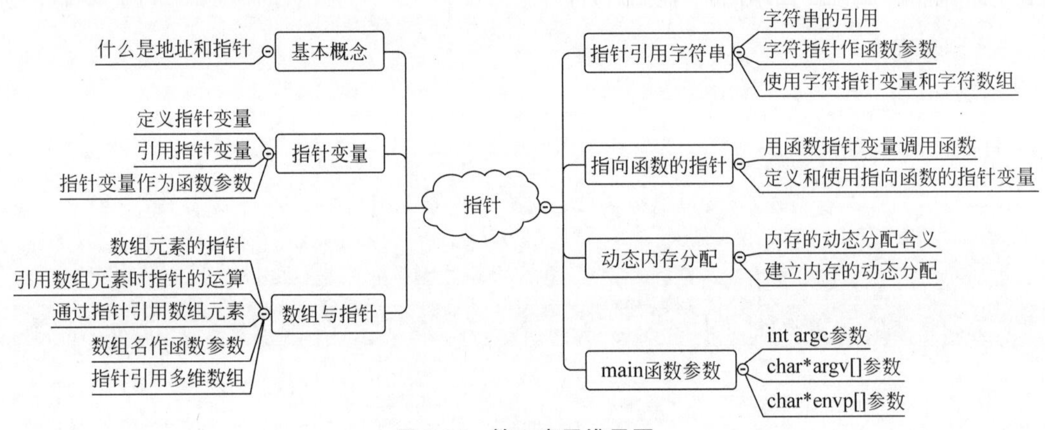


**图 8-39　第 8 章思维导图**

扫一扫

在线测试

## 习　题

1. 输入 3 个整数，按由小到大的顺序输出。

2. 输入 3 个字符串，按由小到大的顺序输出。

3. 输入 10 个整数，将其中最小的数与第 1 个数对换，把最大的数与最后一个数对换。写 3 个函数：①输入 10 个数；②进行处理；③输出 10 个数。

4. $n$ 个人围成一圈，顺序排号。从第 1 个人开始报数（从 1 到 3 报数），凡报到 3 的人退出圈子，输出最后留下的是原来第几号的那位。

5. 写一个函数，求一个字符串的长度。在 main( )函数中输入字符串，并输出其长度。

6.有一个字符串，包含 $n$ 个字符。写一个函数，将此字符串中从第 $m$ 个字符开始的全部字符复制成为另一个字符串。

7. 输入一行文字，找出其中大写字母、小写字母、空格、数字以及其他字符各有多少个。

8. 写一个函数，将一个 3×3 的整型矩阵转置。

9. 将一个 5×5 的矩阵中最大的元素放在中心，4 个角分别放 4 个最小的元素（顺序为从左到右、从上到下依次从小到大存放），写一个函数实现并用 main( )函数调用。

10. 在主函数中输入 10 个等长的字符串。用另一个函数对它们排序。然后在主函数中输出这 10 个已排好序的字符串。

11. 用指针数组处理第 10 题，字符串不等长。

12. 将 *n* 个数按输入时顺序的逆序排列，用函数实现。

13. 输入一个字符串，内有数字和非数字字符，例如：

```
A123x456 17960? 302tab5876
```

将其中连续的数字作为一个整数，依次存放到一数组 a 中。例如，123 放在 a[0]，456 放在 a[1]……统计共有多少个整数，并输出这些数。

14. 写一个函数，实现两个字符串的比较。即写一个 strcmp( )函数，函数原型为

```
int strcmp(char *pl,char *p2);
```

设变量 p1 指向字符串 s1，变量 p2 指向字符串 s2。要求当 s1==s2 时，返回值为 0；若 s1 !=s2，返回它们二者第 1 个不同字符的 ASCII 码差值（如 BOY 与 BAD，第 2 个字母不同，O 与 A 的 ASCII 码之差为 79−65=14）。如果 s1＞s2，则输出正值；如果 s1＜s2，则输出负值。

15. 用指向指针的方法对 5 个字符串排序并输出。

16. 用指向指针的方法对 *n* 个整数排序并输出。要求将排序单独写成一个函数。*n* 个整数在主函数中输入，最后在主函数中输出。

## 项目拓展：彩色泡泡项目中加入键盘交互

```
#include<graphics.h>
#include<conio.h>
#include<time.h>
#include<mmsystem.h>
#pragma comment(lib,"winmm.lib")
#define high 480                           //游戏画面尺寸
#define width 640
#define maxnum 30                          //小球最多个数
int main()
{
    srand(time(0));
    float ball_x[maxnum], ball_y[maxnum];           //小球坐标
    float ball_vx[maxnum], ball_vy[maxnum];         //小球速度
    float radius;                                   //小球半径
    int i, j;
    int ballnum = 15;                               //目前小球数量
                                                    //数据初始化
    radius = 20;
    for (i = 0; i < ballnum; i++)
    {
        ball_x[i] = rand() % int(width - 4 * radius) + 2 * radius;
        ball_y[i] = rand() % int(high - 4 * radius) + 2 * radius;
        ball_vx[i] = (rand() % 2) * 2 - 1;          //求余法
        ball_vy[i] = (rand() % 2) * 2 - 1;
    }
    IMAGE img;
    initgraph(width, high);                         //初始化图形环境
    setbkcolor(WHITE);
```

```
        loadimage(&img, "xxxxx.jpg");
        mciSendString(_T("open xxxxx.mp3 alias bkmusic"), NULL, 0, NULL);
        mciSendString(_T("play bkmusic repeat"), NULL, 0, NULL);
        BeginBatchDraw();              //开始批量绘制
        while (1)
        {
            cleardevice;
            putimage(0, 0, &img);
            //绘制黑线、黑色填充的圆,删除之前的圆
            setcolor(BLACK);
            setfillcolor(BLACK);
            for (i = 0; i < ballnum; i++)
                fillcircle(ball_x[i], ball_y[i], radius);
            //更新圆的坐标
            for (i = 0; i < ballnum; i++)
            {
                ball_x[i] += ball_vx[i];
                ball_y[i] += ball_vy[i];
            }
            //判断圆是否和墙相撞
            for (i = 0; i < ballnum; i++)
            {
                if ((ball_x[i] <= radius) || (ball_x[i] >= width - radius))
                    ball_vx[i] = -ball_vx[i];
                if ((ball_y[i] <= radius) || (ball_y[i] >= high - radius))
                    ball_vy[i] = -ball_vy[i];
            }
            float minDistances2[maxnum][2];   //记录某个小球距离最近的小球的距离平方
            //以及这个小球的下标
            for (i = 0; i < ballnum; i++)
            {
                minDistances2[i][0] = 9999999;
                minDistances2[i][1] = -1;
            }
            //求所有小球两两之间距离平方
            for (i = 0; i < ballnum; i++)
            {
                for (j = 0; j < ballnum; j++)
                {
                    if (i != j)                //相同小球之间不需要计算
                {
                    float dist2;
                    dist2 = (ball_x[i] - ball_x[j]) * (ball_x[i] - ball_x[j]) +
(ball_y[i] - ball_y[j]) * (ball_y[i] - ball_y[j]);
                    if (dist2 < minDistances2[i][0])
                    {
                        minDistances2[i][0] = dist2;
                        minDistances2[i][1] = j;
                    }
                }
            }
        }
        //判断小球之间是否相撞
        for (i = 0; i < ballnum; i++)
        {
            if (minDistances2[i][0] < 4 * radius * radius)
            //若最小距离小于阈值，发生碰撞
```

```
            {
                j = minDistances2[i][1];
                //交换速度
                int temp;
                temp = ball_vx[i]; ball_vx[i] = ball_vx[j]; ball_vx[j] = temp;
                temp = ball_vy[i]; ball_vy[i] = ball_vy[j]; ball_vy[j] = temp;
                minDistances2[i][0] = 9999999;            //距离重新计算
                minDistances2[i][1] = -1;
            }
        }
        //绘制黄线、绿色填充的圆
        setcolor(YELLOW);
        setfillcolor(GREEN);
        for (i = 0; i < ballnum; i++)
            fillcircle(ball_x[i], ball_y[i], radius);
        FlushBatchDraw();                   //执行未完成的绘图任务
        //延时
        Sleep(3);
        if (_kbhit())
        {
            char input;
            input = _getch();
            if (input == ' ')
                if (ballnum < maxnum)
                {
                    ball_x[ballnum] = rand() % int(width - 4 * radius) + 2 * radius;
                    ball_y[ballnum] = rand() % int(high - 4 * radius) + 2 * radius;
                    ball_vx[ballnum] = (rand() % 2) * 2 - 1;
                    ball_vy[ballnum] = (rand() % 2) * 2 - 1;
                    ballnum++;
                }
            }
        }
        EndBatchDraw();                                 //结束批量绘制
        closegraph();                                   //关闭图形环境
        return 0;
    }
```

## 探索与扩展：树——关于人机对弈

C 语言中的指针在算法与数据结构中有非常广泛的应用，如本章的指针在实现树结构和人机对弈算法中扮演了重要的角色，使用指针能够动态地操作树结构，高效地实现搜索和剪枝算法，并与用户界面进行交互。主要包括以下内容。

### 1. 动态内存分配

树结构（如二叉树、多叉树等）通常包含多个结点，每个结点可以拥有子结点。使用指针，可以动态地分配内存给这些结点，并根据需要创建和删除结点。这对于实现动态变化的树结构非常有用。

### 2. 构建和遍历树

使用指针可以方便地连接各个结点，形成树的结构。通过指针，可以轻松地访问结点的子结点和父结点，从而实现树的遍历操作（如先序遍历、中序遍历、后序遍历等）。

### 3. 存储和传递结点信息

在人机对弈的算法中，树常常用于表示游戏的状态空间。每个结点可以存储游戏的一个状态，以及该状态的评估值等信息。使用指针可以将这些信息作为结点的成员变量进行存储，并通过指针来传递这些信息。

### 4. 实现搜索算法

人机对弈通常涉及搜索算法，如深度优先搜索（Depth First Search，DFS）、广度优先搜索（Breadth First Search，BFS）、最小最大搜索（minimax）等。这些算法需要访问和操作树中的多个结点。通过使用指针，可以方便地在树中移动，并根据需要访问和修改结点的信息。

### 5. 优化搜索性能

在搜索过程中，为了避免重复计算相同的状态，可以使用哈希表等数据结构来存储已经计算过的状态。指针可以用于在哈希表中存储和查找结点的引用，从而避免重复计算，提高搜索性能。

### 6. 实现剪枝算法

在某些情况下，可以提前预知某些搜索路径不会得到更好的结果，因此可以提前终止这些路径的搜索。这通常涉及 $\alpha$–$\beta$ 剪枝等算法。通过使用指针，可以方便地追踪搜索过程中的 $\alpha$ 和 $\beta$ 值，并根据这些值来剪枝。

### 7. 与用户界面交互

在人机对弈的应用中，通常需要将搜索算法的结果以某种方式展示给用户。指针可以用于在算法和用户界面之间传递信息，例如将最佳走法或游戏状态等信息传递给界面进行展示。

# 第9章

CHAPTER 9

# 我的类型我做主
## ——自定义数据类型

### 学习目标

- 学习结构体类型的基本概念及变量的定义。
- 学会结构体数组和结构体指针的基本概念及应用。
- 了解共用体、枚举类型的概念及引用。
- 灵活运用 typdef 自定义类型。
- 能够建立单链表并熟悉单链表的基本操作。

前面介绍了一种构造数据类型——数组，数组中的各元素属于同一类型。在实际应用中，有时需要将类型不同而又相关的数据项组织在一起，统一管理。例如一个学生的基本信息包括学号、姓名、性别、年龄、成绩、家庭住址等。这些信息各项的类型不同，不能用数组表示，也不能将各项分别定义成互相独立的变量，这样不仅使程序混乱，也体现不出各项数据间的逻辑关系。为此，C 语言提供了另一种构造数据类型——结构体，它将不同类型的数据项组织在一起。

扫一扫

视频讲解

## 9.1 项目引入——用结构类型定义泡泡信息

结构体由若干成员组成，各成员可以是不同的类型。在程序中使用结构体类型，必须先对结构体的组成进行描述（定义）。在彩色泡泡项目中，通过一个二维数组记录多个泡泡的位置信息，一个二维数组记录每个泡泡在 X 轴和 Y 轴的移动速度信息，一个一维数组记录泡泡的半径信息，这所有的信息都属于泡泡本身，分开定义不合理，这时就可以用一个结构类型把位置、速度和半径信息放到一个整体的类型中——结构体类型。下面先从最常用和最简单的类型入手。

例如，学生信息可定义为如下的结构体类型：

```
struct Student{
    int num;
    char name[20];
    char sex;
    int age;
    float score;
    char addr[30];
};
```

其中，关键字 struct 是结构体类型的标志。struct 之后的 Student 是结构体名，用花括号括起来的是各个成员的描述（定义）。上例定义的结构体类型 struct Student 有 6 个成员，分别为 num，name，sex，age，score 和 addr。这 6 个成员分别表示学生的学号、姓名、性别、年龄、成绩和家庭住址，显然它们的类型是不同的，当然，不同的成员也可以类型相同，甚至成员也可以是结构体类型。

结构体类型定义的一般形式如下。

```
struct 结构体名
{成员表};
```

其中，struct 是关键字，结构体名用合法的标识符表示，成员表的说明形式为

```
类型名 成员名;
```

结构体类型定义要注意以下两点。

（1）结构体类型定义只是指定了一种类型（同系统已定义的基本类型，如 int，float，char 等），无具体的数据，系统不分配实际内存单元。

（2）结构体类型的成员可以是任何基本数据类型、数组、指针等，而且可以是已定义的结构体类型。

例如，以下定义了一个表示日期的结构体类型：

```
struct date{int year; int month;int day,};
```

以下定义了一个泡泡信息的结构体类型：

```
struct Point{          //位置结构类型
    long x;
    long y;
};
struct Speed{          //速度结构类型
    int speedx;
    int speedy;
};
struct  Color{         //颜色结构类型
    int red;
    int green;
    int blue;
};
struct InfoBubbles{
    struct Point pos[100];           // 泡泡的中心位置信息
    struct Speed speeds[100];        // 泡泡在 X 轴和 Y 轴上的速度
    int radius[100];                 // 泡泡的半径
    struct Color colors[100];        // 泡泡的颜色
    int length;                      // 泡泡的个数
};
```

注意：结构体类型定义末尾的分号不能省略。

扫一扫

视频讲解

## 9.2　结构体类型变量

结构体类型和结构体变量是两个完全不同的概念，不能混为一谈。结构体类型只能表示一个结构体形式，编译系统并不对其分配内存空间。只有当某变量被定义为这种结构体类型的变量时，才对该变量分配存储空间，才能使用该变量。

### 9.2.1　结构体类型变量的定义

定义结构体类型变量有以下 3 种方法。

#### 1. 先定义结构体类型，再定义变量

这种定义方法的一般形式如下。

```
struct 结构体名
{成员表};
struct 结构体名 变量名表;
```

9.1 节已定义了一个结构体类型 struct Student，可以用它来定义变量。例如：

```
struct Student s1,s2;
```

定义 s1 和 s2 为 struct Student 类型的变量，即它们是具有 struct Student 类型的结构体变量。定义结构体变量后，系统为它们分配内存单元。系统为结构体变量分配的内存单元是连续的。一个结构体变量所占的内存空间可以用 sizeof(变量)或 sizeof(类型标识符)求出，例如，表达式 sizeof(s1)或 sizeof(struct Student)可以求出结构体变量 s1 所占字节数。

#### 2. 在定义结构体类型的同时定义变量

这种定义方法的一般形式如下。

```
struct 结构体名
{成员表}变量名列表;
```

例如：

```
struct Student{
    int num;
    char name[20];
    char sex;
    int age;
    float score;
    char addr[30];
}s1,s2;
```

在定义了结构体类型 struct Student 的同时定义了两个该类型的变量 s1 和 s2。

### 3. 直接定义结构体类型变量

这种定义方法的一般形式如下。

```
struct
{成员表}变量名列表;
```

例如：

```
struct {
    int num;
    char name[20];
    char sex;
    int age;
    float score;
    char addr[30];
}s1,s2;
```

即在结构体定义时不出现结构体名，这种形式虽然简单，但以后如需再定义这种类型的变量时，必须将结构体类型的定义再重写一遍。建议使用前两种方法来定义结构体类型变量。

## 9.2.2　结构体变量的引用

在引用结构体变量时，一般只能对其成员进行直接操作，而不能对结构体变量整体进行操作。引用结构体变量成员的一般形式如下。

```
结构体变量名.成员名
运算符.为成员运算符(英文的点)，其结合性是自左至右。
```

例如：

```
struct Student{
    int num;
    char name[20];
    char sex;
    int age;
    float score;
    char addr[30];
}s1,s2;
```

各成员的引用形式如下。

```
s1.num=202302;
s2.num=s1.num+1;
strcpy(s1.name,"wang");     //字符串不能用=赋值
```

如果成员本身又属于一个结构体类型，则要用若干成员运算符，一级一级地找到最低一级的成员。例如：

```
struct Point{//位置结构类型
    long x;
    long y;
};
struct Speed{//速度结构类型
    int speedx;
    int speedy;
};
struct Bubble{
    struct Point pos;
    struct Speed speeds;
    int radius;
};
struct Bubble oneBubble;
oneBubble.pos.x=20;
oneBubble.speeds.speedx=10;
oneBubble.radius=5;
```

结构体变量和其他变量一样，可以在定义变量的同时进行初始化。结构体变量初始化的一般形式如下。

```
结构体类型　结构体变量名={初始值表};
```

例如：

```
struct Bubble clrBubble={{1,2},{7,8},10};
//成员如果是结构体，初始值要用花括号括起来
```

**例 9.1**　输入某学生的姓名、年龄和 5 门功课成绩，计算平均成绩并输出。

程序如下：

```
#include <stdio.h>
int main()
{
    struct Student
    {
        char name[10];
        int age;
        float score[5], ave;
    };
    struct Student stu;
    int i;
    stu.ave = 0;
    scanf("%s%d", stu.name, &stu.age);  //输入学生姓名和年龄
    for (i = 0; i < 5; i++)
    {
        scanf("%f", &stu.score[i]);       //输入学生成绩并计算平均成绩
        stu.ave += stu.score[i] / 5.0;
    }
    printf("%s%4d\n", stu.name, stu.age);
    for (i = 0; i < 5; i++)
        printf("%6.1f", stu.score[i]);
    printf("average=%6.1fn",stu.ave);
    return 0;
}
```

说明如下。

（1）在语句 scanf("%s%d",stu.name,&stu.age);中，由于 name 是数组名，stu.name 表示地址常量，前面不需要加地址运算符&，而在 stu.age 前必须加&。由于运算符.的优先级比运算符&高，因此&stu.age 与&(stu.age)等价。

（2）在语句 scanf("%f",&stu.score[i]);中，运算符[]和.的优先级比运算符&高，所以&stu.score[i]与&(stu.score[i])等价。

## 9.3　结构体数组和结构体指针

一个结构体变量中可以存放一组数据（如一个学生的信息：学号、姓名、成绩等）。如果有 10 个学生的信息要进行处理，就要用结构体数组。结构体数组中的每个元素都是一个结构体类型的变量，它们都分别包含各个成员项。

定义了结构体变量，编译程序就为它在内存分配一个连续的存储区域，该存储区域的起始地址就是该结构体变量的地址。可以定义一个指针变量，用来存放一个结构体变量的地址，即该指针变量指向这个结构体变量。

### 9.3.1　结构体数组

#### 1. 结构体数组的定义

结构体数组的定义与结构体变量的定义方法类似，只需说明其为数组即可。例如：

```
struct Student
{
   char name[10];
   int age;
   float score[2];
};
struct Student class[50];
```

以上定义了一个数组 class，其元素为 struct Student 类型变量，该数组有 50 个元素。

#### 2. 结构体数组的初始化

结构体数组的初始化与普通的二维数组的初始化类似。例如:

```
struct Student
{
   char name[10];
   int age;
   float score[2];
} myclass[2]={{"wang",18,98,97},{"zhang",18,90,91}};
```

定义数组 myclass 时，数组长度可以不指定，编译程序会根据给出的初值个数确定数组元素的个数。

#### 3. 结构体数组的引用

结构体数组的引用和普通类型的数组引用类似，下面通过一个例子来说明结构体数组的引用。

**例 9.2**　输入 3 个复数的实部和虚部，放在一个结构体数组中，根据复数模由大到小的顺序对数组进行排序并输出。

```
#include <stdio.h>
#include <math.h>
int main()
{
    struct Complex {
        float x;
        float y;
        float mod;
    }a[3], ctemp;
    int i,j, k;

    for (i = 0; i < 3; i++) {//输入复数并计算模长
        scanf("%f%f", &a[i].x, &a[i].y);
        a[i].mod = sqrt(a[i].x * a[i].x + a[i].y * a[i].y);
    }
    for (i = 0; i < 2; i++)//按模长，进行选择法排序
    {
        k = i;
        for (j = i + 1; j < 3;j++)
            if (a[k].mod < a[j].mod) k = j;

        ctemp=a[i];
        a[i] = a[k];
        a[k]=ctemp;
    }
    for (i=0; i < 3; i++)//按实际位数输出复数
        printf("%g+%gi\n", a[i].x, a[i].y);

    return 0;
}
```

说明：程序中的数组 a 的每个元素存放一个复数，其中成员 x 存放实部，成员 y 存放虚部，成员 mod 存放模；排序方法采用选择法。

## 9.3.2　结构体指针

### 1. 结构体指针变量的定义

结构体指针变量的定义和普通类型指针变量的定义类似。指向结构体变量的指针只能指向同一种结构体类型的变量和数组元素，不能指向结构体变量的成员。例如：

```
struct Student
{
    char name[10];
    int age;
    float score[2];
}stu[3],ct,*p;
```

其中，p 为指向 struct Student 类型的指针变量，可以为其赋值，如 p=&ct;，使 p 指向结构体变量 ct。或者 p=stu;，使 p 指向结构体数组的首地址，如果执行 p++,则 p 指向数组 stu 的第 2 个元素。

### 2. 结构体指针变量的引用

定义了结构体指针变量并使它指向某一结构体变量后，就可用指针变量来间接引用对应的结构体变量了。例如：

```
struct Student
{
   char name[10];
   int age;
   float score[2];
}s1 = { "wang",19,90,95 }, * p = &s1;
```

引用结构体变量 s1 的成员有以下 3 种方法。

（1）s1.成员名。

（2）(*p).成员名。

（3）p->成员名。

其中，由于运算符.的优先级高于指针运算符*，所以（2）中的圆括号不能省略。（3）中的运算符->（由减号和大于号组成）称为指向运算符，其优先级与成员运算符.一样。

**例 9.3**　用结构体指针变量修改例 9.2 的程序，如下所示：

```
#include <stdio.h>
#include <math.h>
int main()
{
   struct Complex
   { float x;
     float y;
   float mod;
}a[3], ctemp,*p,*q,*k;
for (p = a; p< a+3; p++) {//输入复数并计算模长
   scanf("%f%f", &p->x, &p->].y);
   p->mod = sqrt(p->x * p->x.x + p->y * p->y);
}
for (p = a; p <a+2; p++)//按模长，进行选择法排序
{
   k =p;
   for (q= p + 1; q <a+3;q++)
      if (k->mod < q->mod) k =q;

   ctemp=*p;
   *p = *k;
   *k=ctemp;
}
for (p = a; p< a+3; p++)//按实际位数输出复数
   printf("%g+%gi\n", p->x, p->y);
return 0;
}
```

说明：可以将一个结构体变量的值整体赋给另一个同类型的结构体变量，如 ctemp=*p。

扫一扫

视频讲解

## 9.4　共用体类型

共用体（也称联合体）也是一种构造数据类型，它是将不同类型的变量存放在同一段内存区域内。共用体的类型定义、变量定义及引用方式与结构体相似。不同之处在于，结构体

变量的成员各自占有自己的存储空间，而共用体变量中的所有成员都占有同一个存储空间。

### 1. 共用体变量的定义

共用体变量的定义与结构体变量的定义相似，先定义共用体类型，再定义共用体变量。共用体类型定义的一般形式如下。

```
union 共用体名{共用体成员表};
```

其中，union 是关键字，共用体名用标识符命名，共用体成员表是对各成员的定义，其形式如下。

```
类型标识符 成员名;
```

共用体变量的特点是共用体的成员共用一块内存空间，这样一个共用体变量的大小，至少是其最大成员的大小。

与定义结构体变量一样，定义共用体变量有以下3种方法。

（1）先定义共用体类型，再定义共用体变量。

例如：

```
union data
{
    int n;
    char ch;
    double f;
};
union data a,b,c;
```

（2）在定义共用体类型的同时定义共用体变量。

例如：

```
union data{
    int n;
    char ch;
    double f;
} a, b, c;
```

（3）不定义共用体名，直接定义共用体变量。

例如：

```
union{
    int n;
    char ch;
    double f;
} a, b, c;
```

定义了共用体变量后，系统就会给它分配内存空间。由于共用体变量中的各成员都占用同一存储空间，因此系统分配给共用体变量的内存空间的大小为其成员中所占内存空间最大的字节数。共用体变量中的各成员都从同一地址开始存放。例如，上述例子中的共用体变量 a 的内存分配是成员 f 所占的存储空间，即 8 字节。

### 2. 共用体变量的引用

共用体变量的引用方式与结构体变量相同，可以使用以下3种形式之一。

（1）共用体变量名.成员名。

（2）共用体指针变量名->成员名。

（3）（*共用体指针变量名).成员名。

共用体变量中的成员同样可参与其所属类型允许的任何操作，但在访问共用体变量成员时要注意：共用体变量中起作用的是最近一次存入的成员的值，原有的成员的值已被覆盖。

例如，对于前面所定义的共用体变量 a，用以下赋值语句：

```
a.n=1;
a.ch='s';
a.f=1.5;
```

在完成以上 3 个赋值运算后，只有 a.f 是有效的，其他两个成员的值已无意义。

**例 9.4**　编写程序，定义一个共用体类型变量，并对其成员进行赋值，输出赋值结果。

```
union data {
    int x;
    char y;
    float f;
};
int main( )
{
   union data a;
   a.x= 40;
   //引用共用体成员
   printf("%d, %c, %f\n", a.x, a.y, a.f);
   a.y= 's';
   printf("%d,%c, %f\n", a.x, a.y, a.f);
   a.f= 2.5;
   printf("%d, %c, %f\n", a.x, a.y, a.f);
   return 0;
}
```

运行上述程序，结果如图 9-1 所示。

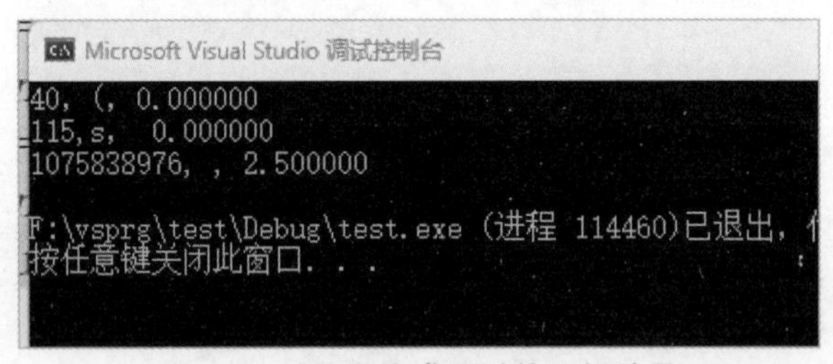


**图 9-1　对共用体成员赋值运行结果**

说明：本例用于演示对共用体成员的引用以及赋值，在代码中，首先定义一个共用体 data，共用体里有三个成员，分别为 x，y，z，接着在 main( )函数中，定义共用体变量 a，然后通过 a 对该共用体成员进行访问并赋值，最后分别输出赋值的情况。

扫一扫

视频讲解

## 9.5　枚举类型

如果一个变量的值只有几种可能的值，可以定义为枚举类型。所谓枚举是指将变量的值一一列举出来，变量的值只限于列举出来的值的范围内，如 1 年的 12 个月、1 个星期的 7 天等。这种在定义时就明确规定变量只可能取哪几个值，而不能取其他值的类型叫枚举类型。

### 1. 枚举类型的定义

枚举类型定义的一般形式为：

```
enum 枚举名{元素名 1，元素名 2，…，元素名 n};
```

其中，enum 为关键字；枚举名是枚举类型的名字，用标识符表示；元素名 1，…，元素名 *n* 是枚举元素或枚举常量，用标识符表示。

例如，表示 1 个星期 7 天的枚举类型 Weekday 可定义为：

```
enum Weekday {Sun, Mon, Tue, Wed, Thu, Fri, Sat };
```

枚举元素按常量处理，若没有特殊说明，第一个常量为 0，其余依次增 1，如 Sun 的值为 0，Mon 的值为 1……Sat 的值为 6。也可在定义枚举类型时指定枚举元素的值，例如：

```
enum Weekday {Sun=7, Mon=1, Tue, Wed, Thu, Fri, Sat};
```

此时 Sun 的值为 7，Mon 的值为 1,Tue 的值为 2……Sat 的值为 6。

### 2. 枚举变量的定义及其引用

枚举变量定义的一般形式为：

```
enum 枚举名 枚举变量表;
```

例如：

```
enum Weekday week,wd;
```

定义了两个枚举变量：week 和 wd。

也可在定义类型的同时定义变量，例如：

```
enum Weekday {Sun, Mon, Tue, Wed, Thu, Fri, Sat }week,wd;
```

在使用枚举类型数据时，应注意以下 3 点。

（1）枚举变量的值只能取枚举常量之一，且对枚举常量的引用应当用其符号名，而不能直接用它所代表的整数。例如：

```
week=Sum;//正确
wk=1;//错误
```

（2）由于枚举变量和枚举常量都具有一定的值，因此它们都可以用来做判断比较。通过枚举常量的符号名，很容易理解其含义及对应的枚举元素的值，增加了程序的可读性。例如：

```
if(week==Sun)…
if(week>Mon)…
```

（3）对枚举元素不能赋值，因为它们是常量。

例如：

```
Sun=0;  //错误
Mon=1;  //错误
```

### 3. 枚举变量应用举例

**例 9.5**　枚举类型的使用。

```
#include<stdio.h>
enum season
```

```
{
    spring, summer, autumn, winter
};
int main()
{
    int n;
    enum season time;
    printf("input your choice(0-spring…3-winter:");
    scanf("%d", &time);
    switch (time)
    {
        case spring:
            printf("This is spring!n");
            break;
        case summer:
            printf("This is summer!\n");
            break;
        case autumn:
            printf("I like autumn!n");
            break;
        case winter:
            printf("This is winter!\n");
            break;
    }
    return 0;
}
```

**例 9.6**　口袋中有红、黄、蓝、白、黑 5 种颜色的球若干。每次从口袋中取出 3 个球，问得到 3 种不同颜色的球的所有可能取法，并输出每种排列的情况。程序运行结果如图 9-2 所示。

```
#include<stdio.h>
int main()
{
    enum color { red, yellow, blue, white, black };
    enum color i, j, k, flag;
    int m, n=0;
    for (i = red; i <= black; i = (enum color)(i + 1))//穷举颜色，用强制类型转换
        for (j = red; j <= black; j = (enum color)(j + 1))
            if (i != j)
            {
                for (k = red; k <= black; k = (enum color)(k + 1))
                    if ((k != i) && (k != j))
                    {
                        n = n + 1;
                        printf("%-6d", n);
                        for (m = 1; m <= 3; m++)//输出枚举变量 i,j,k
                        {
                            switch (m)
                            {
                                case 1: flag = i;break;
                                case 2: flag = j;break;
                                case 3: flag = k;break;
                            }
                            switch (flag)
                            {
```

```
                        case red:printf("%-8s", "red");
                            break;
                        case yellow:printf("%-8s", "yellow");
                            break;
                        case blue:printf("%-8s", "blue");
                            break;
                        case white:printf("%-8s", "white");
                            break;
                        case black:printf("%-8s", "black");
                            break;
                        default:
                            break;
                    }
                }
                printf("\n");
            }
        }
    printf("Total=%4d\n", n);
    return 0;
}
```

```
Microsoft Visual Studio 调试控制台
45      white   blue    black
46      white   black   red
47      white   black   yellow
48      white   black   blue
49      black   red     yellow
50      black   red     blue
51      black   red     white
52      black   yellow  red
53      black   yellow  blue
54      black   yellow  white
55      black   blue    red
56      black   blue    yellow
57      black   blue    white
58      black   white   red
59      black   white   yellow
60      black   white   blue
Total=  60
```

图 9-2　例 9.6 程序运行结果

## 9.6　用 typedef 自定义类型

扫一扫

视频讲解

在前面的章节中，使用了 C 语言定义的标准类型（如 int，char，foat，double 等）和用户自己定义的数据类型（如结构体、共用体等类型）。为了使程序有更好的可读性和简洁性，C 语言允许用户使用 typedef 定义新的数据类型名，用于代替已有的数据类型名。

使用 typedef 定义新类型名的一般形式如下：

```
typedef  已定义的类型名  新的类型名;
```

其中 typedef 是关键字，行末要加分号。typedef 主要有以下几种用法。

（1）说明一个等价的数据类型，例如：

```
typedef int elemtype;
elemtype i,j,k;(等同于 int i,j,k;)
```

以上语句将 int 数据类型定义成 elemtype，这两者等价，在程序中可以用 elemtype 定义整型变量。

（2）定义一个新的类型名代表一个结构体类型，例如：

```
typedef struct
{
    int num;
    char name[20];
    float score;
} Student;
```

将一个结构体类型定义为 Student，在程序中可以用它来定义结构体变量，例如：

```
Student stu1,*p;
```

以上语句定义了一个结构体变量 stu1 和一个指向该结构体类型的指针变量 p。同样可以用于共用体和枚举类型。

（3）定义数组类型，例如：

```
typedef char String[20];
String s1,s2;
```

以上语句定义了一个可含有 20 个字符的字符数组名 String，并用 String 定义了 2 个字符数组 s1 和 s2。

扫一扫

视频讲解

## 9.7 链表

链表是一种重要的数据结构，它是动态进行存储空间分配的一种结构。用数组存放数据时，必须事先定义好数组的长度（即数组中元素的个数），也就是说数组的长度是固定的。但是在日常应用中有些长度是事先难以确定的，例如有些班级的人数是 100 人，有些班级的人数只有 50 人。如果要用同一个数组先后存放不同班级的学生数据，则必须定义长度为 100 的数组。如果要存放全校所有班级的学生数据，而事先又难以确定每个班的最多人数，则必须把数组长度定义得足够大，以便能存放任何班级的学生数据。但是这样做会造成内存空间的浪费，而且数组在内存中占用一段连续的存储空间，如果要进行插入或者删除操作，需移动大量的元素。采用链表就可以解决这些问题，因为链表是根据需要开辟内存空间的。

### 9.7.1 单链表

如图 9-3 所示为最简单的一种链表（单链表）结构。链表有一个头指针变量，图中以 H 表示，里面存放的是该链表中第 1 个元素存放的地址。链表中的每一个元素称为结点，它包括两个域：其中存放数据元素信息的域称为数据域；存储下一个结点地址的域称为指针域。

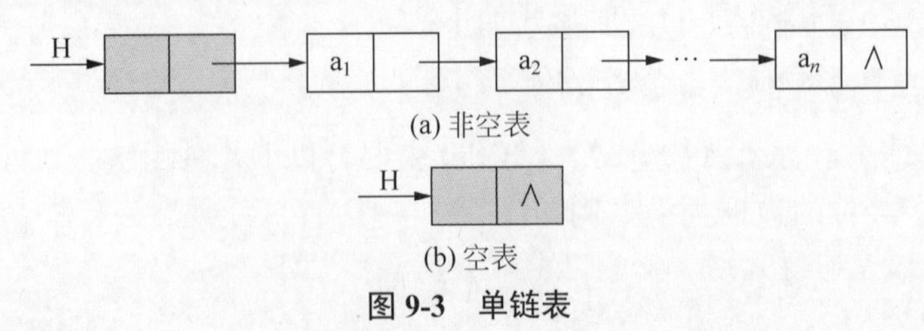


(a) 非空表

(b) 空表

**图 9-3 单链表**

从图 9-3 可以看出，链表中各个元素在内存中可以不是连续存放的。整个链表的存取必须从头指针开始进行，头指针 H 指示链表中第一个结点的存储位置。同时，由于最后一个数据元素不再需要指向其他元素，则链表中最后一个结点的指针域为空（NULL），表示链表到此结束。如果要找某个元素，必须先找到它前一个元素，以此类推，必须找到头指针。链表可由头指针唯一确定，在 C 语言中用结构指针来描述。例如，用链表处理学生信息，数据信息中含有学生的学号和成绩两个数据项，可定义这样一个结构体类型：

```
typedef struct Student{
    int num;
    float score;
    struct Student *next;
}Student;
Student *head;
```

下面通过一个例子来说明如何建立和输出一个简单链表。

**例 9.7**　建立一个学生信息的简单链表，它由 3 个结点组成。程序运行结果如图 9-4 所示。

```
#include<stdio.h>
typedef struct Student
{
    int num;
    float score;
    struct Student* next;
} Student;
int main()
{
    Student s1, s2, s3, * head, * p;
    head = &s1;
    s1.num = 1101; s1.score = 82; s1.next = &s2;
    s2.num = 1102; s2.score = 67; s2.next = &s3;
    s3.num = 1103; s3.score = 96; s3.next = NULL;
    p=head;
    while (p != NULL)
    {
        printf("%d %f\n", p->num, p->score);
        p=p->next;
    }
    return 0;
}
```

图 9-4　例 9.7 程序运行结果

说明：main( )函数中定义的变量 s1，s2，s3 都是结构体变量，它们都含有 num，score，next 三个成员；变量 head 和 p 是指向 struct Student 结构体类型的指针变量，它们与 s1，s2，s3 中的 next 类型相同；执行赋值语句后，head 中存放了 s1 的地址，s1 的成员 s1.next 中存放了 s2 的地址，最后一个变量 s3 的成员 s3.next 中存放了 NULL，从而把同一类型的 s1，s2，s3 链接到一起，形成链表。

此例中，链表中的每个结点都是在程序中定义的，由系统在内存中分配固定的存储单元（不一定连续）。在程序执行过程中，不可能人为地再产生新的存储单元，也不可能人为地释放用过的存储单元。从这一角度讲，可称这种链表为静态链表。在实际中，使用更广泛的是一种动态链表。

### 9.7.2　存储空间处理的库函数

链表是一种动态分配存储空间的数据结构，即在需要时才分配存储单元，不需要时释放存储空间。C 语言编译系统提供了处理动态链表的函数，它们的头文件为 stdlib.h。

#### 1. malloc( )函数

函数原型：

```
void * malloc(unsigned int size);
```

功能：

在内存的动态存储区中分配一个长度为 size 的连续空间，若成功，则返回所分配的空间的起始地址；若不成功（如内存不足），则返回空指针（NULL）。

使用方法：

```
结构体指针变量=(结构体类型*)malloc(n*sizeof(结构体类型));
```

其中，sizeof（结构体类型），用来确定分配空间的字节数（即一个结点的存储空间），n 是结点的个数；由于 malloc( )函数返回值的类型是 void*，即不确定的指针类型，因此要根据具体情况用强制类型转换将其转换成所需的指针类型。例如：

```
typedef struct Student
{
    int num;
    float score;
    struct Student* next;
} Student;
Student *p;//此时 p 的指向不明确
p=(Student *)malloc(10*sizeof(Student));
//p 指向包含 10 个学生信息的存储空间
```

#### 2. calloc( )函数

函数原型：

```
void *calloc(unsigned int n, unsigned int size);
```

功能：

在内存的动态存储区中分配 n 个长度为 size 的连续空间，若成功，则返回所分配的空间的起始地址（指针）；若不成功（如内存不足），则返回空指针（NULL）。

使用方法：

```
结构体指针变量=(结构体类型*)calloc(n, sizeof(结构体类型));
```

其中，n 和 size 均为无符号整型变量，n 用来确定分配空间的个数，size 用来确定每个分配空间的字节数；其余部分和 malloc( )函数的含义相同。

#### 3. free( )函数

函数原型：

```
void frec(void *p);
```

功能：

释放由指针变量 p 指向的内存空间，使这部分内存空间能被其他变量使用。p 只能是由动态分配函数（malloc( )函数或 calloc( )函数）所返回的值。

使用方法：

```
free(指针变量名);
```

例如：

```
free(p);
```

### 9.7.3　单链表的基本操作

#### 1. 插入操作

单链表的插入操作是指在表的第 i 个位置结点处插入一个值为 e 的新结点。插入操作需要从单链表的头指针开始遍历，直到找到第 i–1 个位置的结点。

假设已知 p 为单链表存储结构中指向结点 $a_{i-1}$ 的指针，如图 9-5(a)所示。为了插入数据元素 e，首先要生成一个数据域为 e 的结点，假设 s 为指向结点 e 的指针，然后把该结点插入到单链表中。需要修改结点 $a_{i-1}$ 中的指针域，令其指向结点 e，而结点 e 中的指针域应指向结点 $a_i$。插入后的单链表如图 9-5(b)所示。至于链表的创建，通过多次调用插入操作可以构建链表。

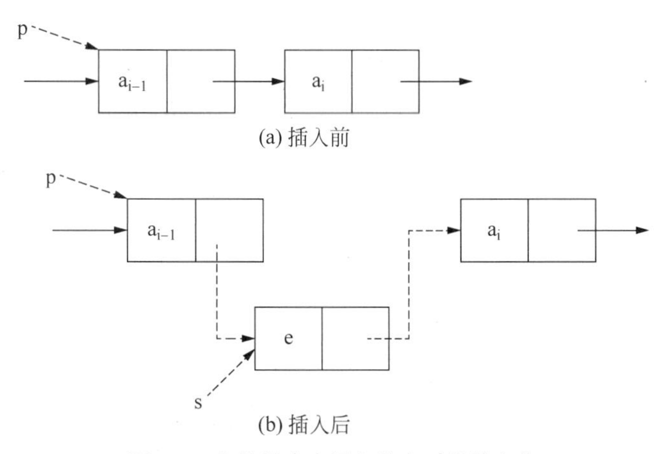


**图 9-5　在单链表中插入结点时指针变化**

```
#include<stdio.h>
#include<stdlib.h>
typedef struct Student
{
    int num;
    float score;
    struct Student* next;
} Student;
void ListInsert(Student* L, int i, Student e) {
    Student* p = L, *s;
    int j = 0;
    while (p && j < i - 1) { p = p->next; j++; }    //寻找第 i-1 个结点
    s = (Student*)malloc(sizeof(Student));          //生成新结点
    s->num = e.num;
```

```
    s->score = e.score;
    s->next = p->next;                                    //插入L中
    p->next = s;
}
int main()
{
    Student s1, * head, * p;
    int i;
    head = (Student*)malloc(sizeof(Student));
    for (i=0;i<=2;i++)
    {
        printf("输入学生的学号和成绩");
        scanf("%d%f", &s1.num, &s1.score);
        ListInsert(head, i, s1);
    }
    p=head;
    while (p != NULL)
    {
        p = p->next;
        printf("%d %f\n", p->num, p->score);

    }
    return 0;
}
```

### 2. 删除结点

单链表的删除操作是指删除第 i 个结点，并返回被删除结点的值。删除操作也需要从头指针开始遍历单链表，直到找到第 i–1 个位置的结点，将第 i+1 个结点作为该结点的相邻结点。删除结点如图 9-6 所示。

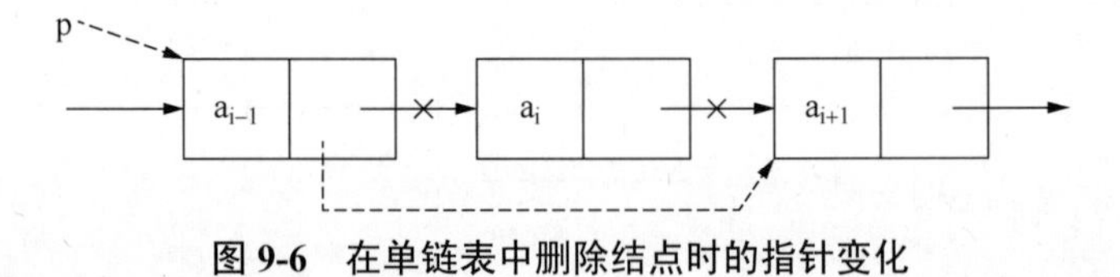


图 9-6　在单链表中删除结点时的指针变化

```
void  ListDelete(Student* L, int i) {
    //在单链表L中，删除第i个元素
    Student*  p = L, *q;
    int j = 0;
    while (p && j < i - 1) { p = p->next; j++; }    //寻找第i-1个结点
    q = p->next;    p->next = q->next;  //删除并释放结点
    free(q);
}
```

### 3. 按值查找

单链表中的按值查找是指在表中查找其值满足给定值的结点。由于单链表中的存储空间是非连续的，所以，单链表的按值查找只能从头指针开始遍历，依次将被遍历到的结点的值与给定值比较，如果相等，则返回在单链表中首次出现与给定值相等的数据元素的序号，称为查找成功；否则，在单链表中没有与给定值匹配的结点，返回一个特殊值表示查找失败。

```
int LocateElem( Student* L, Student s) {
    int i=1;//i 的初值为 1
    Student* p = L->next;           // p 的初值为第一个结点的指针
    while(p&&p->data!=e) {
        ++i;
        p=p->next;
    }
    return i;
}
```

# 实　验

## 1. 实验目的

熟练掌握结构体类型的定义及使用。

## 2. 实验任务

约瑟夫环问题定义如下：假设 $n$ 个学生（从 1 到 $n$ 进行编号）排成一个环形，给定一个正整数 $m \leqslant n$，从第一个人开始，沿环计数，每遇到第 $m$ 个人就让其出列，且计数继续下去。这个过程一直进行到所有的人都出列为止。每个人出列的次序定义了整数 1，2，…，$n$ 的一个排列。这个排列成为一个（$n$，$m$）的约瑟夫排列。例如，（7，3）约瑟夫排列为 3，6，2，7，5，1，4。用结构体类型设计一个求（$n$，$m$）约瑟夫排列的算法程序（也可以扩展学生有学号和姓名）。

## 3. 参考程序

参考程序如下。

```
#include<stdlib.h>
#include<stdio.h>
typedef struct {
    int* elem;
    int length;
    int listsize;
} SqList;
void InitList(SqList *L) { //初始化存放学生的结构体变量
    L->elem = (int*)malloc(100 * sizeof(int));
    L->length = 0;
    L->listsize = 100;
}
void CreatList(SqList * L, int a[], int n) { //创建结构体变量并赋初值
    for (int i = 0; i < n; i++) {
        L->elem[i] = a[i];
    }
    L->length = n;
}
void josephus(SqList*L, int m) { //约瑟夫环的核心代码
    int t = 0;
    if (m > L->length)
        printf("没有这么多人呀\n");
    else {
        for (int q = L->length; q >= 1; q--) {
            t = (t + m - 1) % q;
            printf("\n");
            printf("\t%d\t", L->elem[t]);
```

```
            for (int j = t + 1; j <= q - 1; j++)
                L->elem[j - 1] = L->elem[j];
        }
        printf("\n");
    }
}
int  main() {
    SqList  L;
    InitList(&L);
    int a[100], i;
    int n = 0, m = 0;
    printf("请键入n,m值: ");
    scanf("%d,%d", &n, &m);
    for (i = 0; i < n; i++) {
        a[i] = i + 1;
    }
    CreatList(&L, a, n);
    josephus(&L, m);
    return 0;
}
```

## 小 结

（1）结构体、联合体和枚举类型都是用户自定义的数据类型。根据实际问题需要，定义自己的数据类型，具有很强的灵活性，但要使用好，必须牢记它们的使用规则，尤其是结构体类型，使用比较多。

（2）在结构体变量中，各成员变量都占有自己的内存空间，是同时存在的。一个结构体类型的长度等于所有成员类型长度之和。在联合体中，所有成员不能同时占用它的内存空间，它们不能同时存在。联合体变量的长度等于最长的成员变量的长度。

扫一扫

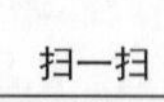

在线测试

（3）对结构体的使用，不能整体引用，只能操作其成员。对于结构体变量用 . 运算符访问成员，对于结构体指针变量用→运算符访问成员。

（4）结构体变量做函数的参数，发生函数调用时是传值，单向传递。结构体指针变量也可以作为函数的参数。

（5）结构体定义允许嵌套，既可以嵌套结构体也可以嵌套联合体。

（6）链表是一种重要的数据结构，它便于实现动态的存储分配。

## 习 题

### 一、选择题

1. 以下程序的输出结果是（　）。

```
#include < stdio.h>
struct stu
{
    int num;
    char name[ 10];
    int age;
}
void fun(struct stu * p)
{printf("%s\n",(*p).name)}
```

```
int main()
{
    struct stu students[3]={{2301,"zhang",20},{2302,"wang",19},
        {2303,"zhao",18}};
    fun(students+2);
    return 0;
}
```

A．zhang　　B．zhao　　C．wang　　D．18

2. 根据以下程序的定义，（　）是能打出字母 M 的语句。

```
struct person
{
    char name[9];
    int age;
};
struct person class[10]={"John",17,"Paul",19,"ary",18,"Mn",16};
```

A．printf("%c\n",class[3].name);

B．printf("%c\n",class[3].name[0]);

C．printf("%c\n",class[2].name[1]);

D．printf("%c\n",class[2].name[0];

3. 以下程序的输出结果是（　）。

```
#include <stdio.h>
struct st
{
    int x;
    int *y;
}*p;
int dt[4]={10,20,30,40};
struct st aa[4]={50,&dt[0],60,&dt[1],70,&dt[2],80,&dt[3]};
int main()
{
    p=aa;
    printf("%d\n", ++p->x);
    printf("%d\n",(++p)->x);
    printf("%d\n",++(*p->y));
    return 0;
}
```

A．10 20 20　　B．50 60 21　　C．51 60 21　　D．60 70 31

4. 设有以下语句：

```
struct st{int n;struct st *next;};
static struct st a[3]={5,&a[1],7,&a[2],9,'\0'},*p;
p=&a[0];
```

则表达式（　）的值是 6。

A．p++->n　　B．p->n++　　C．(*p).n++　　D．++p->n

## 二、编程题

1. 定义一个结构体 point 的变量，即平面上的一个点，然后判断某点在以（5,5)为圆心，5 为半径的圆的位置（外侧、内侧或圆上）。

2. 建立 5 名学生的信息表，每个学生的数据包括学号、姓名及一门课的成绩。要求从键盘输入这 5 名学生的信息，并按照每一行显示一名学生信息的形式将 5 名学生的信息显示出来。

3. 编写两个函数 input( )和 print( )，分别用于输入和打印学生的记录。每个记录包括 num，name，score[3]，现对 5 个学生记录用 input( )函数输入这些记录，用 print( )函数输出这些记录。

4. 有 10 个学生，每个学生的数据包括学号、姓名、3 门课的成绩，从键盘输入 10 个学生数据，要求输出 3 门课程的总平均成绩，以及最高分的学生的数据（包括学号、姓名、3 门课程成绩、平均分数）。

## 探索与扩展：关于数字导航地图

图（graph）是一种比线性表和树更为复杂的数据结构，在二维存储结构的程序设计中应用广泛，例如在计算机网络中，通过本地计算机或手机，获得国内其他城市甚至国外的信息，再如在日常出行用到的高德地图中查询去某个地方的路线，其查询算法就用到了图形结构。

党的二十大报告指出，我国要迈向网络强国、数字中国。而操作系统是网络强国、数字中国实现的软件基础，实现操作系统技术自立自强，才能筑牢网络强国、数字中国建设的坚强底座。

例如，打开 Windows 11 操作系统中“我的电脑”，显示如图 9-7 所示。

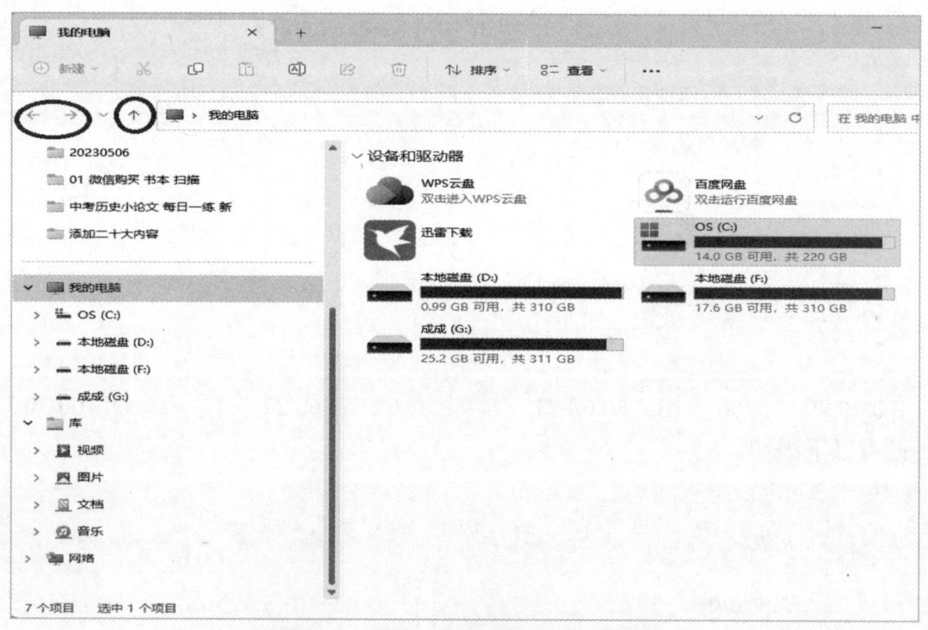


图 9-7　打开“我的电脑”显示结果

当双击显示图标，就进入相应界面并显示信息内容，单击图中圆圈所标的后退箭头，就返回原页面，再加上其他信息链接，从逻辑上看，就是图形结构。

必须坚持自信自立和守正创新，建立基于操作系统的自主、创新和开放的产业生态体系，提升产业链和供应链的韧性和安全水平，彻底解决操作系统“卡脖子”问题。

第10章

CHAPTER 10

# “位”得根深蒂固
## ——位运算

学习目标

- 学习位运算符基本概念。
- 学会位运算相关操作。
- 了解位段概念。

C 语言是为系统开发而设计的，既有高级语言的特点，又有低级语言的功能，尤其在嵌入式开发和控制领域中应用广泛。本章将介绍基于数据二进制位的运算与应用，从语言底层感受编程的灵活性。

扫一扫

视频讲解

## 10.1 位运算符和位运算

在第 2、3 章中所介绍的各种运算（算术运算、关系运算、逻辑运算、指针运算）都是面向操作数整体的，例如 5+9，5 和 9 均不可分地参加算术运算。在实际应用领域中，例如在设计监控程序时，常需要对操作数的某一位或某几位进行特殊设置，如清 0、置 1、求反等操作。这就需要语言具备能进行数据二进制位的直接运算能力，C 语言能满足这个要求。

数据在计算机内部都是以二进制存储的，二进制数仅由 0，1 组成，每个二进制位（比特）只能是 0 或 1 两种状态之一，8 位二进制数组成 1 字节。在这种 0，1 二进制位的层次上还可以进行特有的运算，称为位运算。要进行位运算有两个前提：先要将数据转换为二进制；只能对整型或字符型数据进行位运算。

C 语言中位运算包括逻辑运算和移位运算。表 10-1 为 C 语言的全部位运算符。

**表 10-1　位运算符**

| 符　　号 | 含　　义 |
|---|---|
| & | 按位与 |
| \| | 按位或 |
| ^ | 按位异或 |
| ~ | 按位取反 |
| << | 左移 |
| >> | 右移 |

注：（1）~是单目运算，其余都是双目运算。（2）位运算只能用于整型（包括 int，char,short,long,unsigned）数据，不能用于浮点型（float 和 double)数据。

### 10.1.1 位运算操作

下面介绍各种运算符。

#### 1. 与运算

当两个数做按位与操作时，是对其值的二进制表示逐位进行运算，参加运算的数值在计算机中以补码表示。与操作的真值表如表 10-2 所示。

**表 10-2　与操作的真值表**

| a1 | a2 | a1&a2 |
|---|---|---|
| 0 | 0 | 0 |
| 0 | 1 | 0 |
| 1 | 0 | 0 |
| 1 | 1 | 1 |

从真值表可以得到：只有当两个位的值均为 1，结果为 1；只要其中有一个为 0，则结果为 0。

例如，用 8 位二进制表示操作数（char 型），求十进制数表达式 56&35 的值，其过程如下：

| | | | |
|---|---|---|---|
| 56 | 等价于 | | 0011 1000 |
| & 35 | | | & 0010 0011 |
| 32 | | | 0010 0000 |

由上面的结果可得：56&35=32，而 56&&35=1，注意两者的差异（后者是逻辑与）。

按位与运算除了一般的位操作之外，还有一些特殊的用途。假设有十六进制整型数 AF98，内存占 2 字节，二进制表示为：1010111110011000。

（1）全部置零。

| | | |
|---|---|---|
| AF98 | 等价于 | 1010 1111 1001 1000 |
| & 0000 | | & 0000 0000 0000 0000 |
| 0000 | | 0000 0000 0000 0000 |

由上面的结果可得：0xAF98&0=0。

（2）部分置零。

| | | |
|---|---|---|
| AF98 | 等价于 | 1010 1111 1001 1001 |
| & 00FF | | & 0000 0000 1111 1111 |
| 0098 | | 0000 0000 1001 1001 |

由上面的结果可得：0xAF98&00FF=0x0098。

**例 10.1** 按位与示例。

```
#include<stdio.h>
int main()
{
    unsigned short int x,y;
    x=0xAF98;
    y=x&0xA081;//取 x 的第 0,7,13,15 位
    printf("\nx=%x,%d,%o",x,x,x);
    printf("\ny=%x,%d,%o\n",y,y,y);//输出不同进制对应的结果
    return 0
}
```

### 2. 或运算

当两个数进行按位或操作时，对应的二进制位上只要有一个为 1，结果就取 1；只有当两个位均为 0，其对应的二进制位才为 0。或操作的真值表如表 10-3 所示。

**表 10-3 或操作的真值表**

| a1 | a2 | a1\|a2 |
|---|---|---|
| 0 | 0 | 0 |
| 0 | 1 | 1 |
| 1 | 0 | 1 |
| 1 | 1 | 1 |

从真值表可以得到：无论二进制数原来是什么（0 或 1），与 1 相或结果为 1，与 0 相或则保持不变。利用这个性质，常常使操作数的某些位置 1，某些位保持不变。

例如，用 8 位二进制表示操作数，求十进制数表达式 56|35 的值，其运算过程如下：

```
    56                    0011 1000
|   35         等价于   | 0010 0011
    59                    0001 1011
```

由上面的结果可得：56|35=59，而 56||35=1，注意两者的差异（后者是逻辑或）。

按位或运算除了一般的位操作之外，还有一些特殊的用途，下面举例说明。

**例 10.2**　按位或示例。

```
#include<stdio.h>
int main()
{
    unsigned short int x,y;//定义变量 x，y
    x=0xAF98;
    y=x|0xF0F0;//将 x 对应的二进制位的第 4～7,12～15 位置 1
    printf("\nx=%x,%d,%o",x,x,x);
    printf("\ny=%x,%d,%o\n",y,y,y);//输出结果
    return 0;
}
```

说明如下。

（1）十六进制数据 AF98 的二进制表示为：1010111110011000。

（2）十六进制数据 F0F0 的二进制表示为：1111000011110000。

（3）两数按位或：

```
  1010 1111 1001 1000
| 1111 0000 1111 0000
  1111 1111 1111 1000
```

（4）结果为十六进制数 FFF8，转换成十进制数为 65528，转换成八进制数为 177770。

### 3. 异或运算

异或的运算规则是：若两个操作数对应的二进制位值相同则结果为 0，不同则结果为 1。异或操作的真值表如表 10-4 所示。

**表 10-4　异或操作的真值表**

| a1 | a2 | a1^a2 |
|---|---|---|
| 0 | 0 | 0 |
| 0 | 1 | 1 |
| 1 | 0 | 1 |
| 1 | 1 | 0 |

例如，用 8 位二进制表示操作数，求十进制数表达式 56^35 的值，其运算过程如下。

```
    56                    0011 1000
^   35         等价于   ^ 0010 0011
    27                    0001 1011
```

由上面的结果可得：56^35=27。

异或运算有一些特殊的性质，下面举例说明。

（1）清零。

例如，十进制数 x 等于 56，要求将 x 清零，其运算过程如下。

```
      56                      0011 1000
^     56        等价于    ^   0011 1000
-----------              ---------------
      00                      0000 0000
```

（2）将某些位取反，某些位保持不变。

例如，用 8 位二进制表示操作数，十进制数 56 对应的二进制值为 0011 1000。现要求将第 0，4 位求反，其他位保持不变，只要将 56 与 17 做按位异或操作即可实现。

```
      56                      0011 1000
^     17        等价于    ^   0001 0001
-----------              ---------------
      41                      0010 1001
```

（3）一个数值与任何其他值连续两次做异或操作，结果为原值。

例如，用 8 位二进制表示操作数，求十进制数表达式 56^35^35 的值，其运算过程如下。

56 = 0011 1000B；35 = 0010 0011B

则

```
     0011 1000                    0001 1011
^    0010 0011    ——————>    ^    0010 0011
--------------               ---------------
     0001 1011                    0011 1000
```

由上面的结果可得：0011 1000^0010 0011^0010 0011=0011 1000，即 56^35^35=56。

说明：出现这样的结果，可以通过任意一位的情况分析出来。由于连续两次相同的异或操作，使得原来的值要么保持不变（与 0 异或）；要么变化两次（与 1 异或）。变化两次等于不变（0—1—0 或 1—0—1）。

异或的这一性质常用于图形显示。当一个画面的部分被另一个画面遮盖时，可以对这两个画面的数据做异或操作，当外层画面移出时，只要再做一次相同的异或操作即可恢复原来的画面，这样就无须将被遮盖的画面数据保存起来，在执行时能获得较快的速度，许多动画软件就是这样设计的。

**例 10.3** 按位异或示例。

```
#include <stdio.h>
int main()
{
    unsigned short int x,y,z;
    x=56;
    y=35;
    z=x^y;
    printf("\nx=%d,%o,%x",x,x,y);
    printf("\ny=%d,%o,%x", y.y,y);
    printf("\nz=%d, %o, %x\n", z,z,z);
    return 0;
}
```

运算情况如下：

```
x=56,70,38
y=35,43,23
z=27,33,1b
```

### 4. 非运算

按位取反（非运算）运算的功能是将操作数按二进制逐位取反，即 1 变成 0，0 变成 1。这是位运算符中唯一的一个单目运算符。~的优先级在位运算符中是最高的。

例如，用 8 位二进制表示十进制数 56，数值为 0011 1000，其进行非运算的结果如下。

~0011 1000 = 1100 0111

**例 10.4** 按位取反示例。

```
#include <stdio.h>
int main()
{
    short int x,y;
    x=56;
    y=-56;
    printf("\nx=%d,%o,%x",x, x,x);
    printf("\n~x=%d,%o,%x", ~x, ~x, ~x);
    printf("\ny=%d,%o,%x",y,y,y);
    printf("\n~y=%d,%o,%x\n", ~y,~y,~y);
    return 0
}
```

程序运行结果如下。

```
x=56,70,38
~x=-57,37777777707,ffffffc7
y=-56,37777777710,ffffffc8
~y=55,67,37
```

说明如下。

（1）示例中若 short int 类型数据用 32 位二进制表示有符号数，考虑用补码计算。

[56]补= 0000 0000 0000 0000 0000 0000 0011 1000

则取反= 1111 1111 1111 1111 1111 1111 1100 0111

对应的十进制值数为 –57；对应的十六进制数为 fffc7。

（2）[–56]补=1111 1111 1111 1111 1111 1111 1100 1000

则取反=0000 0000 0000 0000 0000 0000 0011 0111

对应的十进制值数为 55；对应的十六进制数为 37。

### 5. 左移运算与右移运算

（1）左移运算。

左移运算符是双目运算符，使用形式如下。

```
运算数<<n
```

写在左边的是要移动的数据，写在右边的是要移动的位数，如 a<<2 表示将变量 a 的值左移 2 位。在移动过程中，高位丢失，低位补 0。左移一般用于乘 2 运算。

例如：

原数为 0000 0001（1D），0000 0001<<1 的值为 0000 0010（2D 左移一位相当于乘 2）

原数为 0000 0001（1D），0000 0001<<2 的值为 0000 0100（4D 左移两位相当于乘 4）

左移里有一个比较特殊的情况，当左移的位数超过该数值类型的最大位数时，编译器会用左移的位数取模类型的最大位数，然后按余数进行移位。

（2）右移运算。

右移运算符是双目运算符，使用形式如下。

```
运算数>>n
```

写在左边的是要移动的数据，写在右边的是要移动的位数，如 a>>2 表示将数值右移 2 位。在移动过程中，末位丢失，高位补 0 或 1（区分有符号数、无符号数）。右移一般用于除 2 运算。

例如：

原数为 0001 0000（16D），0001 0000>>1 的值为 0000 1000（8D 右移一位相当于除 2）

原数为 0001 0000（16D），0001 0000>>2 的值为 0000 0100（4D 右移两位相当于除 4）

对于有符号整数来说，右移会保持符号位不变。符号位向右移动后，正数的话补 0，负数补 1，也就是汇编语言中的算术右移。同样，当移动的位数超过类型的长度时会取余数，然后移动余数个位。无符号数右移时是移位和高位补零。

### 6. 位运算符的补充说明

（1）双目运算符可与赋值号一起构成赋值运算符。赋值运算符及其含义如表 10-5 所示，其用法与算术运算符相同。

**表 10-5 赋值运算符及其含义**

| 赋值运算符 | 含义 | 举例 | 等价于 |
|---|---|---|---|
| &= | 位与赋值 | a&=b | a=a&b |
| \|= | 位或赋值 | a\|=b | a=a\|b |
| ^= | 位异或赋值 | a^=b | a=a^b |
| >>= | 右移赋值 | a>>=b | a=a>>b |
| <<= | 左移赋值 | a<<=b | a=a<<b |

（2）不同长度的数据进行位运算。当不同长度类型（如 long 和 short）数据进行位运算时，系统一般将数据右对齐。若较短的数是无符号数，则高位扩展位用 0 补齐；若较短数为有符号数（一般用补码表示），则高位按短数的符号位扩展，正数补 0，负数补 1。

## 10.1.2 位运算操作举例

**例 10.5** 将正整数数据以二进制的形式输出。

```
#include <stdio.h>
int main(){
   int i, num, bit;
   unsigned int mask=0x80000000;    //构造掩码
   printf("please enter x=?");
   scanf("%d", &num);
   for (i = 1; i <= 32; i++)        //逐位输出 num 对应的二进制数值
   {
      bit = (mask & num) ? 1 : 0;  //利用掩码取其中的一位
      printf("%d", bit);            //输出对应的二进制位
```

```
        if (i % 4 == 0)  printf(" "); //每间隔 4 位空一格
        mask = mask >> 1;//调整掩码，取下一位
    }
    printf("\n");
    return 0;
}
```

说明如下。

（1）掩码 mask 的初值为十六进制 0x80000000，对应的二进制数为 10000000000000000000000000000000；利用掩码与 mum 做按位与运算，可以截取 num 对应的各个二进制位。

（2）在循环体中，mask 与 num 做按位与运算，截取指定位，屏蔽其他位。再利用右移一位运算修改掩码的值，为截取 num 的下一位做准备。

（3）因为 num 的二进制值为 32 位，需循环 32 次逐位输出。为了美观每输出 4 位二进制数值空一格。

**例 10.6** 不用中间变量，实现两个变量之间的数据交换。

说明：利用 0 和任何数异或都为这个数本身，以及任何数和本身异或都为 0，这个性质来交换两个数的值。

```
#include<stdio.h>
int main(){
    int a,b;
    printf("please input two data:(a,b)?");
    scanf("%d,%d",&a,&b);
    a=a^b;        // 此时 b 不变，a=a^b，b=b
    b=a^b;        // 此时 b=a^b^b，所以 b=a
    a=a^b;        // 此时 a=a^b^a，所以 a=b
    printf("\n%d %d ",a,b);
    return 0;
}
```

扫一扫

视频讲解

## 10.2 位段

在第 2 章介绍了对内存信息的存取一般以字节为单位，而在实际编程时，有时只需要一个二进制位即可。尤其在计算机的过程控制、参数检测、数据通信等领域应用中，控制信息往往只需要一个字节中的一位或几位存放控制信息。

本节的位段就能将一个字节中不同的二进制位划分为几个不同的区域，视作不同的数据，代表不同的意义，最终实现不同的功能控制。

### 1. 位段的概念

C 语言允许在一个结构体中以位为单位，来指定其成员所占内存长度，这种以位为单位的成员称为位段或位域（bit field）。利用位段能够用较少的位数存储数据，一般用于控制领域。

例如：

```
struct bs{
    unsigned m;
    unsigned n: 4;
```

```
        unsigned char a: 4;
        unsigned char b: 4;
};
```

: 后面的数字用来限定成员变量占用的位数。成员 m 没有限制，根据数据类型即可推算出它占用 4 字节的内存。成员 n 占用新的 4 字节中 4 位的内存。a 和 b 被: 后面的数字限制，它们分别占用新的一个字节中 4 位的内存。

### 2. 位段的定义

C 语言用于访问位段的方法是基于结构的，位段实际上是一种特殊的结构，它以位为单位定义类型长度。定义的一般形式为：

```
struct 位段结构名
{
    类型说明符 1 位段名 1:位段长度 1;       //最低位;
    类型说明符 2 位段名 2:位段长度 2;       //次低位;
    ……
    类型说明符 N 位段名 N:位段长度 M;       //最高位;
};
```

定义中的每一行即为一个位段，位段的类型只能是 unsigned，int 或 char 型。位段的内存分配因机器而异，既可以从左到右，也可以从右到左。有了位段就可以按位段名去访问所需要的位了，而不必了解这些位在一个字中的具体位置。

### 3. 位段的使用

段位定义后，其用法与结构体的用法基本相同。有以下两种使用形式。

（1）变量：位段变量名.位段名。

（2）指针：位段指针名->位段名。

**例 10.7** 位段使用示例。

```
#include<stdio.h>
int main()
{
    struct cbit
    {
        unsigned a:1;
        unsigned b:3;
        unsigned c:4;
    } bit, *pbit;
    bit.a = 1;
    bit.b = 7;
    bit.c = 15;
    printf("%d,%d,%d\n", bit.a, bit.b, bit.c);
    pbit = &bit;
    pbit -> a = 0;
    pbit -> b &= 3;
    pbit -> c |= 1;
    printf("%d,%d,%d\n", pbit -> a, pbit -> b, pbit -> c);
    return 0;
}
```

### 4. 位段说明

位段说明如下：

（1）如果相邻的两个位段字段的类型相同，且其位宽之和小于其类型的 sizeof( )大小，则其后面的位段字段将紧邻前一个字段存储，直到不能容纳为止；

（2）如果相邻的两个位段字段的类型相同，且其位宽之和大于其类型的 sizeof( )大小，则后面的位段字段将从下一个存储单元的起始地址处开始存放，其偏移量恰好为其类型的 sizeof( )大小的整数倍；

（3）如果相邻的两个位段字段的类型不同，则各个编译器的具体实现有差异。Visual C++采取不压缩方式，GCC 和 Dev-C++都采用压缩方式；

（4）如果位段字段之间穿插着非位段字段，则不进行压缩；

（5）整个位段结构体的大小为其最宽的基本类型成员大小的整数倍；

（6）位段字段在内存中的位置是按照从低位向高位的顺序放置的；

（7）取地址操作符&不能应用在位段字段上；

（8）位段涉及很多不确定因素，段位是不跨平台的，注重可移植的程序应该避免使用位段。

## 实　验

### 1. 实验目的

熟练掌握位的左移、右移及位运算操作并理解循环移位。

### 2. 实验任务

编写程序，将一个十六进制数进行循环左移和右移的操作。

### 3. 参考程序

参考程序如下。

```
#include <stdio.h>
unsigned RotateLeft(unsigned x, int n)
{//循环左移 x，n 位
    unsigned a, b;
    a = x >> (32 - n);
    b = x << n;
    b |= a;
    return b;
}
unsigned RotateRight(unsigned x, int n)
{//循环右移 x，n 位
    unsigned a, b;
    a = x << (32 - n);
    b = x >> n;
    b |= a;
    return b;
}
void PrintBin(unsigned num)
{//num 按二进制格式输出
```

```
    int i, bit;
    unsigned int mask = 0x80000000;     //构造掩码
    for (i = 1; i <= 32; i++)           //逐位输出 num 对应的二进制数值
    {
        bit = (mask & num) ? 1 : 0;     //利用掩码取其中的一位
        printf("%d", bit);              //输出对应的二进制位
        if (i % 4 == 0)  printf(" ");   //每间隔 4 位空一格
        mask = mask >> 1;               //调整掩码，取下一位
    }
    printf("\n");
}
int main()
{
    int num, mbit, t;
    printf("输入数值，循环左移的位数：(n, bit) ? ");
    scanf("%d,%d", &num, &mbit);
    PrintBin(num);                      //测试循环左移
    t = RotateLeft(num, mbit);
    PrintBin(t);
    printf("输入数值，循环右移的位数：(n, bit) ? ");
    scanf("%d,%d", &num, &mbit);
    PrintBin(num); //测试循环右移
    t = RotateRight(num, mbit);
    PrintBin(t);
    return 0;
}
```

## 小 结

（1）位运算主要有 6 种，应用于硬件接口驱动方面，使操作接近于底层，效率高。

（2）位运算的操作主要是针对数的补码进行的。

（3）位运算的主要功能是保留指定位、清零、复位等。

## 习 题

扫一扫

在线测试

1. 编写程序，从键盘上输入任意无符号整数，取出其后 4 位二进制对应的值。
2. 编写程序，从键盘上输入任意无符号整数，依次取出其偶数数位。
3. 编写程序，从键盘上输入任意无符号整数，将低字节按位取反。
4. 编写程序，实现左右移位，如输入+2 表示右移 2 位；输入 –3 表示左移 3 位。

## 探索与扩展：家谱

中国人历来抱有家国情怀，崇尚天下为公，信奉天下兴亡、匹夫有责。炽热而深沉的家国情怀，回荡在中华文明历史的深处。树高千尺有根，水流万里有源。“天下之本在国，国之本在家，家之本在身”，中华民族的家国观，是中华文明五千年绵延不绝的支撑所在，是中华文化传承发展的精魂所系。中国人的家国，是生于斯长于斯的地方，是心灵的归宿。“修身齐家治国平天下”，是中华民族薪火相传、战胜困难的思维方式、文明逻辑。

家谱是中华文明史中具有平民特色的文献，也是记载一个家族的世系繁衍及重要人物

事迹的一种特殊的文献。作为家谱中最重要的内容，如图 10-1 所示，家谱树状图是一张简单的，可以看成一棵倒着的树。

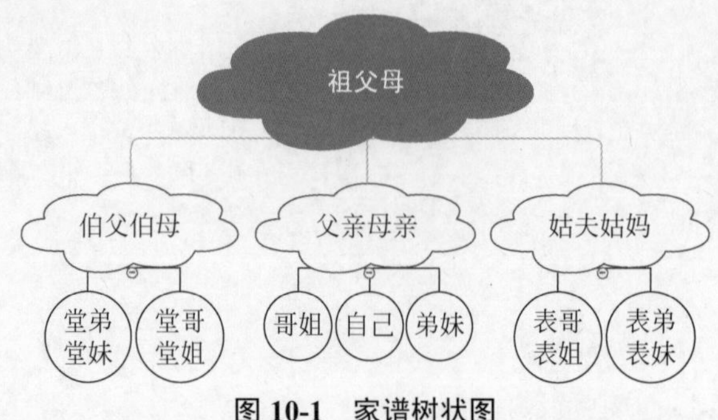


**图 10-1　家谱树状图**

党的二十大报告指出，推动战略性新兴产业融合集群发展，构建人工智能等一批新的增长引擎，加快发展数字经济，促进数字经济和实体经济深度融合。人工智能是引领这一轮科技革命和产业变革的战略性技术。

目前最流行的一类机器学习算法是树形算法（决策树）。树形算法的基础就是决策树，由于其易理解、易构建、速度快等特点，被广泛地应用。决策树是经典的机器学习算法，很多复杂的机器学习算法都是由决策树演变而来。

思考：在计算机应用中，树状结构可以用于哪些方面？

# 第11章

CHAPTER 11

# 数据的最终归属
## ——文件

学习目标

- 了解文件的类型、文件的缓冲区等基本概念。
- 学会文件的打开关闭基本操作。
- 能用程序实现文件的顺序读写。
- 了解文件的随机读写。

使用计算机，必然要接触文件。编写一段C语言程序代码，就产生了一个程序文件（.c）。听一首流行音乐时，播放器就读取了一个音乐文件（.mp3）。当需要打印一篇文章时，只要把保存好的word文件（.docx）发送给打印店老板就可以了。在计算机中的各种软件包括Windows系统本身，也是靠不断读、写系统中的各种文件来工作的。感染了计算机病毒，就是正常文件中被写入了一些特殊的内容。杀毒软件的杀毒，也就是从被感染的文件中再去除这些内容。

本章将介绍如何通过C语言来读、写各种文件，包括创建自己的文件，把程序中的变量写到文件中，以及把文件中的内容再读入到程序中的变量，在程序中进一步处理。

扫一扫

视频讲解

# 11.1　文件概述

前面章节讲的程序代码运行结果都是动态的，也就是打开程序从头运行得到结果。例如多彩泡泡的运行结果如图11-1所示。如果把该项目中的泡泡位置信息保存起来，这样每次打开程序后，运行的效果具有联动性，不那么突兀，这时就必须给该项目添加文件info.txt用来保存位置信息。

图11-1　多彩泡泡的运行结果

所谓文件是指一组相关数据的有序集合。这个数据集有一个名称，叫作文件名。

在操作系统中，为了统一对各种硬件的操作，简化接口，不同的硬件设备也都被看成一个文件。对这些文件的操作，等同于对磁盘上普通文件的操作。例如，通常把显示器称为标准输出文件，printf( )函数就是向这个文件输出，把键盘称为标准输入文件，scanf( )函数就是从这个文件获取数据。在程序中使用文件需要获取数据时，可以通过编辑工具与文件建立联系，使得程序可以通过文件实现数据的一次输入多次使用。同样的，当程序对数据进行输出时，也可以通过文件建立联系。将这些数据输出保存到指定的文件中，使得用户能够随时查看运行的结果。

## 11.1.1　文件类型

文件通常是驻留在外部介质（如磁盘等）上的，在使用时才调入内存中来。从不同的角度可对文件进行不同的分类。

### 1. 从用户的角度看，文件可分为普通文件和设备文件两种

（1）普通文件。

普通文件是指驻留在磁盘或其他外部介质上的一个有序数据集，可以是源文件、目标文件、可执行程序；也可以是一组待输入处理的原始数据，或者是一组输出的结果。对于源文件、目标文件、可执行程序可以称为程序文件，对输入输出数据可称为数据文件。

（2）设备文件。

设备文件是指与主机相连的各种外部设备，如显示器、打印机、键盘等。在操作系统中，把外部设备也看作是一个文件来进行管理，把它们的输入、输出等同于对磁盘文件的读和写。

### 2. 从文件编码的方式来看，文件可分为 ASCII 码文件和二进制码文件两种

（1）ASCII 文件。

ASCII 文件也称文本文件，这种文件在磁盘中存放时每个字符对应一个字节，用于存放对应的 ASCI 码。

（2）二进制文件。

二进制文件不是保存 ASCII 码，而是通过二进制的编码方式来保存文件的内容，在内存中存储数据时并不需要进行数据间的转换，存放在存储器中的数据将采用与内存数据相同的表示形式进行存储。

ASCII 文件与二进制文件的区别如下。

（1）ASCII 文件方便对字符进行单个处理，更便于输出字符，但是由于是对每个字符进行处理，所以占用的内存空间比较多，在转换时花费的时间也比较长。

（2）二进制文件可以节省出外存空间以及转化时间，但是一个字节并不是对应的一个字符，所以它不能直接输出字符的形式。

## 11.1.2　文件指针

在 C 语言中用一个指针变量指向一个文件，这个指针称为文件指针。通过文件指针就可对它所指的文件进行各种操作。定义说明文件指针的一般形式为：

```
FILE *指针变量标识符;
```

其中 FILE 应为大写，它实际上是由系统定义的一个结构，该结构中含有文件名、文件状态和文件当前位置等信息。在编写源程序时不必关心 FILE 结构的细节。FILE 文件结构在 stdio.h 头文件中的文件类型声明为：

```
//stdio.h
typedef struct _iobuf
{
    char*  _ptr;          //文件输入的下一个位置
    int    _cnt;          //当前缓冲区的相对位置
    char*  _base;         //文件初始位置
    int    _flag;         //文件标志
    int    _file;         //文件有效性
    int    _charbuf;      //缓冲区是否可读取
    int    _bufsiz;       //缓冲区字节数
```

```
    char*  _tmpfname;    //临时文件名
} FILE;
```

从上面的结构中发现使用 typedef 定义了一个 FILE 为结构体的类型，在编写程序时可直接使用 FILE 类型来定义变量。

例如：

```
FILE *fp;
```

表示 fp 是指向 FILE 结构的指针变量，通过 fp 即可找到存放某个文件信息的结构变量，然后按结构变量提供的信息找到该文件，实施对文件的操作。习惯上也笼统地把 fp 称为指向一个文件的指针。

### 11.1.3　文件的缓冲区

缓冲区是指在程序执行时，所提供的额外内存，可用来暂时存放准备执行的数据。它的设置是为了提高存取效率，因为内存的存取速度比磁盘驱动器快得多。

C 语言的文件处理功能依据系统是否设置缓冲区分为两种：一种是设置缓冲区，另一种是不设置缓冲区。由于不设置缓冲区的文件处理方式，必须使用较低级的 I/O 函数（包含在头文件 io.h）来直接对磁盘存取，这种方式的存取速度慢，并且由于不是 C 的标准函数，跨平台操作时容易出问题。

当使用标准 I/O 函数（包含在头文件 stdio.h 中）时，系统会自动设置缓冲区，并通过数据流来读写文件。当进行文件读取时，不会直接对磁盘进行读取，而是先打开数据流，将磁盘上的文件信息复制到缓冲区内，然后程序再从缓冲区中读取所需数据。

可以使用文件指针对缓冲区中数据读写的具体位置进行指示，当同一时间使用多个文件进行读写时，每个文件都配有缓冲区，并且使用不同的文件指针进行指示。

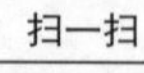

视频讲解

## 11.2　文件打开与关闭

文件在进行读写操作之前要先打开，使用完毕要关闭。所谓打开文件，实际上是建立文件的各种有关信息，并使文件指针指向该文件，以便进行其他操作。关闭文件则断开指针与文件之间的联系，也就禁止再对该文件进行操作。

在 C 语言中，文件操作都是由库函数来完成的。本节将介绍主要的文件操作函数。

### 11.2.1　文件的打开操作

一般使用 fopen( )函数来实现对文件的打开操作。fopen( )函数的调用形式一般为

```
文件指针变量名 = fopen(文件名，文件使用方式)
```

其中，文件指针变量名必须是被声明为 FILE 类型的指针变量；文件名是将要被打开文件的文件名，一般是字符串常量或字符串数组；文件使用方式是指文件的类型和操作要求。使用文件的方式共有 12 种，表 11-1 给出了它们的符号和意义。

例如：

```
FILE *fp;//文件指针
fp=("file.txt", "r");
```

其含义是在当前目录下打开文件 file.txt，只允许进行读操作，并使 fp 指向该文件。

表 11-1　文件操作的使用方式以及说明

| 使用方式 | 说明 |
| --- | --- |
| r | 以只读方式打开一个文本文件 |
| w | 以只写方式打开一个文本文件 |
| a | 以追加方式打开一个文本文件 |
| r+ | 以读写方式打开一个文本文件 |
| w+ | 以读写方式打开一个文本文件，不存在建立一个新的文件 |
| a+ | 以读写/追加方式打开一个文本文件 |
| rb | 以只读方式打开一个二进制文件 |
| wb | 以只写方式打开一个二进制文件 |
| ab | 以追加方式打开一个二进制文件 |
| rb+ | 以读写方式打开一个二进制文件 |
| wb+ | 以读写方式打开一个二进制文件，不存在建立一个新的文件 |
| ab+ | 以读写/追加方式打开一个二进制文件 |

例如：

```
FILE*fp;
fp=("d:\\test.txt", "rb")
```

其含义是打开 D 驱动器磁盘的根目录下的文件 test.txt，这是一个二进制文件，只允许按二进制方式进行读操作。

查看一个文件打开与否，可以使用如下语句进行判断。

```
FILE *fp;//定义文件指针
if((fp=fopen("c:\\test\\test.txt","r"))==NULL)
   printf("文件打开失败! \n");
```

运行程序后若是提示“文件打开失败!”，则说明文件打开出错。一般情况下，文件打开失败的原因有以下几种可能。

（1）指定盘符或者路径不存在。

（2）文件名中含有无效字符。

（3）打开的文件不存在。

## 11.2.2　文件的关闭操作

文件一旦使用完毕，应当关闭文件，以避免文件的数据丢失等错误。

fclose( )函数调用的一般形式为

```
fclose (文件指针变量);
```

例如：

```
FILE *fp;                         //定义文件指针变量
fp=fopen("file.txt","r");         //打开当前文件夹下的文本文件
fclose(fp);                       //关闭文件
```

**例 11.1**　编写程序，使用 fopen( )函数与 fclose( )函数，演示打开文件并进行判断和关闭文件的操作。

```
#include <stdio.h>
int main()
{
    FILE *fp;//定义文件指针变量 fp
    fp=fopen("test.txt", "r")；//以只读方式打开一个文本文件
    if(fp == NULL)
        printf("无法打开文件！\n");
    else
    {
        printf("文件打开成功！\n");
        fclose(fp);//关闭文件
    }
    return 0;
}
```

扫一扫

视频讲解

## 11.3　顺序读写文件

打开文件后就可以对文件进行读写操作。在C语言中提供了多种文件读写的函数，包括字符读写函数fgetc( )和fputc( )，字符串读写函数fgets( )和fputs( )，数据块读写函数fread( )和fwrite( )，格式化读写函数fscanf( )和fprinf( )等。下面分别予以介绍，使用以上函数都要求包含头文件stdio.h。

### 11.3.1　字符的读写

字符读写函数是以字符（字节）为单位的读写函数。每次可从文件读出或向文件写入一个字符。

#### 1. 向文件写入字符函数fputc( )

fputc( )函数的功能是把一个字符写入指定的文件中。函数调用的形式为

```
fputc (字符量，文件指针);
```

注意：待写入的字符量，可以是字符常量也可以是字符变量；每写入一个字符，文件内部位置指针向后移动1字节；fputc( )函数有一个返回值，如写入成功则返回写入的字符，否则返回一个EOF，可用此来判断写入是否成功。

**例11.2**　编写程序，使用fputc( )函数，将通过输入端输入的一行字符写入D:\temp\test2.txt文件中。

```
#include<stdio.h>
int main( )
{
    FILE *fp;
    char ch;
    if((fp=fopen("D:\\temp\test.txt","w+"))==NULL)//打开文件
    {
        printf("不能打开文件");
        return 0;
    }
    while((ch=getchar())!='\n')            //输入字符直到遇到换行符结束
    {
        fputc(ch,fp);                      //把字符写入文件中
```

```
    }
    fclose(fp);                                    //关闭文件
    return 0;
}
```

### 2. 从文件读出字符函数 fgetc( )

fgetc( )函数的功能是从指定的文件中读一个字符，函数调用的形式为

```
字符变量=fgetc(文件指针);
```

该函数从文件指针所指向的文件中读取出一个字符，并将该字符的 ASCII 码值赋予字符变量。当执行 fgetc( )函数进行读取字符操作时，遇到文件结束或者出现错误时，该函数会返回一个文件结束标志 EOF。

注意：

（1）在 fgetc( )函数调用中，读取的文件必须是以读或读写方式打开的。

（2）读取字符的结果也可以不向字符变量赋值。例如，fgetc(fp);，但是读出的字符不能保存和使用。

（3）在文件内部有一个位置指针，用来指向文件的当前读写字节。在文件打开时，该指针总是指向文件的第一个字节。使用 fgetc( )函数后，该位置指针将向后移动 1 字节。因此可连续多次使用 fgetc( )函数，读取多个字符。

**例 11.3** 编写程序，利用文件结束标志 EOF，再调用 fgetc( ) 函数，将例 11.2 中写入文件的字符串读取出来并在屏幕上进行显示。

```
#include<stdio.h>
int main()
{
    FILE *fp;
    char ch;
    if((fp=fopen("D:\\temp\test.txt","w+"))==NULL) //打开文件
    {
        printf("不能打开文件");
        return 0;
    }
    while((ch=fgetc())!=EOF)        //从文件逐个读入字符直到遇到文件结束符
    {
        putchar(ch);                //逐个把字符在控制平台中显示
    }
    fclose(fp); //关闭文件
    return 0;
}
```

## 11.3.2 字符串的读写

每次只读写一个字符，速度较慢，实际中往往是每次读写一个字符串或者一个数据块，能明显提高效率。对文本文件中的字符串进行输入输出操作时可以使用 fputs( ) 函数与 fgets( ) 函数。

### 1. 写入字符串文件函数 fputs( )

fputs( )函数用来向指定的文件写入一个字符串，其函数原型为：

```
int fputs(char *str,FILE*fp);
```

表示将字符串写入文件指针指向的文件中，其中字符串可以是字符串常量，也可以是字符数组名或指向字符串的指针变量。使用 fputs( )函数写入字符串操作时，字符串的结束符'\0'不会被写入。返回值为写入的最后一个字符的 ASCII 码值，操作不成功则返回 0。

例如：

```
fputs("abcd",fp);
```

其作用是把字符串"abcd"写入 fp 所指的文件中。

#### 2. 读出字符串文件函数 fgets( )

fgets( )函数用来从指定的文件读出一个字符串，其函数原型为：

```
char *fgets(char *str,int n,FILE*fp);
```

函数功能：从文件指针 fp 指向的文件中读一个字符串到字符数组 str 中，所读字符的个数不超过 n–1 个，并在读入的最后一个字符后加上字符串结束标志 '\0'。在读出 n–1 个字符之前，若遇到了换行符或 EOF，则读操作结束。若操作成功，函数返回字符数组 str 的首地址，否则返回 NULL。

例如：

```
fgets(str,n,fp);
```

其作用是从 fp 所指向的文件中读出 n–1 个字符并送入字符数组 str 中。

**例 11.4**　用字符串写函数 fputs( )，把键盘输入的信息保存到 str.txt 文件中，再用 fgets( )函数读出信息并显示在控制平台。

```
#include<stdio.h>
int main()
{
   FILE *fp;
   char s1[81],s2[81];
   if((fp=fopen("str.txt","w+"))==NULL)
   {
      printf("打开文件失败");
      return 0;
   }
   printf("input a string:");
   gets(s1);
   fputs(s1,fp);          //将 s1 中的字符串写入文件 str.txt
   rewind(fp);            //文件位置指针重新指向开始位置
   fgets(s2,81,fp);
   puts(s2);
   fclose(fp);
   return 0;
}
```

### 11.3.3　数据块的读写

由于 fgets( )遇到换行符就结束读取的局限性，每次最多只能从文件中读取一行内容。所以 C 语言还提供了用于整块数据的读写函数 fread( ) 和 fwrite( )。可用来读写一组数据，如一个数组元素、一个结构变量的值等。

### 1. 写入数据块文件函数

fwrite( ) 函数的功能是向指定的文件中写入若干数据块，如成功执行则返回实际写入的数据块的数目。该函数以二进制形式对文件进行操作，不局限于文本文件。

函数原型：

```
int fwrite(char*ptr,unsigned size,unsigned n,FILE *fp);
```

调用格式：

```
fwrite(buffer,size,count,fp);
```

其中，buffer 是一个指针，它表示要输出的数据在内存中的首地址；size 表示数据块的字节数；count 表示要写入的数据块个数；fp 表示文件指针。函数返回实际写入的数据块数目。

### 2. 读出数据块文件函数

fread( )函数用来从指定文件中读取数据块。所谓数据块，也就是若干字节的数据，可以是一个字符，可以是一个字符串，可以是多行数据，并没有什么限制。

函数原型：

```
int fread(char*ptr,unsigned size,unsigned n,FILE*fp);
```

调用格式：

```
fread(buffer,size,count,fp);
```

其中，buffer 是一个指针，它表示存放输入数据的首地址；size 表示数据块的字节数，count 表示要读的数据块个数；fp 表示文件指针。函数的返回值是实际读出元素的个数。

**例 11.5**　编程实现：从键盘输入两名学生的数据，写入 student.dat 文件中，再读出这两名学生的数据，并显示在屏幕上。

程序如下：

```
#include<stdio.h>
int main()
{
    struct Student{
        char name[15];
        int score;
    }s1[2],s2[2],*p1,*p2;
    FILE *fp;
    int i;
    p1=s1; p2=s2;
    fp=fopen("student.dat","wb+");
    printf("Input Student infor:\n");
    for(i=0;i<2;i++,p1++)//输入学生的名字和成绩
        scanf("%s%d",p1->name,&p1->score);
    p1=s1;
    fwrite(p1,sizeof(struct Student),2,fp);     //学生信息写入文件
    rewind(fp);//位置指针重回起始位置
    fread(p2,sizeof(struct Student),2,fp);      //从文件读入信息
    printf(" name score\n");
    for(i=0;i<2;i++,p2++)//输出学生信息
        printf("%-15s %d\n",p2->name,p2->score);
    fclose(fp);//关闭文件
    return 0;
}
```

### 11.3.4 格式化读写函数

函数 fscanf( )和 fprintf( )与前面使用的函数 scanf( )和 printf( )的功能相似，都是格式化读写函数。它们的区别仅在于函数 fscanf( )和 fprintf( )的读写对象不是键盘和显示器，而是磁盘文件。

#### 1. 格式化输入函数 fscanf( )

函数原型：

```
int fscanf(FILE *fp,char *format,args);
```

调用格式：

```
fscanf(文件指针，格式字符串，地址表);
```

函数功能：

按照格式字符串所给定的输入格式，将从文件指针所指向的文件中读取的数据存入地址表所指定的存储单元。

例如：

```
fscanf(fp,"%d%s",&i,s);     //i 为整数变量，s 为字符数组名
```

#### 2. 格式化输入函数 fprintf( )

函数原型：

```
int fprintf(FILE *fp,char *format,args);
```

调用格式：

```
fprintf(文件指针，格式字符串，输出项表);
```

函数功能：按照格式字符串所给定的输出格式，将输出项表中的数据输出到文件指针所指向的文件中。

例如：

```
fprintf(fp"%d%c",i,ch);
```

**例 11.6** 编程实现：从键盘输入两名学生的数据，用 fprintf( )函数写入 student.dat 文件中，再读出这两名学生的数据，并显示在屏幕上。

程序如下：

```
#include<stdio.h>
int main()
{
    struct Student{
        char name[15];
        int score;
    }s1[2],s2[2],*p1,*p2;
    FILE *fp;
    int i;
    p1=s1; p2=s2;
    fp=fopen("student.dat","wb+");
    printf("Input Student infor:\n");
    for(i=0;i<2;i++,p1++)//输入学生的名字和成绩
        scanf("%s%d",p1->name,&p1->score);
    p1=s1;
    for(i=0;i<2;i++,p1++)
        fprintf(fp,"%s %d \n",p1->name,&p1->score);//学生信息写入文件
```

```
    rewind(fp);//位置指针重回起始位置。
    for(i=0;i<2;i++,p2++)
        fscanf(fp,"%s %d",p2->name,&p2->score);//从文件读入信息
    p2=s2;
    printf(" name score\n");
    for(i=0;i<2;i++,p2++)//输出学生信息
        printf("%-15s %d\n",p2->name,p2->score);
    fclose(fp);//关闭文件
    return 0;
}
```

与例 11.5 的程序相比，本程序中的 fscanf( )和 fprintf( )函数每次只能读写一个结构体数组元素，因此采用了循环语句来读写所有数组元素。还要注意指针变量 p1 和 p2，由于循环改变了它们的值，因此在程序中又分别对它们重新赋予了数组的首地址。

## 11.4　随机读写文件

扫一扫

视频讲解

11.3 节介绍的对文件的读写方式都是顺序读写，即读写文件只能从头开始，顺序读写文件的数据信息。但在实际问题中只要求读写文件中某一指定的部分。为了解决这个问题可移动文件内部的位置指针到需要读写的位置，再进行读写，这种读写称为随机读写。实现随机读写的关键是要按要求移动位置指针，这称为文件的定位。

移动文件中的位置指针，就可以实现对文件定位，并从此处对文件进行读或写操作。

注意：不是文件指针而是文件内部的位置指针，随着对文件的读写，文件的位置指针（指向当前读写字节）向后移动。而文件指针是指向整个文件，如果不重新赋值文件指针不会改变。

### 1. 文件头定位函数

文件头定位函数 rewind( )的功能是把文件内部的位置指针移到文件开头，该函数没有任何返回值。

调用格式：

```
rewind(fp);
```

### 2. 随机定位函数

fseek( )函数是用于二进制方式打开的文件。通常文件打开后，读写位置按先后顺序进行，但有时需要跨越式地变动读写位置，就可以使用 fseek( )函数随机移动文件读写的指针位置。

函数原型：

```
fseek(FILE*fp,long offset,int base);
```

调用格式：

```
fseek(文件指针，位移量，起始点);
```

其中，文件指针指向被移动的文件；位移量表示移动的字节数，要求位移量是 long 型数据，当用常量表示位移量时，要求加后缀 L；起始点表示从何处开始计算位移量。规定的起始点

有 3 种：文件头、当前位置和文件尾。它们既可以用标识符表示，也可以用数字表示，如表 11-2 所示。

**表 11-2　起始点的表示方法**

| 起始点 | 标识符 | 数字 |
| --- | --- | --- |
| 文件头 | SEEK_SET | 0 |
| 当前位置 | SEEK_CUR | 1 |
| 文件尾 | SEEK_END | 2 |

下面是 fseek( )函数调用的几个例子。

```
fseek(fp,100L,0);        //将位置指针移到离文件头 100 字节处
fseek(fp,50L,1);         //将位置指针移到离当前位置 50 字节处
fseek(fp,-10L, 2);       //将位置指针移到离文件尾 10 字节处
```

另外需要说明的是，fseek( )函数一般用于二进制文件。在文本文件中由于要进行转换，故往往计算的位置会出现错误。

### 3. 当前读写位置函数

在随机方式存取文件时，由于文件位置频繁地前后移动，程序不容易确定文件的当前位置。ftell( )函数用于得到文件位置指针当前位置相对于文件头的偏移字节数。ftell( )函数一般用于读取文件的长度。

**例 11.7**　编程实现把例 11.6 建立的学生信息文件 student.dat 的第二个学生的数据读出。

程序如下：

```
#include<stdio.h>
int main()
{
   struct Student{
      char name[15];
   int score;
   }st;
   FILE *fp;
      fp=fopen("student.dat","rb");
   fseek(fp,sizeof(struct Student),0);     //移动文件位置指针
   fread(&st,sizeof(struct Student),1,fp);
   printf("name  score\n");
   printf("%-15s %d\n",st.name,st.score);
   fclose(fp);
   return 0;
}
```

本章介绍了文件读写常用的几个函数。一般而言，fgetc( )和 fputc( )函数因其逐个读写字符的特点，适合文本文件的处理；fgets( ) 和 fputs( ) 函数也适合文本文件的处理；fread( ) 和 fwrite( ) 函数常用于二进制文件的处理；fscanf( ) 和 fprintf( ) 函数在读写过程中要进行格式转换，花费时间比较长，在内存与磁盘之间频繁交换数据的情况下最好不用，而可用 fread( ) 和 fwrite( )函数。

## 实　验

### 1. 实验目的

熟练掌握文件打开、关闭和读写函数。重温循环结构的使用。

### 2. 实验任务

将九九乘法表和图 11-2 由星形组成的形状写入 nine.txt 文件中。

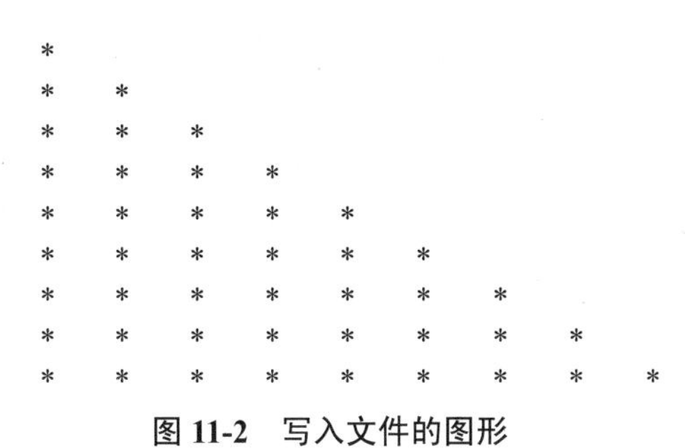

图 11-2　写入文件的图形

### 3. 参考程序

参考程序如下。

```
#include<stdio.h>
int main()
{
    FILE* fp;
    int i, j;
    fp = fopen("nine.txt", "a+");
    for (i = 1; i < 10; i++)
    {
        for (j = 1; j <= i; j++)
        {
            fprintf(fp, "%c\t", '*');
        }
        fprintf(fp, "\n");
    }
    for (i = 1; i < 10; i++)
    {
        for (j = 1; j <= i; j++)
        {
            fprintf(fp, "%d×%d=%d\t", j, i, j * i);
        }

        fprintf(fp, "\n");
    }
    fclose(fp);
    return 0;
}
```

## 小　结

计算机中的数据处理和存储主要是通过文件的形式完成的，其基础知识及内容总结如下。

（1）文件的打开和关闭。

fopen( )：打开文件。

fclose( )：关闭文件。

（2）文件的读取和写入。

fgetc( )：从文件中读取一个字符。

fputc( )：向文件中写入一个字符。

fgets( )：从文件中读取一个字符串。

fputs( )：向文件中写入一个字符串。

fscanf( )：从文件中按格式读取数据。

fprintf( )：向文件中按格式写入数据。

fread( )：从文件中读取二进制数据。

fwrite( )：向文件中写入二进制数据。

（3）文件的定位。

fseek( )：移动文件读写位置。

ftell( )：获取当前文件读写位置。

rewind( )：重置文件读写位置到文件开头。

扫一扫

在线测试

## 习　题

### 一、选择题

1. C 语言可以处理的文件类型是（　）。

A．文本文件和数据文件　　B．文本文件和二进制文件

C．数据文件和二进制文件　　D．以上答案都不完全

2. 在 C 语言中，文件的存储方式（　）。

A．只能顺序存取　　B．只能随机存取（或直接存取）

C．可以顺序存取，也可随机存取　　D．只能从文件的开头进行存取

3. fgetc( )函数的作用是从指定文件读入一个字符，该文件的打开方式必须是（　）。

A．只写　　B．追加

C．读或读写　　D．答案 B 和 C 都正确

4. fgets(str,n,fp)函数从文件中读入一个字符串，以下说法中正确的是（　）。

A．读入后不会自动加入'\0'

B．fp 是 file 类型的指针

C．fgets( )函数将从文件中最多读入 n–1 个字符

D．fgets( )函数将从文件中最多读入 n 个字符

5. fscanf( )函数的正确调用形式是（　）。

A．fscanf（文件指针，格式字符串，输出表列）;

B．fscanf（格式字符串，输出表列，文件指针）;

C．fscanf（格式字符串，文件指针，输出表列）;

D．fscanf（文件指针，格式字符串，输入表列）；

6. fseek( )函数的正确调用形式是（　）。

A．fseek（文件指针，起始点，位移量）

B．fseek（文件指针，位移量，起始点）

C．fseek（位移量，起始点，文件指针）

D．fseek（起始点，位移量，文件指针）

7. 若要打开 D 盘上 user 子目录下名为 abc.txt 的文本文件进行读、写操作，则以下符合此要求的函数调用是（　）。

A．fopen("D:\\user\abc.txt","r")　　B．fopen("D:\\user\abc.txt","r+")

C．fopen("D:\\user\abc.txt","rb")　　D．fopen("D:\\user\abc.txt","w")

**二、填空题**

1. C 语言将文件看作一个________的序列。

2. C 语言中调用__________函数来打开文件。

3. 在 C 语言程序中，数据可以用二进制和________两种编码形式存放。

**三、编程题**

1. 从键盘输入一段文字（字符），以字符#结束，将其存入文件 ch.txt 中。

2. 求出 1000 以内的素数，并保存到文件 prime.txt 中。

3. 有 5 名学生，每名学生有 3 科成绩，从键盘输入每名学生的数据（包括学号、姓名、3 科成绩），计算平均成绩，将所有数据存放在文件 stud.dat 中，然后将文件 stud.dat 中的数据显示在屏幕上。

## 探索与扩展：查找

查找是为了得到某个信息而进行的工作。在学习《习近平：高举中国特色社会主义伟大旗帜 为全面建设社会主义现代化国家而团结奋斗——在中国共产党第二十次全国代表大会上的报告》时，为了加深对党的二十大精神丰富内涵的深入理解，需要在报告中查找某个重要词语，如查找“中华民族伟大复兴”，如图 11-3 所示。应选用何种查找方法可以在二十大报告中查找想要搜索的词语？

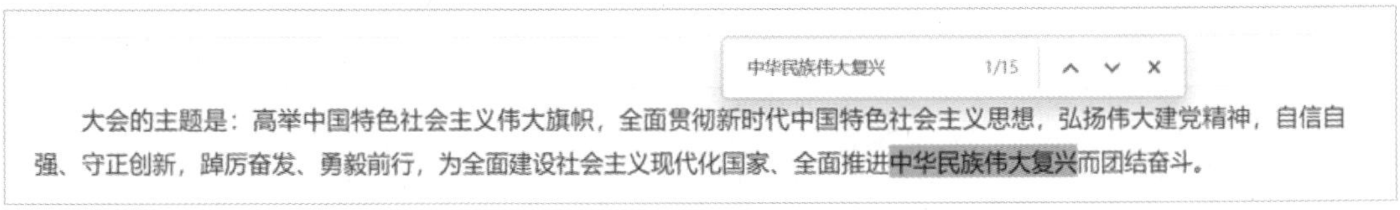

中华民族伟大复兴　1/15

大会的主题是：高举中国特色社会主义伟大旗帜，全面贯彻新时代中国特色社会主义思想，弘扬伟大建党精神，自信自强、守正创新，踔厉奋发、勇毅前行，为全面建设社会主义现代化国家、全面推进中华民族伟大复兴而团结奋斗。

图 11-3　在文档中查找文字

当今是数字化教育时代，同学们都会使用网络教学平台的学习资源学习各门课程。

思考：在网络教学平台的《学生在线学习管理系统》中查看个人的登录某一门课程的次数、登录时长及上次访问时间等，这些操作是否属于查找？如图 11-4 所示，如果属于查找，那应该选用何种数据结构组织同学们的在线学习信息？如何编程实现《学生在线学习管理系统》呢？

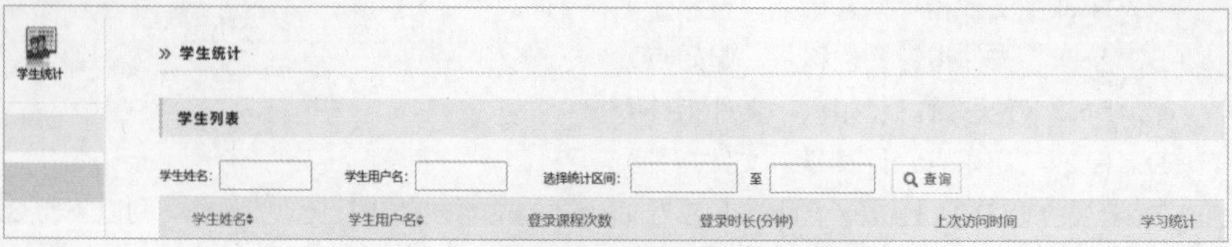

**图 11-4　《学生在线学习管理系统》部分图示**

# 应用进阶篇

第12章

CHAPTER 12

# 综合应用项目

学习本章内容时，首先要掌握综合应用程序设计的步骤，这是程序开发的基础，同时还要掌握结构化程序设计的基本思想，本章内容是对本书内容的一个综合应用过程。进行综合应用程序设计时一般应遵循以下步骤。

### 1. 可行性研究

要进行综合应用程序开发，首先需要对解决的问题进行定义，对问题的性质、目标和规模进行确切地了解。同时要研究这个问题是否值得解决，也就是对要开发的系统进行可行性研究，可行性研究的目的就是用最小的代价在尽可能短的时间内，确定问题是否能够解决，从而确定问题是否值得解决。

### 2. 需求分析

需求分析是指在可行性研究的基础上进行更细致的分析工作，需求分析过程实际上是一个调查研究、分析综合的过程，是一个抽象思维的过程。需求分析阶段务必详细、具体地理解使用者要解决的问题，明确系统必须做什么，系统必须具备哪些功能，把来自使用者的这些信息加以分析提炼，最后从功能和性能上加以描述。还要通过分析实际问题，了解已知或需要的输入数据和输出数据，需要进行的处理。

### 3. 系统设计

系统设计是把软件需求变换成软件的具体方案，可以分为总体设计和详细设计。总体设计通常用结构图描绘程序的结构，以确定程序由哪些模块组成以及模块之间的关系，即解决怎样做的问题。详细设计就是给出问题求解的具体步骤，这个阶段主要是对模块过程的说明，这种说明可以使用图形、表格、公式或文字来描述。不管使用哪种表达方式，都应当给编程提供足够准确的信息，尽量避免歧义，根据它可以很快地写出源程序代码。

### 4. 代码编写

软件开发的最终目的是把软件设计结果翻译成计算机能理解和执行的形式，也就是选择适当的程序设计语言，把详细设计的结果描述出来，即形成源程序。

### 5. 软件测试

可以选择若干具有代表性的输入数据，其中包括合理的数据（如包括边界值）和不合理的数据，进行测试，尽量使程序中的每个语句和每个分支都被检查到，以期待发现程序中的错误，然后针对出现的问题，对算法和程序进行修改。

### 6. 文档编制

开发者编制程序文档资料的主要目的是让别人了解自己编写的算法和程序。文档包括源程序代码、算法的流程图、开发过程中各阶段的有关记录、算法的正确性证明、程序的测试结果、对输入/输出的要求及格式的详细描述等。

下面通过项目使学生掌握 C 语言编写小规模应用程序的方法。掌握按照系统分析、系统设计、系统实施的思路，以结构化、模块化的方式进行软件开发的方法。

扫一扫

视频讲解

## 12.1　贪吃蛇项目

### 1. 问题描述

贪吃蛇游戏是一款经典的游戏，玩家通过控制蛇的移动来吃掉食物，从而得到分数。

1）需求分析

在游戏中需要实现以下功能。

（1）蛇的移动：蛇可以向上、下、左、右四个方向移动，每次移动一个单位长度。

（2）食物的生成：游戏开始时，需要在游戏区域内随机生成一个食物。

（3）蛇的生长：当蛇吃到食物时，蛇的长度会增加一个单位长度。

（4）游戏结束：当蛇头碰到游戏区域的边界或者碰到自己的身体时，游戏结束。

2）可行性分析

开发贪吃蛇游戏是可行的，特别是作为一个学习项目或个人兴趣项目。这个项目可以帮助提高编程技能，拓宽知识领域，而且通常不需要太多的资源投入。

### 2. 分析与设计提示

根据需求分析，可以将游戏分为 3 部分：游戏初始化、游戏循环和游戏结束。游戏初始化主要用于设置游戏的基本参数，包括游戏区域大小、蛇的初始位置、食物的初始位置等；游戏循环用于控制游戏的进行，包括蛇的移动、食物的生成、蛇的生长等；游戏结束用于判断游戏是否结束，并进行相应的处理。

在游戏循环中需要实现以下功能。

（1）蛇的移动：根据玩家输入的方向控制蛇的移动。

（2）食物的生成：在游戏区域内随机生成一个食物。

（3）蛇的生长：当蛇吃到食物时，蛇的长度会增加一个单位长度。

（4）碰撞检测：检测蛇头是否碰到游戏区域的边界或者碰到自己的身体，如果是，则游戏结束。

1）游戏框架

游戏框架代码如下。

```
void startup()                      // 初始化函数
{
}
void show()                         // 绘制函数
{
}
void updateWithoutInput()           // 与输入无关的更新
{
}
void updateWithInput()              // 和输入有关的更新
{
}
int main()                          // 主函数
{
    startup();                      // 初始化函数，仅执行一次
    while (1)                       // 游戏主循环
    {
        show();                     // 进行绘制
```

```
        updateWithoutInput();     // 和输入无关的更新
        updateWithInput();        // 和输入有关的更新
    }
    return 0;
}
```

2）游戏地图（存储结构）

游戏采用的存储结构显示如图 12-1 所示。

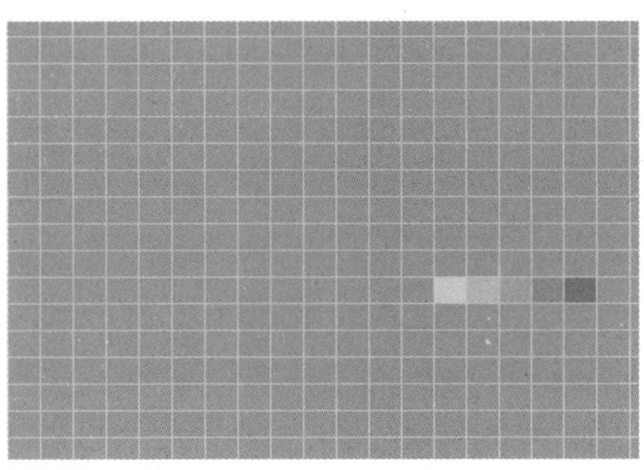

图 12-1　游戏显示

二维数组，用于记录所有的游戏数据。

```
#define BLOCK_SIZE 40    // 每个小格子的大小
#define HEIGHT 30        // 高度上一共 30 个小格子
#define WIDTH 40         // 宽度上一共 40 个小格子，确定游戏地图的大小
int Blocks[HEIGHT][WIDTH] = { 0 }
```

数组中值为 1（蛇头），2，3，4，5 表示蛇。食物位置也映射到二维数组中。

蛇移动（右移为例）数据变化如图 12-2 所示。

| | | | | | | | | |
|---|---|---|---|---|---|---|---|---|
| 0 | 0 | 0 | 0 | 0 | 0 | 0 | 0 | 0 |
| 0 | 0 | 0 | 0 | 0 | 0 | 0 | 0 | 0 |
| 0 | 0 | **5** | **4** | **3** | **2** | **1** | 0 | 0 |
| 0 | 0 | 0 | 0 | 0 | 0 | 0 | 0 | 0 |
| 0 | 0 | 0 | 0 | 0 | 0 | 0 | 0 | 0 |

↓

| | | | | | | | | |
|---|---|---|---|---|---|---|---|---|
| 0 | 0 | 0 | 0 | 0 | 0 | 0 | 0 | 0 |
| 0 | 0 | 0 | 0 | 0 | 0 | 0 | 0 | 0 |
| 0 | 0 | 0 | **5** | **4** | **3** | **2** | **1** | 0 |
| 0 | 0 | 0 | 0 | 0 | 0 | 0 | 0 | 0 |
| 0 | 0 | 0 | 0 | 0 | 0 | 0 | 0 | 0 |

图 12-2　蛇右移数据变化

### 3. 程序设计实现

程序设计实现如下。

```
#include <graphics.h>
#include <conio.h>
```

```
#include <stdio.h>
#define BLOCK_SIZE 20                   // 每个小格子的长宽大小
#define HEIGHT 30                       // 高度上一共 30 个小格子
#define WIDTH 40                        // 宽度上一共 40 个小格子
                                        // 全局变量定义
int Blocks[HEIGHT][WIDTH] = { 0 }; // 二维数组，用于记录所有的游戏数据
char moveDirection;                     // 小蛇移动方向
int food_i, food_j;                     // 食物的位置
int isFailure = 0;                      // 是否游戏失败
void moveSnake()                        // 移动小蛇及相关处理函数
{
    int i, j;
    for (i = 0; i < HEIGHT; i++)        // 对行遍历
        for (j = 0; j < WIDTH; j++)  // 对列遍历
            if (Blocks[i][j] > 0)       // 大于 0 的为小蛇元素
                Blocks[i][j]++;         // 让其+1
    int oldTail_i, oldTail_j, oldHead_i, oldHead_j;
    // 定义变量，存储旧蛇尾、旧蛇头坐标
    int max = 0; // 用于记录最大值
    for (i = 0; i < HEIGHT; i++)        // 对行列遍历
    {
        for (j = 0; j < WIDTH; j++)
        {
            if (max < Blocks[i][j])    // 如果当前元素值比 max 大
            {
                max = Blocks[i][j];     // 更新 max 的值
                oldTail_i = i;          // 记录最大值的坐标，就是旧蛇尾的位置
                oldTail_j = j;          //
            }
            if (Blocks[i][j] == 2)      // 找到数值为 2
            {
                oldHead_i = i;          // 数值为 2 恰好是旧蛇头的位置
                oldHead_j = j;          //
            }
        }
    }
    int newHead_i = oldHead_i;          // 设定变量存储新蛇头的位置
    int newHead_j = oldHead_j;

    //  根据用户按键，设定新蛇头的位置
    if (moveDirection == 'w')           // 向上移动
        newHead_i = oldHead_i - 1;
    else if (moveDirection == 's')  // 向下移动
        newHead_i = oldHead_i + 1;
    else if (moveDirection == 'a')  // 向左移动
        newHead_j = oldHead_j - 1;
    else if (moveDirection == 'd')  // 向右移动
        newHead_j = oldHead_j + 1;

    //  如果蛇头超出边界，或者蛇头碰到蛇身，游戏失败
    if (newHead_i >= HEIGHT || newHead_i < 0 || newHead_j >= WIDTH || newHead_j < 0
        || Blocks[newHead_i][newHead_j]>0)
    {
        isFailure = 1;                  // 游戏失败
```

```
        return;                                 // 函数返回
    }

    Blocks[newHead_i][newHead_j] = 1;         // 新蛇头位置数值为 1
    if (newHead_i == food_i && newHead_j == food_j) // 如果新蛇头正好碰到食物
    {
        food_i = rand() % (HEIGHT - 5) + 2; // 食物重新随机位置
        food_j = rand() % (WIDTH - 5) + 2;  //
        // 不对旧蛇尾处理，相当于蛇的长度+1
    }
    else              // 新蛇头没有碰到食物
        Blocks[oldTail_i][oldTail_j] = 0;
        // 旧蛇尾变成空白，不吃食物时保持蛇的长度不变
}
void startup()       //  初始化函数
{
    int i;
    Blocks[HEIGHT / 2][WIDTH / 2] = 1;       // 画面中间画蛇头，数字为 1
    for (i = 1; i <= 4; i++) //  向左依次 4 个蛇身，数值依次为 2,3,4,5
        Blocks[HEIGHT / 2][WIDTH / 2 - i] = i + 1;
    moveDirection = 'd';      //  初始向右移动
    food_i = rand() % (HEIGHT - 5) + 2;      // 初始化随机食物位置
    food_j = rand() % (WIDTH - 5) + 2; //
    initgraph(WIDTH * BLOCK_SIZE, HEIGHT * BLOCK_SIZE); // 新开画面
    setlinecolor(RGB(200, 200, 200));        // 设置线条颜色
    BeginBatchDraw();         // 开始批量绘制
}
void show()  // 绘制函数
{
    cleardevice(); // 清屏
    int i, j;
    for (i = 0; i < HEIGHT; i++)              // 对二维数组所有元素遍历
    {
        for (j = 0; j < WIDTH; j++)
        {
            if (Blocks[i][j] > 0) // 元素大于 0 表示是蛇，这里让蛇的身体颜色色调渐变
                setfillcolor(HSVtoRGB(Blocks[i][j] * 10, 0.9, 1));
            else
                setfillcolor(RGB(150, 150, 150)); // 元素为 0 表示为空，颜色为灰色
                // 在对应位置处，以对应颜色绘制小方格
            fillrectangle(j * BLOCK_SIZE, i * BLOCK_SIZE,
                (j + 1) * BLOCK_SIZE, (i + 1) * BLOCK_SIZE);
        }
    }
    setfillcolor(RGB(0, 255, 0));             // 食物为绿色
    // 绘制食物小方块
    fillrectangle(food_j * BLOCK_SIZE, food_i * BLOCK_SIZE,
        (food_j + 1) * BLOCK_SIZE, (food_i + 1) * BLOCK_SIZE);
    if (isFailure)                            // 如果游戏失败
    {
        setbkmode(TRANSPARENT);               // 文字字体透明
        settextcolor(RGB(255, 0, 0));         // 设定文字颜色
        settextstyle(80, 0, _T("宋体"));      // 设定文字大小、样式
        outtextxy(240, 220, _T("游戏失败")); // 输出文字内容
    }
```

```
    FlushBatchDraw();                   // 批量绘制
}
void updateWithoutInput()               // 与输入无关的更新函数
{
    if (isFailure)                      // 如果游戏失败，则函数返回
        return;
    static int waitIndex = 1;           // 静态局部变量，初始化时为 1
    waitIndex++;                        // 每一帧+1
    if (waitIndex == 10)                // 如果等于 10 才执行，这样小蛇每隔 10 帧移动一次
    {
        moveSnake();                    // 调用小蛇移动函数
        waitIndex = 1;                  // 再变成 1
    }
}
void updateWithInput()                  // 和输入有关的更新函数
{
    if (kbhit() && isFailure == 0)  // 如果有按键输入，并且不失败
    {
        char input = getch();           // 获得按键输入
        if (input == 'a' || input == 's' || input == 'd' || input == 'w')
        // 如果是 asdw
        {
            moveDirection = input;      // 设定移动方向
            moveSnake();                // 调用小蛇移动函数
        }
    }
}

int main()                              // 主函数
{
    startup();                          // 初始化函数，仅执行一次
    while (1)                           // 一直循环
    {
        show();                         // 进行绘制
        updateWithoutInput();           // 和输入无关的更新
        updateWithInput();              // 和输入有关的更新
    }
    return 0;
}
```

程序运行效果如图 12-3 所示。

**图 12-3** 贪吃蛇运行效果

## 12.2　人机对弈五子棋项目

扫一扫

视频讲解

### 1. 问题描述

五子棋是智力竞技项目之一，是一种两人（或人机）对弈的纯策略型棋类游戏。双方分别使用黑白两色的棋子，下在棋盘横线与竖线的交叉点上，先形成五子连线者获胜。

1）需求分析

本程序设计要求游戏功能为人机对弈。游戏需要实现功能是游戏双方一方执黑棋，一方执白棋，轮流走棋，每方都试图在游戏结束前让自己的棋子五子相连，首先实现五子相连的一方获胜。程序执行过程中，要求棋盘、棋子时时可见，并且人可以通过鼠标摆放棋子。

2）可行性分析

开发五子棋游戏是可行的，特别是作为一个学习项目或个人兴趣项目。这个项目可以帮助学生提高编程技能，拓宽学生的知识领域，而且通常不需要太多的资源投入。

### 2. 分析与设计提示

根据需求分析，可以将游戏分为三个部分：游戏初始化、游戏循环和游戏结束。

1）棋盘

棋盘由 19×19 的棋格组成，如图 12-4 所示。

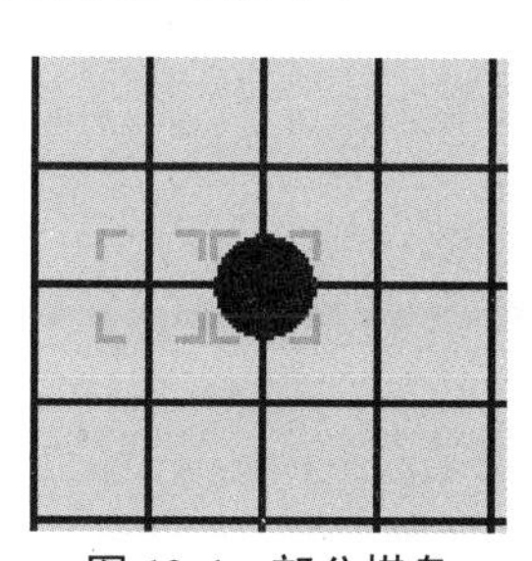

图 12-4　部分棋盘

每个棋格定义：

```
typedef struct ChessCell
{
    int x;                    // x 坐标
    int y;                    // y 坐标
    int value;                // 值（黑棋：1，白棋：0，空位：-1）
    int modle;                // 模式
    bool isnew;               // 是否有选择框
    COLORREF color;           // 棋盘背景色
} ChessCell;
```

由于要绘制一个 19×19 的棋盘，因此，用一个 19×19 的二维数组来储存棋盘上每一个位置的信息，ChessCell ChessBoard[19][19]；其中每一个元素表示为 ChessBoard[i][j]。需要将数组 ChessBoard 存储的数值与人机落子信息进行一个对应。

2）判断胜负

这是整个程序中需要考虑的情况最多的一个部分。既需要考虑横向棋子的布局，还需要考虑纵向，更复杂的是还需要考虑斜率分别为 –1 和 1 的直线上的落子情况。横向和纵向的判断容易理解，斜向的会复杂一些，尤其是在靠近四个角落的地方，因为需要保证有足够的空间使得能够有五颗棋子连成一条线，因此在考虑斜向时又将每种斜率的直线分为了两种情况。

3）人机对战时计算机思路

轮到电脑下子时，基本思路就是遍历棋盘上的每一个空位，并逐个计算价值量，寻找价值量最大的那个位置，并且最终进行电脑的下子。电脑寻找最佳位置信息类型为：

```
typedef struct computeFindPos
{//计算出来的计算机该落子的位置类型
    int i;          // y 坐标
    int j;          // x 坐标
    int number;     // 分数
} computeFindPos;
```

每找到一个空档，首先逐一检查它上、下、左、右、左上、左下、右上、右下八个方位是否有棋子。例如该空档上方无子则跳过，价值量为零，检查到左下发现有棋子，则继续查看有几个棋子，从是否有一个颜色相同的棋子开始，一直到有四个棋子，逐一累加价值量，每次应判断这些棋子的颜色是否和电脑自己的颜色相同，有相同、不同两种情况，两者所叠加的价值量不同，然后再判断这几个颜色相同的棋子组成的这条线的下一个位置是否有棋子，有颜色相同、颜色不同、无棋子三种情况，三者所叠加的价值量也不同。

为了使价值量的区别更大，更容易把控，判断出不同数量的连续棋子后会先加不同的权重，数量越多，权重指数级增长。另外，为了区分活三和连四两种特殊情况，为它们单独加了极大的价值量，方便电脑判断。

### 3. 程序设计实现

程序设计实现如下。

```
#include <time.h>
#include <graphics.h>
typedef struct computeFindPos
{//计算出来的计算机该落子的位置类型
    int i;                          // y 坐标
    int j;                          // x 坐标
    int number;                     // 分数
} computeFindPos;
typedef struct                      // 棋盘每个格子的状态及信息类型
{
    int x;                          // x 坐标
    int y;                          // y 坐标
    int value;                      // 值（黑棋：1，白棋：0，空位：-1）
    int modle;                      // 模式
    bool isnew;                     // 是否有选择框
    COLORREF color;                 // 棋盘背景色
}ChessCell;
ChessCell ChessBoard[19][19];       // 棋盘
int win = -1;                       // 谁赢了（0：白棋，1：黑棋，2：平局）
int whoplay = 0;                    // 轮到谁下棋了
int playercolor = 0;                // 玩家颜色
int dx[4]={ 1,0,1,1 };              // - | \ / 四个方向
int dy[4]={ 0,1,1,-1 };
```

```
int Score[3][5] = //评分表
{
    { 0, 80, 250, 500, 500 },              // 防守 0 子
    { 0, 0,  80,  250, 500 },              // 防守 1 子
    { 0, 0,  0,   80,  500 }               // 防守 2 子
};
int MAXxs[361];                            // 最优 x 坐标
int MAXys[361];                            // 最优 y 坐标
int mylength = 0;                          // 最优解数
void drawStyle(ChessCell box)              // 根据落子状况，绘制不同棋格
{
    COLORREF thefillcolor = getfillcolor();   // 备份填充颜色
    setlinestyle(PS_SOLID, 2);                // 线样式设置
    setfillcolor(box.color);                  // 填充颜色设置
    solidrectangle(box.x, box.y, box.x + 30, box.y + 30);
    // 绘制无边框的正方形
    if (box.isnew) {                          // 如果是新下的,绘制边框线
        setlinecolor(LIGHTGRAY);
        line(box.x + 1, box.y + 2, box.x + 8,box.y + 2);
        line(box.x + 2, box.y + 1, box.x + 2, box.y + 8);
        line(box.x + 29, box.y + 2, box.x + 22, box.y + 2);
        line(box.x + 29, box.y + 1, box.x + 29, box.y + 8);
        line(box.x + 2, box.y + 29, box.x + 8, box.y + 29);
        line(box.x + 2, box.y + 22, box.x + 2, box.y + 29);
        line(box.x + 29,box.y + 29, box.x + 22, box.y + 29);
        line(box.x + 29, box.y + 22, box.x + 29, box.y + 29);
    }
    setlinecolor(BLACK);
    switch (box.modle)
    {                                         // 以下是不同位置棋盘的样式
        case 0:
            line(box.x + 15, box.y, box.x + 15, box.y + 30);
            line(box.x - 1, box.y + 15, box.x + 30, box.y + 15);
            break;
        case 1:
            line(box.x + 14, box.y + 15, box.x + 30, box.y + 15);
            setlinestyle(PS_SOLID, 3);
            line(box.x + 15, box.y, box.x + 15, box.y + 30);
            setlinestyle(PS_SOLID, 2);
            break;
        case 2:
            line(box.x - 1, box.y + 15, box.x + 15, box.y + 15);
            setlinestyle(PS_SOLID, 3);
            line(box.x + 15, box.y, box.x + 15, box.y + 30);
            setlinestyle(PS_SOLID, 2);
            break;
        case 3:
            line(box.x + 15, box.y + 15, box.x + 15, box.y + 30);
            line(box.x + 15, box.y + 15, box.x + 15, box.y + 30);
            line(box.x + 15, box.y + 15, box.x + 15, box.y + 30);
            setlinestyle(PS_SOLID, 3);
            line(box.x - 1, box.y + 15, box.x + 30, box.y + 15);
            setlinestyle(PS_SOLID, 2);
            break;
        case 4:
```

```
            line(box.x + 15, box.y, box.x + 15, box.y + 15);
            setlinestyle(PS_SOLID, 3);
            line(box.x - 1, box.y + 15, box.x + 30, box.y + 15);
            setlinestyle(PS_SOLID, 2);
            break;
        case 5:
            setlinestyle(PS_SOLID, 3);
            line(box.x + 15, box.y, box.x + 15, box.y + 15);
            line(box.x + 15, box.y + 15, box.x + 30, box.y + 15);
            setlinestyle(PS_SOLID, 2);
            break;
        case 6:
            setlinestyle(PS_SOLID, 3);
            line(box.x + 15, box.y, box.x + 15, box.y + 15);
            line(box.x - 1, box.y + 15, box.x + 15, box.y + 15);
            setlinestyle(PS_SOLID, 2);
            break;
        case 7:
            setlinestyle(PS_SOLID, 3);
            line(box.x - 1, box.y + 15, box.x + 15, box.y + 15);
            line(box.x + 15, box.y + 15, box.x + 15, box.y + 30);
            setlinestyle(PS_SOLID, 2);
            break;
        case 8:
            setlinestyle(PS_SOLID, 3);
            line(box.x + 15, box.y + 15, box.x + 30, box.y + 15);
            line(box.x + 15, box.y + 15, box.x + 15, box.y + 30);
            setlinestyle(PS_SOLID, 2);
            break;
        case 9:
            line(box.x + 15, box.y, box.x + 15, box.y + 30);
            line(box.x - 1, box.y + 15, box.x + 30, box.y + 15);
            setfillcolor(BLACK);
            setlinestyle(PS_SOLID, 1);
            fillcircle(box.x + 15, box.y + 15, 4);
            break;
    }
    switch (box.value)
    {
        case 0:                          // 白棋
            setfillcolor(WHITE);
            setlinestyle(PS_SOLID, 1);
            fillcircle(box.x + 15, box.y + 15, 13);
            break;
        case 1:                          // 黑棋
            setfillcolor(BLACK);
            setlinestyle(PS_SOLID, 1);
            fillcircle(box.x + 15, box.y + 15, 13);
            break;
    }
    setfillcolor(thefillcolor);          // 还原填充色
}
void drawMap()                           // 绘制初始棋盘
{
    int number = 0;                      // 坐标输出的位置
    // 坐标（数值）
```

```
    TCHAR strnum[19][3] = { _T("1"), _T("2"), _T("3"), _T("4"), _T("5"),
_T("6"), _T("7"), _T("8"), _T("9"), _T("10"), _T("11"), _T("12"), _T("13"), _T("14"),
_T("15"), _T("16"), _T("17"), _T("18"), _T("19") };    // 坐标(字母)
    TCHAR strabc[19][3] = { _T("A"), _T("B"), _T("C"), _T("D"), _T("E"),
_T("F"), _T("G"), _T("H"), _T("I"), _T("J"), _T("K"), _T("L"), _T("M"), _T("N"),
_T("O"), _T("P"), _T("Q"), _T("R"), _T("S") };
    LOGFONT nowstyle;                               //设置棋盘字体显示样式
    gettextstyle(&nowstyle);
    settextstyle(0, 0, NULL);
    for (int i = 0; i < 19; i++)
    {
        for (int j = 0; j < 19; j++)
        {
            //BOX[i][j].draw();                     // 绘制
            drawStyle(ChessBoard[i][j]);
            if (ChessBoard[i][j].isnew == true)
            {
                ChessBoard[i][j].isnew = false;    // 把上一个下棋位置的黑框清除
            }
        }
    }
    for (int i = 0; i < 19; i++)                    // 画坐标
    {
        outtextxy(75 + number, 35, strnum[i]);
        outtextxy(53, 55 + number, strabc[i]);
        number += 30;
    }
    settextstyle(&nowstyle);
}
void init()     // 对局初始化
{
    win = -1;   // 谁赢了
    for (int i = 0, k = 0; i < 570; i += 30)
    {
        for (int j = 0, g = 0; j < 570; j += 30)
        {
            int modle = 0;                          // 棋盘样式
            ChessBoard[k][g].value = -1;
            ChessBoard[k][g].color = RGB(255, 205, 150); // 棋盘底色
            ChessBoard[k][g].x = 65 + j;            // x、y 坐标
            ChessBoard[k][g].y = 50 + i;
            // 棋盘样式的判断
            if (k == 0 && g == 0)
            {
                modle = 8;
            }
            else if (k == 0 && g == 18)
            {
                modle = 7;
            }
            else if (k == 18 && g == 18)
            {
                modle = 6;
            }
            else if (k == 18 && g == 0)
            {
```

```
                modle = 5;
            }
            else if (k == 0)
            {
                modle = 3;
            }
            else if (k == 18)
            {
                modle = 4;
            }
            else if (g == 0)
            {
                modle = 1;
            }
            else if (g == 18)
            {
                modle = 2;
            }
            else if ((k == 3 && g == 3) || (k == 3 && g == 15) || (k == 15 &&
g == 3) || (k == 15 && g == 15) || (k == 3 && g == 9) || (k == 9 && g == 3) ||
(k == 15 && g == 9) || (k == 9 && g == 15) || (k == 9 && g == 9))
            {
                modle = 9;
            }
            else
            {
                modle = 0;
            }
            ChessBoard[k][g].modle = modle;
            g++;
        }
        k++;
    }
}
computeFindPos findbestseat(int color, int c)
{// 寻找最佳位置
    computeFindPos bestpos;
    if (c == 0)                         //如果是第一层，清空数组
    {
        mylength = 0;
    }
    int MAXnumber = -1e10;              //最佳分数
    for (int i = 0; i < 19; i++) {
        for (int j = 0; j < 19; j++) {
            if (ChessBoard[i][j].value == -1) {
                //遍历每一个空位置
                int length;             //当前方向长度
                int emeny;              //当前方向敌子
                int nowi = 0;           //现在遍历到的 y 坐标
                int nowj = 0;           //现在遍历到的 x 坐标
                int thescore = 0;       //这个位置的初始分数
                //判断周边有没有棋子
                int is = 0;
                for (int k = 0; k < 4; k++)
                {
                    nowi = i;
```

```
            nowj = j;
            nowi += dx[k];
            nowj += dy[k];
            if (nowi >= 0 && nowj >= 0
                && nowi <= 18 && nowj <= 18
                && ChessBoard[nowi][nowj].value != -1)
            {
                is = 1;
                break;
            }
            nowi = i;
            nowj = j;
            nowi += dx[k];
            nowj += dy[k];
            if (nowi >= 0 && nowj >= 0
                && nowi <= 18 && nowj <= 18
                && ChessBoard[nowi][nowj].value != -1)
            {
                is = 1;
                break;
            }
            nowi = i;
            nowj = j;
            nowi -= dx[k];
            nowj -= dy[k];
            if (nowi >= 0 && nowj >= 0
                && nowi <= 18 && nowj <= 18
                && ChessBoard[nowi][nowj].value != -1)
            {
                is = 1;
                break;
            }
            nowi = i;
            nowj = j;
            nowi -= dx[k];
            nowj -= dy[k];
            if (nowi >= 0 && nowj >= 0
                && nowi <= 18 && nowj <= 18
                && ChessBoard[nowi][nowj].value != -1)
            {
                is = 1;
                break;
            }
        }
        if (!is)
        {
            //如果周围没有棋子，就不用递归了
            continue;
        }
        //自己
        ChessBoard[i][j].value = color;//尝试下在这里
        for (int k = 0; k < 4; k++)
        {
            //检测四个方向
            length = 0;
            emeny = 0;
            nowi = i;
```

```
                    nowj = j;
                    while (nowi <= 18 && nowj <= 18 && nowi >= 0 && nowj >= 0 &&
ChessBoard[nowi][nowj].value == color)
                    {
                        length++;
                        nowj += dy[k];
                        nowi += dx[k];
                    }
                    if (nowi < 0 || nowj < 0 || nowi > 18 || nowj > 18 ||
ChessBoard[nowi][nowj].value == !color)
                    {
                        emeny++;
                    }
                    nowi = i;
                    nowj = j;
                    while (nowi <= 18 && nowj <= 18 && nowi >= 0 && nowj >= 0 &&
ChessBoard[nowi][nowj].value == color)
                    {
                        length++;
                        nowj -= dy[k];
                        nowi -= dx[k];
                    }
                    if (nowi < 0 || nowj < 0 || nowi > 18 || nowj > 18 ||
ChessBoard[nowi][nowj].value == !color)
                    {
                        emeny++;
                    }
                    length -= 2;//判断长度
                    if (length > 4)
                    {
                        length = 4;
                    }
                    if (Score[emeny][length] == 500)
                    {//己方胜利，结束递归
                        ChessBoard[i][j].value = -1;
                        bestpos.i=i;
                        bestpos.j=j;
                        bestpos.number=Score[emeny][length];
                        return bestpos;
                    }
                    thescore += Score[emeny][length];
                    length = 0;
                    emeny = 0;
                }
                //敌人（原理同上）
                ChessBoard[i][j].value = !color;
                for (int k = 0; k < 4; k++)
                {
                    length = 0;
                    emeny = 0;
                    nowi = i;
                    nowj = j;
                    while (nowi <= 18 && nowj <= 18 && nowi >= 0 && nowj >= 0 &&
ChessBoard[nowi][nowj].value == !color)
                    {
                        length++;
                        nowj += dy[k];
                        nowi += dx[k];
```

```
                    }
                    if (nowi < 0 || nowj < 0 || nowi > 18 || nowj > 18 ||
ChessBoard[nowi][nowj].value == color)
                    {
                        emeny++;
                    }
                    nowi = i;
                    nowj = j;
                    while (nowi <= 18 && nowj <= 18 && nowi >= 0 && nowj >= 0 &&
ChessBoard[nowi][nowj].value == !color)
                    {
                        length++;
                        nowj -= dy[k];
                        nowi -= dx[k];
                    }
                    if (nowi < 0 || nowj < 0 || nowi > 18 || nowj > 18 ||
ChessBoard[nowi][nowj].value == color)
                    {
                        emeny++;
                    }
                    length -= 2;
                    if (length > 4)
                    {
                        length = 4;
                    }
                    if (Score[emeny][length] == 500)
                    {
                        ChessBoard[i][j].value = -1;

                        bestpos.i=i;
                        bestpos.j=j;
                        bestpos.number=Score[emeny][length];
                        return bestpos;
                    }
                    thescore += Score[emeny][length];
                    length = 0;
                    emeny = 0;
                }
                ChessBoard[i][j].value = -1;
                //如果已经比最高分数小，就没必要递归了
                if (thescore >= MAXnumber)
                {
                    if (c < 3)
                    {
                        //只能找 4 层，否则时间太长
                        ChessBoard[i][j].value = color;
                        //递归寻找对方分数
                        int nowScore = thescore - findbestseat(!color, c + 1).number;
                        //递归求出这个位置的分值
                        ChessBoard[i][j].value = -1;
                        if (nowScore > MAXnumber)
                        {       //比最高分值大
                            MAXnumber = nowScore;
                            if (c == 0)
                            {//第一层
                                mylength = 0;//清空数组
                            }
```

```
                        }
                        if (c == 0)
                        {   //第一层
                            if (nowScore >= MAXnumber)
                            {   //把当前位置加入数组
                                MAXxs[mylength] = i;
                                MAXys[mylength] = j;
                                mylength++;
                            }
                        }
                    }
                    else {//如果递归到了最后一层
                        if (thescore > MAXnumber)
                        {   //直接更新
                            MAXnumber = thescore;
                        }
                    }
                }
            }
        }
    }
    if (c == 0)
    {//第一层，随机化落子位置
        int mynum = rand() % mylength;
        bestpos.i=MAXxs[mynum];
        bestpos.j=MAXys[mynum];
        bestpos.number=MAXnumber;
        return bestpos;
    }
    bestpos.i=0;
    bestpos.j=0;
    bestpos.number =MAXnumber ;
    return bestpos;
}
void isWIN()                    // 判断输赢
{
    bool isfull = true;      // 棋盘是否满了
    for (int i = 0; i < 19; i++)
    {
        for (int j = 0; j < 19; j++)
        {
            if (ChessBoard[i][j].value != -1)
            {// 遍历每个可能的位置
                int nowcolor = ChessBoard[i][j].value;    // 现在遍历到的颜色
                int length[4] = { 0,0,0,0 };              // 四个方向的长度
                for (int k = 0; k < 4; k++)
                {// 原理同寻找最佳位置
                    int nowi = i;
                    int nowj = j;
                    while (nowi <= 18 && nowj <= 18 && nowi >= 0 && nowj >= 0 &&
ChessBoard[nowi][nowj].value == nowcolor)
                    {
                        length[k]++;
                        nowj += dx[k];
                        nowi += dy[k];
                    }
```

```
                    nowi = i;
                    nowj = j;
                    while (nowi <= 18 && nowj <= 18 && nowi >= 0 && nowj >= 0 &&
ChessBoard[nowi][nowj].value == 1 - nowcolor)
                    {
                        length[k]++;
                        nowj -= dx[k];
                        nowi -= dy[k];
                    }
                }
                for (int k = 0; k < 4; k++)
                {
                    if (length[k] >= 5) {
                        // 如果满五子
                        if (nowcolor == playercolor)
                        {
                            win = playercolor;      // 玩家胜
                        }
                        if (nowcolor == 1 - playercolor)
                        {
                            win = 1 - playercolor; // 计算机胜
                        }
                    }
                }
            }
            else
            { //如果为空
                isfull = false;             //棋盘没满
            }
        }
    }
    if (isfull)
    {// 如果棋盘满了
        win = 2;                            // 平局
    }
}
void playGame()                             // 游戏主函数
{
    bool isinit;
    int oldi = 0;                           // 上一个鼠标停的坐标
    int oldj = 0;
    srand(unsigned int(time(NULL)));    // 随机化玩家颜色
    playercolor = rand() % 2;
    setfillcolor(RGB(255, 205, 150));   // 绘制背景
    solidrectangle(40, 25, 645, 630);
    // 设置字体样式
    settextstyle(30, 15, 0, 0, 0, 1000, false, false, false);
    settextcolor(BLACK);
    if (playercolor == 0)               // 输出标示语
    {
        isinit = 1;
        outtextxy(150, 650, _T("玩家执白后行，电脑执黑先行"));
        whoplay = 1;
    }
    else
    {
```

```
        isinit = 0;
        outtextxy(150, 650, _T("玩家执黑先行，计算机执白后行"));
        whoplay = 0;
    }
    drawMap(); // 重新绘制棋盘
    while (1)
    {
    NEXTPLAYER:
        if (whoplay == 0)
        {// 玩家下棋
            MOUSEMSG mouse = GetMouseMsg(); // 获取鼠标信息 GetMouseMsg
            for (int i = 0; i < 19; i++)
            {
                for (int j = 0; j < 19; j++)
                {
                if (mouse.x > ChessBoard[i][j].x && mouse.x<ChessBoard[i][j].x + 30
                    //判断 x 坐标
                && mouse.y>ChessBoard[i][j].y && mouse.y < ChessBoard[i][j].y + 30
                    //判断 y 坐标
                    && ChessBoard[i][j].value == -1)//判断是否是空位置
                    {// 如果停在某一个空位置上面
                        if (mouse.mkLButton)
                        {
                            // 如果按下了
                            ChessBoard[i][j].value = playercolor;  // 下棋
                            ChessBoard[i][j].isnew = true;  // 新位置更新
                            oldi = -1;
                            oldj = -1;
                            // 下一个玩家
                            whoplay = 1;
                            goto DRAW;
                        }
                        // 更新选择框
                        ChessBoard[oldi][oldj].isnew = false;
                        //BOX[oldi][oldj].draw();
                        drawStyle(ChessBoard[oldi][oldj]);
                        ChessBoard[i][j].isnew = true;
                        //BOX[i][j].draw();
                        drawStyle(ChessBoard[i][j]);
                        oldi = i;
                        oldj = j;
                    }
                }
            }
        }
        else
        {// 计算机下棋
            if (isinit)
            {
                // 开局情况
                isinit = 0;
                int drawi = 9;
                int drawj = 9;
                while (ChessBoard[drawi][drawj].value != -1)
                {
                    drawi--;
```

```
                drawj++;
            }
            ChessBoard[drawi][drawj].value = 1 - playercolor;
            ChessBoard[drawi][drawj].isnew = true;
        }
        else
        {
        computeFindPos best;
        best = findbestseat(1 - playercolor, 0); // 寻找最佳位置
        ChessBoard[best.i][best.j].value = 1 - playercolor;//下在最佳位置
        ChessBoard[best.i][best.j].isnew = true;
        }
        whoplay = 0;
        goto DRAW;          // 轮到下一个
      }
    }
DRAW: // 绘制
    isWIN(); // 检测输赢
    drawMap();
    oldi = 0;
    oldj = 0;
    if (win == -1)
    {
        // 如果没有人胜利
        Sleep(500);
        goto NEXTPLAYER;    // 前往下一个玩家
    }
    // 胜利处理
    settextcolor(RGB(0, 255, 0));
    Sleep(1000);
    if (win == 0)
    {
        outtextxy(320, 320, _T("白胜"));
    }
    if (win == 1)
    {
        outtextxy(320, 320, _T("黑胜"));
    }
    if (win == 2)
    {
        outtextxy(320, 320, _T("平局"));
    }
    Sleep(5000);            // 给人反应时间
}
int main()
{
    initgraph(700, 700);    // 初始化绘图环境
    setbkcolor(WHITE);
    cleardevice();
    setbkmode(TRANSPARENT); // 设置透明文字输出背景
    while (1)
    {  init();              // 初始化
        playGame();         // 游戏开始
        cleardevice();
    }
}
```

程序运行结果如图 12-5 所示。

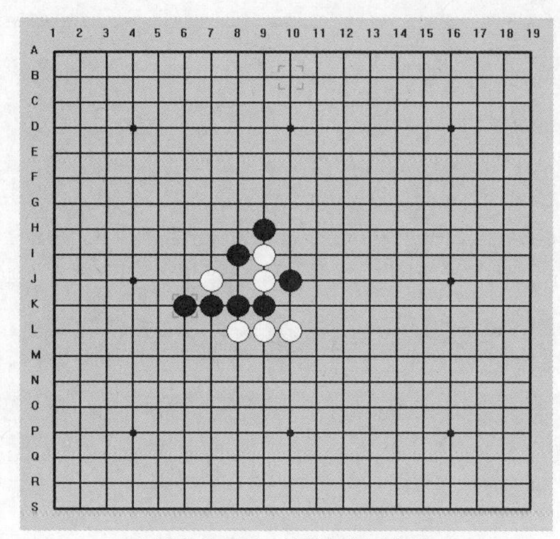


玩家执白后行，计算机执黑先行

**图 12-5　人机对弈运行效果**

# 附录 A

APPENDIX A

# 大厂笔试、面试题

## A.1 面试官谈面试和基础知识

如果应聘者能够通过公司的简历筛选环节，那恭喜他取得了阶段性的成功。但要想拿到心仪的offer，应聘者还有更长的路要走。大部分公司的面试都是从电话面试开始的。通过电话面试之后，有些公司还会有一两轮远程面试。面试官让应聘者共享自己的桌面，远程观察应聘者编写及调试代码的过程。如果前面的面试都很顺利，应聘者就会收到现场面试的邀请信，请他去公司接受面对面的面试。

1. 谈面试

“对于初级程序员，我一般会偏向考查算法和数据结构，看应聘者的基本功；对于高级程序员，我会多关注专业技能和项目经验。”—— 何幸杰（SAP，高级工程师）

“对基础知识的考查我特别重视C/C++中对内存的使用管理。我觉得内存管理是C/C++程序员特别要注意的，因为内存的使用和管理会影响程序的效率和稳定性。”—— 蓝诚（Autodesk，软件工程师）

“基础知识反映了一个人的基本能力和基础素质，是以后工作中最核心的能力要求。我一般考查：①数据结构和算法；②编程能力；③部分数学知识，如概率；④问题的分析和推理能力。”—— 张晓禹（百度，技术经理）

通常面试官会把每一轮面试分为3个环节：首先是行为面试，面试官参照简历了解应聘者的过往经验；其次是技术面试，这一环节很有可能会要求应聘者现场写代码；最后一个环节是应聘者问几个自己最感兴趣的问题。

技术面试环节主要关注应聘者扎实的基础知识、能写高质量的代码，以及学习沟通等各方面的能力。只有注重质量的程序员，才能写出鲁棒、稳定的大型软件。在面试过程中，面试官总会格外关注边界条件、特殊输入等看似细枝末节，但实则至关重要的地方，以考查应聘者是否注重代码质量。很多时候，面试官发现应聘者写出来的代码只能完成最基本的功能，一旦输入特殊的边界条件参数，就会错误百出甚至程序崩溃。总有些应聘者很困惑：面试的时候觉得题目很简单，感觉自己都做出来了，可最后为什么被拒了。面试被拒有很多种可能，例如面试官认为应聘者性格不适合、态度不够诚恳等。但在技术面试过程中，这些都不是最重要的。技术面试的面试官一般都是程序员，程序员通常没有那么多想法。他们只认一个理：题目做对、做完整了，就让应聘者通过面试；否则失败。所以遇到简单题目却被拒的情况，应聘者应认真反思在思路或者代码中存在哪些漏洞。

以微软面试开发工程师时最常用的一个问题为例：把一个字符串转换成整数。这个题目很简单，很多人都能在3min之内写出如下不到10行的代码：

```
int StrToInt(char* str)
{
   int number =0;
   while(*string != 0)
   {
      number = number *10+*string -'0';
      ++str;
   }
   return number;
}
```

看了上面的代码，是不是觉得微软面试很容易？如果真的这么想，那可能又要被拒了。

通常越是简单的问题，面试官的期望值就会越高。如果题目很简单，面试官就会期待应聘者能够很完整地解决问题，除完成基本功能之外，还要考虑到边界条件、错误处理等各个方面。例如这道题，面试官不仅期待应聘者能完成把字符串转换成整数这个最起码的要求，而且希望应聘者能考虑到各种特殊的输入。面试官至少会期待应聘者能够在不需要提示的情况下，考虑到输入的字符串中有非数字字符和正负号，要考虑到最大的正整数和最小的负整数以及溢出。同时面试官还期待应聘者能够考虑到当输入的字符串不能转换成整数时，应该如何做错误处理。当把这个问题的方方面面都考虑到的时候，就不会再认为这道题简单了。

除问题考虑不全面之外，还有一个面试官不能容忍的错误就是程序不够鲁棒。以前面的那段代码为例，只要输入一个空指针，程序立即崩溃。这样的代码如果加入软件当中，那将是灾难。因此，当面试官看到代码中对空指针没有判断并加以特殊处理时，通常连往下看的兴趣都没有。

### 2. 基础知识

程序员写代码总是基于某一种编程语言，因此技术面试时都会直接或者间接涉及至少一种编程语言。在面试过程中，面试官要么直接问语言的语法，要么让应聘者用一种编程语言写代码解决一个问题，通过写出的代码来判断应聘者对他使用的语言的掌握程度。现在流行的编程语言很多，不同公司开发用的语言也不尽相同。做底层开发（如驱动开发）的程序员更习惯用 C 语言。

企业笔试和面试过程中涉及 C 语言相关的内容很多，要求的知识面也较宽，绝不局限于大学中一门程序设计课程的教学内容，更多的是结合企业工作中的实际应用来考查“企业认为”的知识点。分析部分企业的笔试和面试内容可以看出，企业关心的知识点与学校教学的知识点并不完全重合，企业考核的重点也不是学校考核的重点，甚至企业考核的知识点在学校的教学中都不会涉及。下面列出的是企业在进行人才选拔时与 C 语言相关的考核重点和难点。

（1）基本概念。除常规的一些基本内容之外，企业更会考核一些具有 C 语言特色的编程方式。例如，不同的数据类型在内存中的编码形式与表示范围，++，--运算的前缀/后缀形式，关系运算与、或在运算过程中的计算“短路”现象，sizeof 运算等。这些考核点均是 C 语言的基本概念，也是容易被忽略、容易出错的知识点。

（2）编译预处理。各种预处理命令、宏定义与宏替换等，是学校教学中几乎没有涉及或很少涉及的内容，而各种预处理指令是在编写大型软件系统中必须使用的编程命令，合理使用预处理命令也是编程技巧。

（3）指针综合运用。通过指针访问一般变量，通过指针访问指针变量，通过指针操作字符串，通过指针访问二维数组，通过指针访问函数、结构等，指针数组和数组指针，函数返回指针等。指针是 C 语言中最活跃的成分，它的千变万化既体现了指针的特性，也可以充分反映被测者的基本功，企业在考核基本功时，都会选择指针及相关内容作为考核点。

（4）位运算。基本概念与相关运算（位与、位或、位非、位异或、位左移、位右移等），使用位运算和相关知识设计算法。例如，将二进制中指定位置 1。通过二进制操作实现各种算术运算等。位运算所具有的独特的性质，会带来许多有意思的问题和解决方案。不少面向硬件与系统级开发的企业，都会选择这方面的内容进行考核。

（5）实践应用的算法设计。从实际工作中提炼出来的简单应用，例如，按特殊要求排序、手机号码合法性、与日期相关处理、输出指定的简单图形等。这些题目的程序可能都不太长，但关键是要对问题本身有一个透彻的分析，并在分析的基础上设计出精巧的算法。这是考核分析问题进行算法设计能力的有效手段。

（6）C 语言与其他内容（课程）的融合。例如，不同存储类型的变量占用内存情况（可能涉及计算机组成原理、操作系统或编译器），不同数据类型的变量在内存的边界对齐情况（可能涉及计算机硬件结构或编译器），在 Windows 中控制任务管理器的 CPU 占用率（涉及操作系统），同一程序在不同编译环境下运行等。这些题目均可能涉及传统高校的不同课程，多课程知识点的融合更是企业考察被测人员能力的常用的和有效的手段。

与 C 语言程序设计相关的题目非常多，同一问题的变化形式也非常多，打好基础才是应对的关键。学习 C 语言不能停留在纸面学习，一定要上机编程实践。大量的编程实践可以强化对于基本概念的理解和认识，强化对经典算法的理解，强化算法设计，所以在准备笔试和面试阶段，可以编写一些典型的程序作为练手和热身。

## A.2　基础概念和语句真题

**例 A.1**　在以下语句中，将一个十六进制赋值给一个 long 型变量的是（　）。

A．long number=0345L　　B．long number=345L

C．long number=0345　　D．long number=0x345L

【出处】腾讯。

【答案】D。

【知识点】整型常数的表示形式。C 语言中规定，常数以数字 0 开头是八进制形式，以 0x 或 0X 开头为十六进制形式，常数的后面加字母 L 表示是长整数。

**例 A.2**　“零值”可以是 0、0.0、FALSE 或空指针。例如，int 变量 n 与“零值”比较的 if 语句为 if（n==0)。由此可知，BOOL flag 与“零值”比较的 if 语句为（①）；float x 与“零值”比较的 if 语句为（②）。

【出处】中兴。

【答案】①if（flag)；②if(x==0.0)。

【知识点】数据类型与表示形式。

【解析】对于 BOOL 类型的变量 flag，不能使用类似 flag==TRUE 或者 flag==FALSE 这样的条件判断。对于 float 或 double 类型的变量 x，由于 float 和 double 类型均可以精准表示出“零值”，所以可以直接采用语句 if（x==0.0)判断 float 是否为“零值”。

【拓展】对于浮点类型（float 或 double 类型）的数据有必要进行更进一步讨论。

浮点型数据在计算机内部采用 IEEE 754 浮点格式标准表示，其尾数和阶码部分的位数都是有限的，因此，在将一个十进制数转换为二进制表示时，如果不能以 IEEE 754 给定的尾数有效位数精确表示的话，就会发生低位有效位数丢失，造成一定的误差。如果直接用比较运算符==来判断这种具有误差的值时，可能会导致判断结果错误。例如：

```
#include <math.h>
#include <stdio.h>
int main() {
    if (sqrt(3.0) * sqrt(3.0) == 3.0)
        printf("相等\n");
    else
        printf("不相等\n");
    return 0;
}
```

从数学的角度来讲，$\sqrt{3}$ 乘以 $\sqrt{3}$ 是等于 3 的，但程序运行时输出不相等，就是因为发生低位有效位数丢失，造成一定的误差。

在高级语言程序设计中，对于两个浮点类型的变量 x 和 y，一般不直接使用语句 if(x==y) 来判断 x 是否与 y 相等，而是当|x−y|足够小（如 $10^{-6}$）时即认为 x 和 y 是相等的。

**例 A.3** 示例程序的输出是什么？为什么?

```
void fuc (void) {
    unsigned int =6;
    int b=-20;
    (a+b>6) ?puts(">6"): puts("<=6");
}
```

【出处】中兴。

【答案】> 6。

【知识点】有符号类型与无符号类型之间的转换规则。

【解析】在 C 语言中，当一个表达式中有 int 类型和 unsigned 类型两种不同的数据类型时，所有的操作数都要按照 C 语言表达式数据类型混合运算时的类型自动转换规则将数据转换为无符号整数类型。−20 的机器数为 FFFFFFECH，若作为无符号整数解释，则变成了一个非常大的正整数，所以表达式 a+b 的结果大于 6。

【拓展】这一点在频繁使用无符号数据类型的嵌入式系统中更为重要。

**例 A.4** 示例程序的输出是（ ）。

```
#define A(x) x+x
int i=5*A(4)*A(6);
printf("%d\n",i);
```

A．50　　B．100　　C．120　　D．480

【出处】搜狐，2016。

【答案】A。

【知识点】宏替换基本规则。

【解析】根据 C 语言预处理的宏替换规则，宏替换的结果是表达式 i=5*x+x*x+x，代入参数值后为 i=5*4+4*6+6，计算结果是 50。

**例 A.5** 示例程序的输出结果是（ ）。

```
#include<stdio.h>
#define  add(a,b) a+b
int main(){
   printf("%d\n",3*add(4,7));
   return 0;
}
```

A．33　　B．19　　C．25　　D．49

【出处】腾讯，2014。

【答案】B。

【知识点】宏替换基本规则。

【解析】根据 C 语言的宏替换规则，替换后的表达式是 3*a+b，代入参数值后为 3*4+7，计算结果是 19。

**例 A.6** #include<filename.h>和#include"filename.h"有什么区别?

【出处】中兴。

【知识点】宏指令。

【参考答案】使用宏指令#include<filename.h>是通知编译器在预处理时要包含开发环境中提供的名为 filename.h 的头文件。使用宏指令#include"filename.h"是要求编译器在预处理时，优先包含编程者指定路径下的名为 filename.h 的头文件，如果在指定路径下没有发现名为 filename.h 的头文件，则使用系统提供的同名头文件。

**例 A.7** 示例程序的执行结果是（ ）。

```
int main()
{
    int i=-2147483648;
    return printf("%d,%d,%d,%d\n",~i,-i,1-i,-1-i);
}
```

A、0，2147483648，2147483649，2147483647

B、0，-2147483648，-2147483647，2147483647

C、2147483647，2147483648，2147483649，2147483647

D、2147483647，-2147483648，-2147483647，2147483647

【出处】58 同城。

【答案】D。

【知识点】整型数据的编码形式与基本运算规则。

【解析】C 语言中，int 类型占用 32 位二进制位，采用补码形式对整数进行编码，–2 147 483 648 是一个特殊的数值，它是 32 位的 int 类型所能表达的最小值，其二进制补码形式是：1000 0000 0000 0000 0000 0000 0000 0000。~i 是对变量 i 按位取反，结果为：0111 1111 1111 1111 1111 1111 1111 1111，是十进制的 2 147 483 647，它是 int 类型能够表示的最大值。–i 是对变量 i 进行求负运算，因为求负=按位取反+1，所以根据上面 ~i 的结果+1 后，得到的二进制结果是：1000 0000 0000 0000 0000 0000 0000 0000，即为十进制–2 147 483 648。1–i 的结果是：1000 0000 0000 0000 0000 0000 0000 0001，即为十进制–2 147 483 647 的补码表示。–1 的二进制补码表示为：1111 1111 1111 1111 1111 1111 1111 1111。–1–i 的运算过程是：

–1：　　1111 1111 1111 1111 1111 1111 1111 1111

–i：　　1000 0000 0000 0000 0000 0000 0000 0000

结果：　0111 1111 1111 1111 1111 1111 1111 1111

运算结果即为十进制 2 147 483 647 的补码表示。

【拓展】本题中另一个有意思的知识点在 return 语句，该语句是将函数 printf( )的返回值作为函数 main( )的返回值进行返回。一般情况下，在编程中并不关心函数 printf( )的返回值，故很多人并不知道函数 printf( )还会有返回值，会以为这里是程序的一个 bug。

**例 A.8** 已知：int i=10,j=10,k=3；k*=i+j;，那么 k 最后的值是多少？

【出处】华为。

【答案】60。

【知识点】运算符*=的基本概念。

【解析】语句 k*=i+j 的含义是 k=k*（i+j），则 k=3*（10+10）=60。

**例 A.9** switch 语句的条件表达式中不允许的数据类型是哪些？

【出处】华为。

【答案】float、double、指针、结构体、联合体、文件类型。

【知识点】switch 语句的语法规则。

【解析】在 switch 语句的条件表达式中，只能是字符型和整型。

**例 A.10** for(int i=0,k=1;k=0;i++，k++)（ ）。

A．判断循环的条件不合法　　B．陷入无限循环

C．循环一次也不执行　　D．循环只执行一次

【出处】奇虎 360,2014。

【答案】C。

【知识点】for 语句执行过程。

【解析】for 语句的语法一般格式是：

```
for（表达式 1；表达式 2；表达式 3）语句。
```

题目中的表达式 2 也称条件表达式，写成了 k=0；是赋值语句，所赋的值就是赋值语句的返回值，这个值正好是 0，造成了 for 语句的条件为假，不会执行循环体，所以循环一次也不执行。

【拓展】在 C 语言中，要特别注意=和==的区别。

**例 A.11** while（int i=0）i--；的执行次数是（ ）。

A．0　B．1　C．5　D．无限

【出处】中兴。

【答案】A。

【知识点】while 的执行过程。

【解析】循环 while 的条件表达式为 int i=0，其含义是：说明变量 i 并赋值为 0，此时循环语句等价于 while（0），循环条件永远无法满足，循环体不会被执行。

**例 A.12** 阅读以下程序：

```
#include<stdio.h>
int main(){
   int x;
   scanf("%d",&x);
   if(x--<5)printf("%d",x);
   else printf("%d",x++);
   return 0;
}
```

程序运行后，如果从键盘上输入 5，则输出结果是（ ）。

A．3　B．4　C．5　D．6

【出处】中兴。

【答案】B。

【知识点】if语句、--和++运算的执行过程。

【解析】程序中输入5，执行语句if(x--<5)，由于条件表达式中的--运算是后缀形式，所以要先进行判断然后再减1，结果是条件不成立要执行else子句，但变量x的值要变为4，最后执行语句printf("%d", x++);，先输出x的值，执行后x的值为5。

**例A.13**　有如下程序：

```
#include<stdio.h>
int main()
{
    int x=1,a=0,b=0;
    switch(x){
case 0:b++;
case 1:a++;
case 2:a++;b++;
    }
    printf("a=%d,b=%d\n",a,b);
    return 0;
}
```

A．a=2,b=1　　B．a=1,b=1　　C．a=1,b=0　　D．a=2,b=2

该程序的输出结果是（　）。

【出处】中兴。

【答案】A。

【知识点】switch语句的执行过程：在switch语句中不使用break语句时，程序该如何执行。程序中变量x为1，满足case 1，执行语句a++；变量a的值变为1，由于该case的后面没有break语句，所以继续执行后续的语句a++；b++；所以，结果为a=2,b=1。

**例A.14**　示例程序的输出是（　）。

```
#include<stdio.h>
int main()
{
    int a=1,b=2,c=3,d=0;
    if(a==1&&b++==2)
        if(b!=2||c--!=3)
            printf("%d,%d,%d\n",a,b,c);
        else
            printf("%d,%d,%d\n",a,b,c);
        else
            printf("%d,%d,%d\n",a,b,c);
    return 0;
}
```

A．1,2,3　　B．1,3,2　　C．3,2,1　　D．1,3,3

【出处】奇虎360。

【答案】D。

【知识点】表达式的执行过程。

【解析】运行程序，第1个的条件(a==1&&b++==2)成立，此时，变量b有一个后缀形式的++运算，所以条件判断结束之后，b的值为3；然后，进入第2个if的条件判断(b!=2||c--!=3)，

由于||运算前面的表达式 b!=2 成立，所以后面的 c--!=3 不再计算，这样变量 c 的值 3 不变。

**例 A.15** 设变量已正确定义，以下不能统计出一行中输入字符个数（不包含回车符）的程序段是（ ）。

A．n=0;while(ch=getchar()!='\n')n++;　　B．n=0;while(getchar()!='\n')n++;

C．for(n=0;getchar()!='\n';n++);　　D．n=0;for(ch=getchar();ch!='\n';n++);

【出处】奇虎 360。

【答案】D。

【知识点】循环语句执行过程。

【解析】选项 A 中 while 语句的条件表达式是 ch=getchar()！='\n'，根据运算符的优先级，该表达式的实际含义是 ch=(getchar()！='\n')。也就是说，先接收从键盘输入的一个字符，判断是否为'\n'，然后将判断结果赋给变量 ch，如果输入的为一般字符，则 ch 为 1；如果输入的是'\n'，则 ch 为 0，结束循环。正确。

选项 B 和 C 虽然分别使用的语句是 while 和 for，但逻辑上是相同的，循环的控制条件均是 getchar()!='\n'，其含义是：接受从键盘输入的字符，判断是否为'\n'，如果输入的为一般字符，则条件表达式成立，继续循环；如果输入的是'\n'，则条件表达式不成立，结束循环。正确。

选项 D 中控制循环的条件表达式为 ch！='\n'，在循环体中，没有语句能够改变变量 ch 的值，所以无法完成指定的功能。错误。

**例 A.16** 有如下程序：

```
#include<stdio.h>
int main(){
   int x=23;
   do{
      printf("%d",x--);
   }while(!x);
   return 0;
}
```

该程序的执行结果是（ ）。

A．22　　B．23　　C．不输出任何内容　　D．陷入死循环

【出处】中兴。

【答案】B。

【知识点】循环语句执行过程。

【解析】本题考查两个知识点：一是 do-while 语句的执行过程，C 语言中 do-while 的执行特点是循环体至少执行一次，当循环条件成立时再重复执行循环体；二是循环控制条件，条件表达式!x 的等价含义是 x==0。执行函数，进入循环体输出变量 x 的值 23，然后执行 x--的值变为 22，循环条件不满足，退出循环。所以循环体只执行一次，输出一个结果。

**例 A.17** 以下程序运行时，若输入 1abcedf2df<回车>，则输出结果是（ ）。

```
#include<stdio.h>
int main(){
   char a=0,ch;
   while((ch=getchar())!='\n'){
      if(a%2!=0 && (ch>='a' && ch<='z'))
```

```
            ch=ch-'a'+'A';
        a++;
        putchar(ch);
    }
    printf("\n");
    return 0;
}
```

A．labcedf2df　　B．1ABCEDF2DF　　C．1AbCeDf2dF　　D．labceDF2DF

【出处】奇虎360，2014。

【答案】C。

【知识点】循环语句执行过程。

【解析】本程序的基本功能是：逐个接收从键盘输入的字符，对输入的偶数位置上的字符进行处理，若是小写字母，则转换为大写字母；其余字符不变，原样输出。程序中语句ch=ch–'a'+'A'的作用是将小写字母转换为大写字母。

**例 A.18**　在C程序中，如果一个整型变量频繁使用，最好将它定义为（　）。

A．auto　　B．extern　　C．static　　D．register

【出处】阿里，2013。

【答案】D。

【知识点】变量存储类型。

【解析】在C语言中，变量分为4种存储类型，自动变量auto、外部变量extern、静态变量static和寄存器变量register，变量的存储类型决定了变量在运行时占用哪个区域的存储空间。如果一个整型变量频繁使用，最好将它声明为寄存器变量。寄存器变量使用CPU中的寄存器保存数据，存取速度最快。

**例 A.19**　递归函数最终会结束，那么这个函数一定（　）。

A．使用了局部变量　　B．有一个分支不调用自身

C．使用了全局变量或者使用了一个或多个参数　　D．没有循环调用

【出处】腾讯，2014。

【答案】B。

【知识点】递归调用的基本概念。

【解析】在递归函数中，一定要有一个递归结束项，即有一个分支不调用自身，这样才能保证递归调用有一个正常出口。递归是否能够正常结束，与使用的变量是局部变量还是全局变量没有什么关系，与使用了多少个参数也没有什么直接关系。函数中如果没有循环调用，则不是递归函数。

**例 A.20**　当n=5时，下列函数的返回值是（　）。

```
int func(int n)
{
    if(n<2)
        return n;
    return func(n-1)+func(n-2);
}
```

A．5　　B．7　　C．8　　D．10

【出处】腾讯，2014。

【答案】C。

【知识点】函数的递归调用。

【解析】函数 func( )的功能是采用递归算法求斐波那契数列的第 n 项。

**例 A.21**　给定函数 func( )如下，那么 func(10)的输出结果是（　）。

```
int func(int x)
{
return (x==1)? 1:(x+fun(x-1));
}
```

A．0　　B．10　　C．55　　D．5050

【出处】阿里，2013。

【答案】C。

【知识点】函数的递归调用。

【解析】函数 func( )的功能是求从 1 到 x 的累加和。

**例 A.22**　函数 func( )的定义如下，执行 func(func(8)）需要调用（）次函数 func(int n)。

```
int func(int n) {
   cnt++;
   if(n<=3)
      return 1;
   else
      return func(n-2)+func(n-4)+1;
}
```

A．16　　B．18　　C．20　　D．22

【出处】阿里，2016。

【答案】B。

【知识点】函数递归调用过程。

【解析】函数中的外部变量 cnt 统计递归调用的次数。根据题目的说明，这是一个函数的嵌套调用：第一次以实际参数 8 调用函数 func( )（返回值为 9），然后以返回值 9 作为实际参数，再次调用函数 func( )。

函数 func( )是一个递归函数。分析 func(8)的执行过程,要分别进行两次递归调用 func(6)和 func(4)；在调用 func(6)过程中，要分别进行两次递归调用 func(4)和 func(2)；在调用 func(4)过程中，要分别进行两次递归调用 func(2)和 func(0)；func(2)和 func(0)不再需要递归，直接返回 1。所以执行 func(8)后，返回值为 9,调用了函数 func( )9 次。再以 9 为实参，调用 func(9)，同理，也调用了函数 func( )9 次，共计 18 次。也可以算一下最后返回的值是多少。

**例 A.23**　补充下面的函数，实现 $N$ 层嵌套平方根的计算。

$$y(x)=\sqrt{x+\cdots\sqrt{x+\sqrt{x}}}$$

```
double func(double x,int n)
{
   if(n==0) return 0;
   else
      return(sqrt(x+(____________)));
}
```

【出处】阿里。

【知识点】函数递归。

【答案】func(x,n–1)。

【解析】这显然是一个递归问题，首先要对原来的数学函数定义形式进行变形，可以推导出原来函数的递归定义如下：

```
y(x,n)=0，当n=0时递归终止条件
y(x,n)=sqrt(x+y(x,n-1))，当n>0时递归公式
```

据此递归定义，可以很容易完成程序的填空。

## A.3 数组和指针真题

**例 A.24** 若用数组名作为函数调用时的实参，则实际上传递给形参的是（ ）。

A．数组元素首地址 B．数组的第一个元素值

C．数组中全部元素的值 D．数组元素的个数

【出处】阿里，2014。

【答案】A。

【知识点】数组基本概念。

【解析】基本概念。在C语言中，数组名实质是数组的首地址。数组名可以作为参数在函数之间进行传递，此时，函数的形参应当为同样维数的数组名或指针变量。

**例 A.25** 假定一个二维数组的定义语句为 int a[3][4]={{3,4},{2,8,6,3}},则元素 a[1][2]的值为( )。

A．6 B．4 C．2 D．8

【出处】阿里，2015。

【答案】A。

【知识点】二维数组初始化。

【解析】C语言可以在说明数组的同时给数组进行初始化，基本规则是先按行赋初值，再按列进行。本题中，{3,4}是为数组0行赋初值，{2,8,6}是为数组1行赋初值；在下标为1行中，赋初值的结果是：a[1][0]=2，a[1][1]=8，a[1][2]=6，a[1][3]=0。

**例 A.26** 不能把字符串"HELLO！"赋给数组b的语句是（ ）。

A．char b[10]={'H','E','L','L','O','!','\0'};

B．char b[10];b="HELLO!";

C．char b[10];strcpy(b,"HELLO!");

D．char b[10]="HELLO!";

【出处】奇虎360，2014。

【答案】B。

【知识点】字符串基本概念。

【解析】选项A是在声明字符数组的同时进行字符数组初始化，正确。选项B将字符串直接赋值给字符数组名，数组名是首元素地址，是常量，不能赋值，错误。选项C使用strcpy()函数为字符数组赋值，正确。选项D是在声明字符数组的同时进行初始化，正确。

**例 A.27** 在C语言中，设有数组定义：char array[]="China"；则数组array所占用的空间为（ ）。

A．4字节 B．5字节 C．6字节 D．7字节

【出处】大华，2015。

【答案】C。

【知识点】字符串基本概念。

【解析】在C语言中字符串均是以串结束标记'\0'结束，所以，一个字符串所占用内存空间大小等于串长加1。

**例A.28** 下面的函数invert( )的功能是将一个字符串反序。请填空完成程序。

```
void invert(char str[])
{
    int i,j, ____①____
    for (i=0,j=strlen(str)____②____;i<j; i++,j--)
    {
        k=str[i];
        str[il=str[j];
        str[j]=k;
    }
}
```

【出处】中兴。

【答案】① k；② -1。

【知识点】字符串处理。

【解析】在函数中使用了变量k但没有声明，所以①处应该填写k，进行变量声明。按照题目要求，要进行串反序，程序中的for循环正是用来完成这一操作。但在进行串反序时，串结束标记'\0'的位置应该保持不变，不能将'\0'移到串首（如果将'\0'移到串首，则串为空）。所以，反序应当从'\0'字符的前面一个字符开始，故②应当填入-1，使j=strlen(str)-1。

**例A.29** 函数squeez(char s[ ],char c)的功能是删除字符串s中所出现的与变量c相同的字符。

```
void squeez(char s[ ],char c)
{
    int i,j;
    for (i=j=0;____①____;i++)
        if (s[i]!=c)____②____;
    s[j]='\0';
}
```

【出处】中兴。

【答案】①s[i]!='\0';②s[j++]=s[i]。

【知识点】字符串处理。

【解析】在字符串中删除指定字符的基本算法是：将字符串中的字符逐个与指定的字符进行比较，若不是指定的字符，则将该字符复制到另一个数组中；若是指定字符，则不复制。按照这一基本思想，注意到程序中只用了一个数组s，而且还有语句s[j]='\0'，这意味着在程序中没有使用第二个数组来存储已删除指定字符的字符串，而是使用原来的数组。

**例A.30** 阅读程序，选择程序的输出结果。

```
#include<stdio.h>
int main()
{
    char *str="abcde";
```

```
    printf("%c\n", *str);          /* ①  */
    printf("%c\n",*str++);         /* ②  */
    printf("%c\n", *++str);        /* ③  */
    printf("%c\n", (*str)++);      /* ④  */
    printf("%c\n",++*str);         /* ⑤  */
    return 0;
}
```

【出处】中兴。

【答案】①a; ②a; ③c; ④c; ⑤e。

【知识点】指针基本操作。

**例 A.31**　示例程序的输出是（　）。

```
#include<stdio.h>
int main()
{
    int a[4]={1,2,3,4};
    int *ptr=(int *)(&a+1);
    printf("%d\n", *(ptr-1));
    return 0;
}
```

A．1　　B．2　　C．3　　D．4

【出处】奇虎 360，2014。

【答案】D。

【知识点】指针基本概念。

【解析】在函数中，a 为 int 型数组，数组名 a 也代表数组 a 的起始地址。&a 的含义是取指向数组 a 的指针（即 int（*）[4]），表达式（&a+1)的含义是指向下一个有 4 个 int 元素的整型数组，即（&a+1）在数值上等于数组元素 a[3]的“下一个”地址。为指针 ptr 赋值的表达式是（int *)（&a+1)，其含义是将地址强制转换为指向 int 的指针，即指针 ptr 指向 a[3]之后的“下一个”元素。函数 printf( )中的输出表达式*（ptr-1)的含义是：取指针减 1 位置上的 int 型元素的值，即 a[3]。

**例 A.32**　设有 int w[3][4];，pw 是与数组名 w 等价的数组指针，则 pw 的初始化语句为（　）。

【出处】中兴，2010。

【答案】int（*pw)[4]=w;。

【知识点】指针的基本概念。

【解析】使用指针数组可以替代二维数组。int（*pw)[4]说明 pw 是一个指针数组，即 pw 指向一个包含 4 个元素的整型数组；后面的=w 完成了对指针变量 pw 的初始化。

【拓展】程序中对二维数组 w 的访问可以通过数组指针 pw 进行。例如，对于二维数组下标为 2 的行的首地址是 w[2],也可以通过指针数组得到等价的地址表达式 pw+2; &w[2][1]是二维数组中元素 w[2][1]的地址，使用指针数组可以采用等价的表达式*(pw+2)+1;w[2][1]是二维数组中一个元素的值，也可以采用等价的表达式*(*(pw+2)+1)。

**例 A.33**　数组定义为 int a[4][5]；引用*(a+1)+2 表示（　）。

A．a[1][0]+2　　B．a 数组第 1 行第 2 列元素的地址

C．a[0][1]+2　　D．a 数组第 1 行第 2 列元素的值

【出处】中兴

【答案】B。

【知识点】二维数组与指针的关系。

【解析】由于 a 是二维数组，所以会涉及一系列的相关概念。a：数组名，代表数组的起始地址（常量），类型为 int(*)[5]。a+1：类型也为 int(*)[5],指向 a[1]。*(a+1)的类型为 int *，指向一维数组中下标为 1 的行。*(a+1)+2 的类型还是 int*,指向下标为第 1 行第 2 列的元素。*(*(a+1)+2)的类型为 int，是数据元素 a[1][2]。

## A.4　算法编程真题

**例 A.34**　请设计一个函数可以把十进制的正整数转换为 4 位定长的三十六进制字符串。三十六进制的规则为 0123456789ABCDEFGHIKLMNOPQRSTUVWXYZ。例如，1="0001",10="000A",20="000K"，35＝"000Z",36="0010",100="002S",2000="01JK"。

【出处】腾讯，2015。

【知识点】数制转换。

【解析】可以参考常见的将十进制数转换为二进制的基本算法。算法基本思想是：将十进制数 *n* 被 36 取模得到转换后的最低位,然后再将 *n* 除以 36，直到 *n* 为 0 为止。显然，这一算法是从低位向高位逐步得到转换后的每一位。由于题目中要求转换后的字符串为 4 位定长的字符串，因此转换后的每一位还要变换为对应字符串中的数字或字母。

【参考程序】

```
#include<stdio.h>
#include<string.h>
char* fun10to36(int n, char str[])
{
    char* p = str + 3;
    int i;
    memset(str, '0', 4);//设置字符串初值"0000"
    str[4] = '\0';
    while (n > 0) {//从低位向高位进行数制转换
        i = n % 36;
        if (i < 10) * p = '0' + i;//将 0～9 转换为数字
        else
            *p = 'A' + (i - 10);//将 10～35 转换为字母
            p--;
            n /= 36;
    }
    return str;
}
int main()
{
    int x;
    char str[10];
    scanf("%d", &x);
    if (x <= 0)
        return 0;
    printf("%d=%s\n", x, fun10to36(x, str));
    return 0;
}
```

**例 A.35** 编写 strcat( )函数。已知 strcat( )函数的原型是：char* strcat(char* strDest,const char *strSrc)；其中，strDest 是目的字符串，strSrc 是源字符串。

（1）不调用 C++/C 语言的字符串库函数，请编写 strcat( )函数。

（2）strcat( )能把 strSrc 的内容连接到 strDest，为什么还要 char*类型的返回值？

【出处】华为。

【知识点】字符串基本操作。

【解析】进行串连接时，首先要定位目标串 strDest 的串结束标记'\0'，然后将源串 strSrc 的第 1 个字符覆盖目标串的串结束标记\0'，这是进行串连接的关键，后续的操作就与串赋值操作类似。

【答案】

（1）参考程序。

```
char * strcat(char * strDest,const char* strSrc)
{
    char *p=strDest;
    while(*p)p++;
    while(*p++=*strSrc++);
    return strDest;
}
```

（2）方便给其他变量赋值。

**例 A.36** 写一函数 int fun(char *p) 判断一字符串是否为回文，是则返回 1，不是则返回 0，出错则返回 -1。

【出处】华为。

【知识点】字符串基本操作。

【解析】判断字符串是否回文的基本算法是，将字符串首尾对应位置上的字符进行比较，如果出现了不相同的字符，则不是回文。

```
int fun (char *p){
    char * q=p;
    if(!*p)return -1;
    while(*q) q++;//定位串结束标记
q--;
    while(p<q){
        if(*p!=*q)//首尾对应字符只要出现不相同，则不是回文
            return 0;
        else
        {
            p++;
            q--;
          }
    }
    return 1;
}
```

**例 A.37** 使用 C 语言编写函数，实现字符串反转，要求不使用任何系统函数，且时间复杂度最小，函数原型为：char *reverse_str(char *str)。

【出处】百度，2014。

【知识点】字符串基本操作。

【解析】分别获取指向串的首、尾两个指针，然后交换首、尾指针指向的字符，将首指针指向下一个字符，将尾指针指向前一个字符，继续交换指针指向的元素，重复执行，直到首尾指针相遇。为了使尾指针指向最后一个字符，可以顺序扫描字符串中的字符，直到找到串结束标记'\0'为止。

这一算法没有使用任何系统函数，只是对字符串进行了两遍扫描，时间复杂度最小，为 O(n)。

【参考程序】

```
char * reverse str(char * str){
    char * p=str,*q=str,ch;
    while(*p) p++;
    p--;
    while(q<p)
    {
        ch= * q;
        *q++=*p;
        *p--=ch;
    }
    return str;
}
```

**例 A.38**　通过键盘输入一串小写字母（a～z）组成的字符串。请编写一个字符串过滤程序，若字符串中出现多个相同的字符，将非首次出现的字符过滤掉。例如，字符串"abacacde"过滤结果为字符串"abcde"。

要求实现函数：char* stringFilter(const char* pInputStr,int iInputLen,char* pOutputStr)。

【输入】pInputStr：输入字符串；iInputLen：输入字符串长度。

【输出】pOutputStr：输出字符串，空间已经开辟好，与输入字符串等长。

【注意】只需要完成该函数功能算法，中间不需要有任何 I/O 的输入输出。main( )函数已经隐藏，该函数实现可以任意修改，但是不要改变函数原型。一定要保证编译运行不受影响。

【出处】华为，2014。

【知识点】数学建模。

【解析】算法的关键是要如何判断字符是首次出现。可以采用简单地用空间换时间的办法，设置一个标记数组记录每个字符是否出现过，建立小写字母与数组下标的对应关系，如果小写字母尚未出现过，则对应元素为 0；若出现过了，则对应元素为 1。

【参考程序】

```
char* stringFilter(const char * pInputStr,int iInputLen,char * pOutputStr)
{
    int i=0;
    bool g_flag[26];//标记数组
    if(pInputStr==NULL||iInputLen<1)
        return  0;
    memset (g_flag,0,sizeof(g_flag));//初始化标记数组
    const char * p=pInputStr;
    while(*p !='\0')
    {
        if (!g_flag[*p-'a'])
```

```
        {
            pOutputstr[i++]=*p;
            g_flag[*p-'a']=1;
        }
        p++;
    }
    pOutputstr[i]='\0';
    return pOutputStr;
}
```

【拓展】程序中采用标记数组的方法是常见的程序设计方法之一，也是最常见的以空间换时间的方法。

**例 A.39**　编写一个函数：void print_rotate_matrix(int matrix[],int n)，将一个 $n \times n$ 二维数组，以中间数为中心，逆时针旋转 45°后打印输出。例如，一个 3×3 的二维数组及其旋转后屏幕输出的效果如图 A-1 所示。

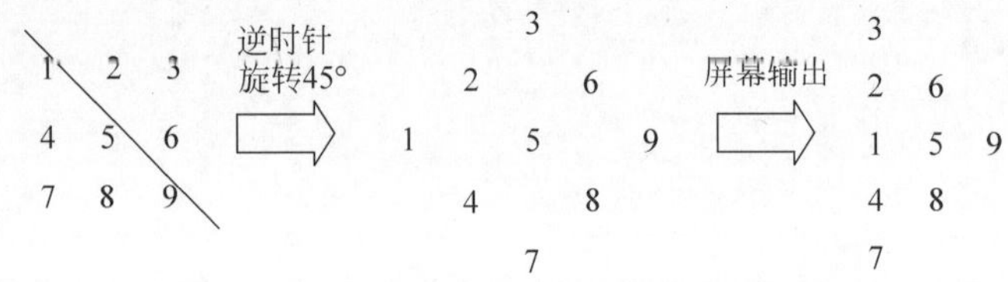


**图 A-1　二维数组及其旋转后屏幕输出的效果**

【出处】美团。

【知识点】算法设计。

【解析】根据题目的输出要求，可以找出矩阵逆时针转置 45°后图形的规律。

（1）对于一个 $n$×n 的矩阵，图形共要输出 $2n-1$ 行；由于图形是从中间开始上下对称的，所以行号 i 可以从 $n-1$ 开始到 $-(n-1)$结束。

（2）假设行号为 i 的行要输出 j 个元素，则 j=n−|i|。

（3）每行输出的第 1 个元素的下标分为两种情况：当为图形的上三角时，起始元素的行下标 row=0，列下标为 col=i；当为图形的下三角时，起始元素的行下标 row=|i|，列下标为 col=0。

（4）若每行中当前输出的元素为 a[row][col]，则下一个要输出的元素是 a[row+1][col+1]。

【参考程序】

```
void print_rotate_matrix(int* a, int n)
{
    int i, j, row, col, k;
    for (i = n - 1; i > -n; i--)
    {
        if (i >= 0)
        {
            row = 0;
            col = i;
            k = n - i;
        }
        else
        {
            row = -i;
            col = 0;
            k = n + i;
        }
```

```
        for (j = 0; j < k; j++)
            printf("%2d", *(a + row++ * n + col++));
        printf("\n");
    }
}
#define N 3
int main()
{
    int n = N, a[N][N], i, j;
    for (i = 0; i < n; i++)
        for (j = 0; j < n; j++)
            a[i][j] = 1 + i * n + j;
    printf("转置 45 度: \n");
    print_rotate_matrix((int*)a, n);
    return 0;
}
```

**例 A.40**　给定一个 32 位正整数 *n*，返回该整数二进制数表达中 1 的个数。

【出处】华为。

【知识点】位运算。

【解析】最简单的解法，整数 *n* 每次进行右移一位，检查最右边的 bit 是否为 1 来进行统计。

【参考程序】

```
int count(int n)
{
    int res = 0;
    while (n != 0)
    {
        res += n & 1;
        n >>= 1;
    }
    return res;
}
```

**例 A.41**　给定一个 *m* 阶方阵，从左上角开始每次只能向右或者向下走，最后到达右下角的位置，路径上所有的数字累加起来就是路径和，返回所有的路径中最小的路径和。

【举例】如果给定的 *m*=4 如下：

1 3 5 9

8 1 3 4

5 0 6 1

8 8 4 0

路径 1，3，1，0，6，1,0 是所有路径中路径和最小的，所以返回 12。

【出处】华为。

【知识点】算法设计——暴力递归或动态规划。

【解析】递归问题，“尝试”是经常用到的方法，对于递归，能“尝试”第 *n*（当前）步，就能“尝试”第 *n*+1（下一）步。根据题目，方阵 a[*N*][*N*]存储数据，假设现在来到行标为 row，列标为 col，当前最小路径和为 val。如果 row==*N*−1&&col==*N*−1 就表示到了方阵的右下角，显然，此时的 val 就是整体的路径和最小（也是递归结束）；否则，a[row][col+1]（当前的右侧）和 a[row + 1][col]（当前的下方），哪个值小，就去哪个方向，同时更改行号、列号和 val 值。

【参考程序】

```
#define N 4
int getMinValue(int a[N][N], int row, int col, int val) {
    if (row ==N-1&&col==N-1)
        return val;
    if(a[row][col+1]<a[row+1][col])
        getMinValue(a,row,col+1,val+a[row][col+1]);
    else
        getMinValue(a,row+1,col,val+a[row+1][col]);
}
int main()
{ //验证算法
    int b[N][N] = { {1,3,5,9},{8,1,3,4},{5,0,6,1},{8,8,4,0} };
    int i = getMinValue(b, 0, 0, 1);//注意调用时实参值
    printf("%d", i);
    return 0;
}
```

**例 A.42**　机器人到达指定位置方法数。

假设有排成一行的 $N$ 个位置，记为 1～$N$，$N$ 一定大于或等于 2。开始时机器人在其中的 $M$ 位置上（$M$ 一定是 1～$N$ 中的一个）。如果机器人来到 1 位置，那么下一步只能往右来到 2 位置；如果机器人来到 $N$ 位置，那么下一步只能往左来到 $N$–1 位置，其他位置，机器人可以往左走或者往右走。规定机器人必须走 $K$ 步，最终能来到 $P$ 位置（$P$ 也一定是 1～$N$ 中的一个）的方法有多少种。给定四个参数 N，M，K，P，返回方法数。

【举例】N=5,M=2,K=3,P=3

上面的参数代表所有位置为 12345。机器人最开始在 2 位置上，必须经过 3 步，最后到达 3 位置。走的方法只有如下 3 种。

（1）从 2 到 1，从 1 到 2，从 2 到 3。

（2）从 2 到 3，从 3 到 2，从 2 到 3。

（3）从 2 到 3，从 3 到 4，从 4 到 3。

返回方法数 3。

【出处】阿里。

【知识点】算法设计——暴力递归或动态规划。

【解析】对于递归，能“尝试”第 $n$（当前）步，就能“尝试”第 $n$+1（下一）步。如果当前来到 cur 位置，还剩 rest 步要走，那么下一步该怎么走。如果当前 cur==1，下一步只能走到 2，后续还剩下 rest–1 步；如果当前 cur==N，下一步只能走到 N–1，后续还剩 rest–1 步；如果 cur 是 1～N 中间的位置，下一步可以走到 cur–1 或者 cur+1，后续还剩 rest–1 步。每一种能走的可能都尝试一遍，所有步数都走定了，尝试就可以结束了。如果走完了所有的步数，最后的位置停在了 P，说明这次尝试有效，即找到了 1 种；如果最后的位置没有停在 P，说明这次尝试无效，即找到了 0 种。

【参考程序】

```
//N：位置为 1～N，固定参数。
```

```
//cur：当前在 cur 位置，可变参数。
//rest:还剩 rest 步没有走，可变参数。
//P：最终目标位置是 P，固定参数
//只能在 1～N 这些位置上移动，当前在 cur 位置，走完 rest 步之后，停在 P 位置的方法数作为
返回值。
int walk(int N,int cur,int rest,int P)
{
    if(rest==0)return cur ==P? 1:0;
    if(cur==1)return walk(N, 2, rest-1,P);
    if(cur==N)return walk(N, N-1,rest-1, P);
    //在中间位置，左右都可以走。
    return walk(N,cur+1,rest-1,P)+walk(N,cur-1,rest-1,P);

}
int main()
{ //验证算法，N=5,M=2,K=3,P=3
    int i = walk(5,2,3,3);//注意调用时实参值
    printf("%d", i);
    return 0;
}
```

附录 B

APPENDIX B

# C 语言运算符优先级一览表

C 语言运算符优先级如表 B-1 所示。

**表 B-1 C 语言运算符优先级**

| 优先级 | 运算符 | 名称或含义 | 使用形式 | 结合方向 | 说明 |
|---|---|---|---|---|---|
| 1 | [] | 数组下标 | 数组名[常量表达式] | 从左到右 | |
| | () | 圆括号 | （表达式）<br>函数名（形参表） | | |
| | . | 成员选择（对象） | 对象.成员名 | | |
| | -> | 成员选择（指针） | 对象指针->成员名 | | |
| 2 | - | 负号运算符 | -表达式 | 从右到左 | 单目运算符 |
| | （类型） | 强制类型转换 | （数据类型）表达式 | | |
| | ++ | 自增运算符 | ++变量名<br>变量名++ | | 单目运算符 |
| | -- | 自减运算符 | --变量名<br>变量名-- | | 单目运算符 |
| | * | 取值运算符 | *指针变量 | | 单目运算符 |
| | & | 取地址运算符 | &变量名 | | 单目运算符 |
| | ! | 逻辑非运算符 | !表达式 | | 单目运算符 |
| | ~ | 按位取反运算符 | ~表达式 | | 单目运算符 |
| | sizeof | 长度运算符 | sizeof（表达式） | | |
| 3 | / | 除 | 表达式 / 表达式 | 从左到右 | 双目运算符 |
| | * | 乘 | 表达式*表达式 | | 双目运算符 |
| | % | 余数（取模） | 整型表达式%整型表达式 | | 双目运算符 |
| 4 | + | 加 | 表达式+表达式 | 从左到右 | 双目运算符 |
| | - | 减 | 表达式-表达式 | | 双目运算符 |
| 5 | << | 左移 | 变量<<表达式 | 从左到右 | 双目运算符 |
| | >> | 右移 | 变量>>表达式 | | 双目运算符 |
| 6 | > | 大于 | 表达式>表达式 | 从左到右 | 双目运算符 |
| | >= | 大于或等于 | 表达式>=表达式 | | 双目运算符 |
| | < | 小于 | 表达式<表达式 | | 双目运算符 |
| | <= | 小于或等于 | 表达式<=表达式 | | 双目运算符 |
| 7 | == | 等于 | 表达式==表达式 | 从左到右 | 双目运算符 |
| | != | 不等于 | 表达式!= 表达式 | | 双目运算符 |
| 8 | & | 按位与 | 表达式&表达式 | 从左到右 | 双目运算符 |
| 9 | ^ | 按位异或 | 表达式^表达式 | 从左到右 | 双目运算符 |
| 10 | \| | 按位或 | 表达式\|表达式 | 从左到右 | 双目运算符 |
| 11 | && | 逻辑与 | 表达式&&表达式 | 从左到右 | 双目运算符 |
| 12 | \|\| | 逻辑或 | 表达式\|\|表达式 | 从左到右 | 双目运算符 |
| 13 | ?: | 条件运算符 | 表达式 1?表达式 2：表达式 3 | 从右到左 | 三目运算符 |

续表

<table>
<tr><th>优先级</th><th>运算符</th><th>名称或含义</th><th>使用形式</th><th>结合方向</th><th>说明</th></tr>
<tr><td rowspan="11">14</td><td>=</td><td>赋值运算符</td><td>变量=表达式</td><td rowspan="11">从右到左</td><td></td></tr>
<tr><td>/=</td><td>除后赋值</td><td>变量/=表达式</td><td></td></tr>
<tr><td>*=</td><td>乘后赋值</td><td>变量*=表达式</td><td></td></tr>
<tr><td>%=</td><td>取模后赋值</td><td>变量%=表达式</td><td></td></tr>
<tr><td>+=</td><td>加后赋值</td><td>变量+=表达式</td><td></td></tr>
<tr><td>−=</td><td>减后赋值</td><td>变量−=表达式</td><td></td></tr>
<tr><td><<=</td><td>左移后赋值</td><td>变量<<=表达式</td><td></td></tr>
<tr><td>>>=</td><td>右移后赋值</td><td>变量>>=表达式</td><td></td></tr>
<tr><td>&=</td><td>按位与后赋值</td><td>变量&=表达式</td><td></td></tr>
<tr><td>^=</td><td>按位异或后赋值</td><td>变量^=表达式</td><td></td></tr>
<tr><td>|=</td><td>按位或后赋值</td><td>变量|=表达式</td><td></td></tr>
<tr><td>15</td><td>,</td><td>逗号运算符</td><td>表达式,表达式,…</td><td>从左到右</td><td></td></tr>
</table>

附录 C

APPENDIX C

# 十进制 ASCII 表

十进制 ASCII 表如表 C-1 所示。

**表 C-1　十进制 ASCII 表**

| 序号 | 字符 | 序号 | 字符 | 序号 | 字符 | 序号 | 字符 | 序号 | 字符 | 序号 | 字符 | 序号 | 字符 |
|---|---|---|---|---|---|---|---|---|---|---|---|---|---|
| 0 | **nul** | 21 | **nak** | 41 | ) | 61 | = | 81 | **Q** | 101 | **e** | 121 | **y** |
| 1 | **soh** | 22 | **syn** | 42 | * | 62 | > | 82 | **R** | 102 | **f** | 122 | **z** |
| 2 | **stx** | 23 | **etb** | 43 | + | 63 | **?** | 83 | **S** | 103 | **g** | 123 | { |
| 3 | **etx** | 24 | **can** | 44 | , | 64 | @ | 84 | **T** | 104 | **h** | 124 | \| |
| 4 | **eot** | 25 | **em** | 45 | - | 65 | **A** | 85 | **U** | 105 | **i** | 125 | } |
| 5 | **enq** | 26 | **sub** | 46 | . | 66 | **B** | 86 | **V** | 106 | **j** | 126 | ~ |
| 6 | **ack** | 27 | **esc** | 47 | / | 67 | **C** | 87 | **W** | 107 | **k** | 127 | **del** |
| 7 | **bel** | 28 | **fs** | 48 | **0** | 68 | **D** | 88 | **X** | 108 | **l** | | |
| 8 | **bs** | 29 | **gs** | 49 | **1** | 69 | **E** | 89 | **Y** | 109 | **m** | | |
| 9 | **ht** | 30 | **re** | 50 | **2** | 70 | **F** | 90 | **Z** | 110 | **n** | | |
| 10 | **nl** | 31 | **us** | 51 | **3** | 71 | **G** | 91 | **[** | 111 | **o** | | |
| 11 | **vt** | 32 | **sp** | 52 | **4** | 72 | **H** | 92 | \ | 112 | **p** | | |
| 12 | **ff** | 33 | **!** | 53 | **5** | 73 | **I** | 93 | **]** | 113 | **q** | | |
| 13 | **er** | 34 | **"** | 54 | **6** | 74 | **J** | 94 | ^ | 114 | **r** | | |
| 14 | **so** | 35 | **#** | 55 | **7** | 75 | **K** | 95 | – | 115 | **s** | | |
| 15 | **si** | 36 | **$** | 56 | **8** | 76 | **L** | 96 | ’ | 116 | **t** | | |
| 16 | **dle** | 37 | **%** | 57 | **9** | 77 | **M** | 97 | **a** | 117 | **u** | | |
| 17 | **dc1** | 38 | **&** | 58 | : | 78 | **N** | 98 | **b** | 118 | **v** | | |
| 18 | **dc2** | 39 | **`** | 59 | ; | 79 | **O** | 99 | **c** | 119 | **w** | | |
| 19 | **dc3** | 40 | **(** | 60 | < | 80 | **P** | 100 | **d** | 120 | **x** | | |

# 参 考 文 献

[1] 谭浩强. C 语言程序设计[M]. 北京：清华大学出版社，2024.

[2] 谭浩强. C 语言程序设计学习辅导[M]. 5 版. 北京：清华大学出版社，2024.

[3] 开点工作室. 横扫 Offer：程序员招聘真题详解 700 题[M]. 北京：清华大学出版社，2016.

[4] 童晶. C 和 C++游戏趣味编程[M]. 北京：人民邮电出版社，2021.

[5] 王敬华，林萍. C 语言程序设计教程[M]. 3 版. 北京：清华大学出版社，2021.

[6] 高禹. C 语言程序设计[M]. 北京：北京理工大学出版社，2020.

[7] 严蔚敏，李冬梅，吴伟民. 数据结构：C 语言版[M]. 2 版. 北京：人民邮电出版社，2015.

[8] 王欣欣，冷玉池. 数据结构实用教程：C 语言版[M]. 2 版. 西安：西安电子科技大学出版社，2023.

[9] 段华琼. C 语言程序设计：微课视频版[M]. 北京：清华大学出版社，2022.

[10] 谢延红，张建臣，戎丽霞，等. C 语言程序设计案例教程：微课视频版[M]. 北京：清华大学出版社，2023.

[11] REEK K A. C 和指针[M]. 徐波，译. 北京：人民邮电出版社，2008.

# 图书资源支持

感谢您一直以来对清华版图书的支持和爱护。为了配合本书的使用，本书提供配套的资源，有需求的读者请扫描下方的"书圈"微信公众号二维码，在图书专区下载，也可以拨打电话或发送电子邮件咨询。

如果您在使用本书的过程中遇到了什么问题，或者有相关图书出版计划，也请您发邮件告诉我们，以便我们更好地为您服务。


**我们的联系方式：**

清华大学出版社计算机与信息分社网站：https://www.shuimushuhui.com/

地　　址：北京市海淀区双清路学研大厦 A 座 714

邮　　编：100084

电　　话：010-83470236　010-83470237

客服邮箱：2301891038@qq.com

QQ：2301891038（请写明您的单位和姓名）


资源下载：关注公众号"书圈"下载配套资源。

资源下载、样书申请

书圈

图书案例

清华计算机学堂

观看课程直播